中国城市规划学会学术成果

"中国城乡规划实施理论与典型案例"系列丛书第 9 卷

总 主 编：李锦生

副总主编：叶裕民

城市更新
规划建设实践探索

南京市规划和自然资源局
南京市城市规划编制研究中心　编著

中国建筑工业出版社

审图号：宁 S（2021）014 号

图书在版编目（CIP）数据

南京城市更新规划建设实践探索 / 南京市规划和自然资源局，南京市城市规划编制研究中心编著 . —北京：中国建筑工业出版社，2022.4

（"中国城乡规划实施理论与典型案例"系列丛书 . 第 9 卷）

ISBN 978-7-112-27101-6

Ⅰ . ①南… Ⅱ . ①南… ②南… Ⅲ . ①城市规划 – 研究 – 南京 Ⅳ . ① TU984.253.1

中国版本图书馆 CIP 数据核字（2022）第 026070 号

责任编辑：陈小娟　李　鸽
责任校对：李美娜

"中国城乡规划实施理论与典型案例"系列丛书第 9 卷
总主编：李锦生　　副总主编：叶裕民

南京城市更新规划建设实践探索
南京市规划和自然资源局
南京市城市规划编制研究中心 　编著

＊

中国建筑工业出版社出版、发行（北京海淀三里河路 9 号）
各地新华书店、建筑书店经销
北京方舟正佳图文设计有限公司制版
北京市密东印刷有限公司印刷

＊

开本：787 毫米 ×1092 毫米　1 / 16　印张：$18\frac{1}{2}$　字数：461 千字
2022 年 4 月第一版　2022 年 4 月第一次印刷
定价：**178.00** 元
ISBN 978-7-112-27101-6
（38755）

丛书总主编：李锦生

丛书副总主编：叶裕民

本书编委会

主　　编：叶　斌
副 主 编：徐明尧　官卫华
委　　员：刘青昊　王　东　冯雪渔　刘　颖　潘文辉　陈乃栋
　　　　　何　流　乔　兵　吕晓宁　祁玉永　丁和庚　闻金苗
　　　　　程晓明　梅雪青　朱　健
行政统筹：聂　晶

执　　笔：上　篇
　　　　　第1章　官卫华　李建波　杨梦丽
　　　　　第2章　官卫华　聂　晶　陈　阳　蔡竹君
　　　　　第3章　官卫华　王昭昭　何强为　马　刚　罗海明　苏　玲
　　　　　　　　　陈燕平　徐步青　陈　阳　蔡竹君
　　　　　第4章　官卫华　陈　阳　江　璇　孙佳新
　　　　　第5章　官卫华　聂　晶　郑晓华　陈　阳　江　璇　杨梦丽
　　　　　下　篇
　　　　　第6章　吕晓宁　李建波　范　宁　黄　洁　刘光治　李海沅
　　　　　第7章　朱小明　王卓娃　袁天燚　张志英　尹　力　涂志华　刘　青
　　　　　第8章　马　刚　熊卫国　何强为　黄　姝
　　　　　第9章　陈　峰
　　　　　第10章　李　江　高志军　邢佳林

序

　　城市更新可溯源至 18 世纪后半叶的英国工业革命，发展至今已有两百多年的历史。尤其是第二次世界大战后，伴随着西方国家城市发展的背景变迁与阶段演进，城市更新的内涵与外延也发生了显著变化，从 20 世纪 50 年代的"城市重建"（Urban Reconstruction）到 60 年代的"城市振兴"（Urban Revitalization），从 70 年代的"城市更新"（Urban Renewal）到 80 年代的"城市再开发"（Urban Redevelopment），再到 90 年代以后的"城市再生"（Urban Regeneration）和"城市复兴"（Urban Renaissance），不再局限于物质空间环境的改善，而更为体现出历史保护、文化传承、社会和谐、经济复兴等广泛的意义，人本主义思想和可持续发展观深入人心。所以，广义的城市更新不只是物质空间的更新，还涉及经济振兴、文化传承、社会治理等多元维度，可以分为推倒重建和有机更新两种方式：前者侧重产权结构、土地结构、空间形态等重构重塑和大规模的功能急剧更替，一般采用自上而下的政府主导，强调短期经济利益的实现；后者侧重小规模、缓慢渐进式的局部调整和功能及产权的延续，自下而上地由多元主体参与推动。可以说，城市更新已成为当前国内外学术界关注的热点问题，也是一国或地区城镇化水平进入一定发展阶段后面临的主要任务。

　　习近平总书记多次强调"城市规划建设工作不能急功近利、不搞大拆大建，要多采用微改造的'绣花'功夫，让城市留下记忆，让人们记住乡愁"。经过 40 多年的改革开放，我国完成了西方国家历经上百年的快速扩张型城镇化进程，进入城镇化的下半程，但在工业化、信息化、城市化、市场化、国际化"五化"并存的复杂环境中，也相伴而生环境透支、资源过度消耗、社会矛盾激化等诸多问题，既有增长方式难以为继。2011 年我国城镇化率突破 50%，2019 年城镇化率达到 60.6%，已进入以质量提升为导向的转型发展新阶段。南京所在的长三角地区，以及珠三角、京津冀等发达地区业已进入增量开发与存量更新并重的新阶段，这些地区的城市历经快速扩张和大规模推倒重建后，与西方发达国家城市一样也迎来了城市有机更新的时代，城市更新将成为今后城市规划建设的重点任务。

　　值得注意的是，吸取西方发达国家城市的经验和教训，我国城市更新的重点不能仅仅关注物质环境的更新改善，而应更好地兼顾历史文脉、创新产业、社会治理和民生保障等多元包容性发展目标。同时，城市更新过程不仅仅是一种建设行为活动，更重要的是建立城市自我调节或受外力推动的韧性机制，旨在防止、阻止和消除城市衰老或衰退，而通过结构与功能不断地相适调节，增强、优化城市整体机能，使城市能够不断适应未来社会和经济发展的需要。然而，国内相关理论研究仍然滞后，尚不能满足实践需要。为此，需要立足国内丰富的地方实践，立足国土空间规划实施，加强系统思维、整体思维和底线思维，敢于直面和破解现实难题，探寻中国城市更新实施的制度创新和理论方法架构。为了满足地方规划实施对理论和前沿经验学习与研究的需要，中国城市规划学会城乡规划实施学术委员会致力于总结地方规划实施的前沿经验，已出版的两个著作系列受到业内广泛欢迎和热情鼓励。

第一，案例专著系列，以专著的形式连续出版"中国城乡规划实施理论与典型案例"系列丛书。专著以每年年会所在城市的成功案例为主，包括该时期典型的具有推广和参考价值的其他规划实施案例，对每个案例的背景、理论基础、实践过程进行深入解析，并提炼可供推广的经验。迄今为止，已经正式出版了6卷：《广州可实施性村庄规划编制探索》《诗画乡村——成都乡村规划实施实践》《广东绿道规划与实施治理》《珠海社区体育公园规划建设探索》《深圳市存量更新规划实施探索：整村统筹土地整备模式与实务》《深圳土地整备：理论解析与实践经验》。我们会努力坚持，至少一年完成一个优秀案例总结，分享给读者，为同仁提供全国规划实施的前沿理论探索与典型经验，也欢迎全国各地的好案例加入这套系列丛书中来。

第二，年会优秀论文汇编系列，基于每年规划实施学术委员会全国征集论文，通过专家评审，筛选优秀论文，出版《中国城乡规划实施研究——全国规划实施学术研讨会成果集》，迄今为止已经于2014—2021年出版了8册。

感谢中国城市规划学会给予二级机构规划实施学术委员会的大力支持，特别是对学会孙安军理事长、石楠副理事长对学委会一直以来的热心支持和悉心指导表示衷心感谢！同时，也要感谢学委会各位委员坚持不懈的努力，才有系列案例研究成果的持续出版！感谢中国人民大学公共管理学院规划与管理系、广州市国土规划委员会、成都市规划局、深圳城市规划学会、北京市规划设计研究院、武汉市土地利用和城市空间规划研究中心、珠海市自然资源局和珠海市规划设计研究院、南京市规划和自然资源局与南京市城市规划编制研究中心，这些单位分别承办了学委会第1～8届年会"中国规划实施学术研讨会"，并付出了大量辛勤劳动！感谢给学委会年会投稿和参加会议的同仁朋友们，你们对学委会工作的肯定是我们工作最大的动力！感谢多年来所有关心和支持学委会的领导、专家、同仁和朋友们，希望我们分享的成果可以对大家有所帮助。

2020年10月，我们在南京举办了第八届中国规划实施学术研讨会，专题聚焦城市有机更新的南京经验，探讨国土空间规划实施的创新路径。在此基础上，南京市规划和自然资源局团队编撰完成本书，旨在对新时期国土空间规划改革背景下如何开展城市更新展开讨论和研究，具有重要意义：其一，从背景、政策、管理、设计及实施等多个维度，围绕城市更新中的特点和焦点，深刻分析改革开放以来南京城市空间的发展历程及特征，尤其是对党的十八大以前"拆除重建"式更新实践做法及存在问题进行深入解读和反思，总结经验、问题。并且，结合地方城市更新案例，党的十八大以来呼应新时期国家城市更新行动倡议，积极破解难题，探索创新路径，打造城市更新的南京经验、南京样本。其二，作为江苏省会、长三角特大城市、我国东部地区重要中心城市，近年来南京树立了"人民满意的社会主义现代化典范城市"城市新发展愿景，尤其是 2019 年以来在"抗疫情、稳增长、扩内需"的总体基调下，实施"新基建、新产业、新消费、新都市"等"四新"行动，针对历史地段、老旧小区、居住类地段等多样化更新对象，积极探索"留改拆"城市有机更新模式。本书采取实践总结与案例佐证、定性分析与定量评估、历史编年与阶段聚焦、规划设计与实施管理相结合的方式，系统整合规划、资本、运营、开发等多元思维，探寻激发城市内生活力和城市有机更新的创新之路，提出若干创新性建议。其三，本书写作团队，作为南京城市规划管理的创意者、组织者、参与者和实施者，以其位居一线的亲身感悟和实践运作的经验而写就的成果，更具真实性和现实性。因此，本书是一本有价值、有意义、可借鉴的学术和实践之作。感谢南京市规划和自然资源局、南京市城市规划编制研究中心付出的艰辛努力！希望这本专著有助于朋友们深入理解新时期的城市更新内涵，并借此总结南京实践方法，提炼形成可复制推广的规划实施工作经验，为国内其他城市所借鉴应用。

　　本书为中国城市规划学会城乡规划实施学术委员会的专著系列，请大家多提宝贵意见和建议，相关内容可以直接发送至学委会工作邮箱 imp@planning.org.cn。

2021 年 8 月

前言

城市更新，首先是理念、制度、方法的更新

一、城市进入更新阶段

《中共中央 国务院关于进一步加强城市规划建设管理工作的若干意见》（中发〔2016〕6号）指出："有序实施城市修补和有机更新，解决老城区环境品质下降、空间秩序混乱、历史文化遗产损毁等问题，促进建筑物、街道立面、天际线、色彩和环境更加协调、优美。通过维护加固老建筑、改造利用旧厂房、完善基础设施等措施，恢复老城区功能和活力。加强文化遗产保护传承和合理利用，保护古遗址、古建筑、近现代历史建筑，更好地延续历史文脉，展现城市风貌。"习近平总书记在多种场合对城市建设工作作出重要指示，强调要保护历史文化，不急功近利、不大拆大建，要突出地方特色，注重人居环境改善，要多采用微改造这种"绣花"功夫，注重文明传承、文化延续，让城市留下记忆，让人们记住乡愁。

从城市化进程看，我国快速大规模扩张型建设积累了包括资源消耗、环境保护等矛盾，资源要素已经难以适应和保障后续的快速大规模城市扩张；从改革开放后建设的不动产看，也逐渐进入更新改造阶段。中国，尤其是东部先发地区已经进入存量更新和增量建设并举的阶段，随着时间的进一步推移，存量更新将成为城市规划建设的主要任务。

从现实情况看，南京市人口密度大、功能承载多、市域面积小、文保要求高，已经到了必须向"存量空间"要"增量价值"的发展阶段。从总量上看，随着城市增量空间约束的不断趋紧，2018年，全市建设用地规模已经超出了目标年为2020年土地利用总体规划确定的控制目标，几乎没有剩余增量空间。从功能上看，南京市作为省会城市、枢纽城市和科教城市特征明显，省会城市功能集聚，承担省会、科教、军事安保和枢纽城市道路交通等功能用地占比高，服务本地的居住、商业、工业等生产生活用地相对有限。从使用效率上看，全市土地利用集约度与深圳、上海、广州等一线城市存在不小差距。整体上看，南京市同时存在增量空间少、存量土地使用效益低的矛盾，是城市更新需求最为迫切的城市之一。

从南京市未来发展看，城市更新将为高质量建设"强富美高"新南京和创建"人民满意的社会主义现代化典范城市"提供有力的支撑和保障。全市高质量发展离不开土地资源的可持续供应，在推进轻型发展的过程中，尤其凸显出存量更新对经济发展的带动和承载作用。依托城市有机更新：一是可以优化产业结构，

通过城市更新与产业规划联动，让旧产业"出得去"、新产业"进得来"，拓展创新经济发展空间，不断提高城市综合竞争力。二是可以完善城市功能，通过整合存量空间资源提升城市品质，以更新为抓手补齐主城区公共服务设施短板，统筹老旧小区改造、城市环境整治、绿色空间营造等工作，探索老城改造、旧城更新的"自我造血"模式。三是可以传承历史文化，以更新促进历史文化资源保护利用，探索历史建筑功能合理与可持续利用模式及路径，展示南京古都风采。总的来说，城市更新将通过切实提升节约集约用地水平，全面促进产业升级、民生改善和文化传承，为南京市高质量发展提供有力的政策支持。

二、近期迫切需要更新的地段类型

城市更新可以有多种分类方法，科学的分类有助于政策制订的科学性、精准性。根据更新对象产权关系的复杂性和与民生关系的密切性，南京市从政策层面将城市更新分为居住类地段城市更新和非居住类地段城市更新。其中，居住类地段包含棚户区、老旧小区为主的区域，非居住类地段则包括旧工业区、旧商业区、老旧科研机构等区域。

棚户区、老旧小区住区环境改善，与民生关系最密切、更新需求最迫切、更新难度最大，是建设以人民为中心的宜居城市必须攻克的难题。总的来说，南京市主城区老旧小区住宅总量较多，其中，非成套的简易结构房屋多、部分地区建筑密度大、建成年代早、房屋质量差、建筑安全隐患较大、使用功能不完善、配套设施不齐全，居民改造意愿整体较高。然而，随着征收成本节节攀升，地方债控制趋严，传统的"征地拆迁—土地出让"模式难以持续，必须找到一条既解决民生问题，又不大幅度增加政府负债的更新途径。

低效厂房和旧楼宇，这类产业用地的更新关系到全市经济转型发展，是建成高质量"强富美高"新南京的重要抓手。新一轮国土空间规划对全市的产业发展策略是创新驱动、构建高成长型现代产业体系。南京市增量空间匮乏与闲置低效楼宇厂房现象并存，倒逼我们不得不采用"腾笼换鸟"的思路，让低质量的旧产业有渠道自愿退出，置换出足够的存量空间让高质量的新产业进入。

老旧科研、事业单位，这类用地占地面积大、房屋空置率高、管理层级复杂、改造难度较大，是南京市作为省会城市和科教大市城市特点的更新类型。作为全省的文化、行政、科教中心，南京市有大量的高校科研资源和行政资源。随着学校和企事业单位的壮大发展，许多高校和事业单位向城市新区拓展。主城区的老校区、事业单位面临着建筑老化、设施陈旧、楼宇低效利用甚至闲置荒废的现象，与优越的城市区位、丰厚的历史文化底蕴形成了价值错配。急需通过城市更新，实现历史文化的保护传承和新功能的植入，在城市中心地区形成新的功能，塑造城市特色，提升城市活力。

三、南京城市更新制度创新的初步探讨

城市更新工作大致包括更新的物质环境设计，以及为实施更新有关策划、设计、实施所需要的技术标准、制度、法制环境的制定。总体来讲，物质环境设计（城市更新的城市设计或者修建性详细规划，以及建筑的改造设计）行业内已经逐渐取得了经验，有了相当一批的成功案例。但是，我国的城市规划、土地、建筑管理的技术标准、管理制度、法律法规基本上都是为适应改革开放后大规模的城市快速扩张而建立的，对于存量用地、既有建筑更新改造的制度设计极为缺乏，急需建立健全。

基于上述思考，新组建的规划资源局高度重视城市更新工作，在机构三定方案中，在利用处加挂了城市更新处的牌子（三定过程中，也有动议把城市更新管理职能置于城市设计处、详细规划处、历史文化名城保护处），主要目的是试图从制度层面探讨城市更新工作落地。

系统的城市更新制度建设与物质环境设计不同，需要考虑的内容更综合、更需要可实施性。城市更新工作不同于我们熟悉的新区建设，必须打破路径依赖。具体来说，需要解决城市更新谁来干、谁出钱、怎么干的问题，均需要以创新来破解矛盾。

居住类地段城市更新，主要依托《南京市政府开展居住类地段城市更新的指导意见》有关政策开展。这类用地现状居住环境不符合小康和现代化要求，改造更新需求迫切，但产权关系复杂，涉及居民多，更新投入巨大，是最难啃的"骨头"。这一与民生关系最为密切的城市更新类型，需要从尽力而为、量力而行的角度整体创新实施制度。

一是谁来干？有别于传统征收拆迁模式最大的特征是实施主体的变化——原来是政府主导、通过下达征收令进行拆迁谈判，而居住类城市更新转变为政府引导、多元参与的方式，调动个人、企事业单位等各方积极参与。实施主体可以包括：物业权利人，或经法定程序授权或委托的物业权利人代表；政府指定的国有平台公司，国有平台公司可由市、区国资公司联合成立；物业权利人及其代表与国有公司的联合体等情况。

这一改革改变了过去政府自上而下、"大包大揽式"的旧城改造模式。在相关权利人和实施主体达成一致的前提下，采用自愿参与的方式，自下而上向政府申请开展城市更新。居民、市场和政府三方关系中，政府角色从出资者、参与者变为规则制定者和实施监督者，出资和参与的角色均由市场主体承担，居民转变为城市更新的自愿参与者。这样不仅能有效减少因征收导致的社会矛盾，而且能够撬动市场资本、发挥居民主观能动性，实现居民居住条件改善、城市环境质量提升、市场主体开发获益的多赢局面。

二是谁出钱？历史上大量的旧城改造项目多通过成立棚户区改造项目以财

政投入和地方债形式融资筹措改造资金。近年来国家对地方债务规模的控制，严控棚户区改造项目贷款融资。《关于坚决制止地方以政府购买服务名义违法违规融资的通知》（财预〔2017〕87号）要求各地政府不得以棚改项目为名变相举债。同时，随着拆迁成本逐年升高，传统征收拆迁项目在财务上就地平衡的难度越来越大。在"外忧内困"的情况下，必须开拓新的资金来源。

新政策要考虑自筹经费、市场投入、贷款融资、政策性专项经费等多种方式的投入。如：更新项目范围内土地、房屋权属人自筹的改造经费；实施主体投入的更新改造资金；借助国家城市更新贷款政策性信贷资金作为启动经费，再通过更新项目增加部分面积销售及开发收益支付贷款；部分项目可以划拨方式取得土地以降低土地成本；国家各类住宅专项维修资金、旧改棚改专项资金、公共服务配套和文保专项资金等政策性资金支持。城市更新模式比征收拆迁模式在财务上提高了项目的可实施性。

三是怎么干？一是强调片区化工作原则，以划定的更新片区开展，可以适度调整、合并或拆分地块，可将无法独立更新用地、相邻非居住低效用地纳入片区。二是改变原有征收拆迁方式，强调等值交换原则，采用超值付费、等价置换、原地改善、异地改善、放弃房屋采用货币改善、公房置换等多渠道、多方式安置补偿。三是强调民意优先原则，公开工作流程，设立两轮征询相关权利人意见环节，统筹考虑安置方案、资金方案和建设方案的多轮协调互动，实施过程中充分尊重民意，体现共建共治。四是强化政策支持，从规划政策（技术标准）、土地政策、资金支持政策、不动产登记政策等多个方面提出政策保障措施，通过政府引导、市场运作、简化流程、降低成本，实现改善居住条件、激发市场活力、盘活存量资源、提升城市品质的综合效益最大化。

非居住类地段城市更新，目前主要依托《关于深入推进城镇低效用地再开发工作实施意见（试行）》政策开展。这类用地占地面积较大，产出效益低，部分产权涉及管理层级复杂，存在企业改制、破产抵押等复杂历史遗留因素，是与高质量发展息息相关的更新类型。

一是谁来干？首先，鼓励原土地使用权人自主再开发，允许设立全资子公司、联合体、项目公司作为新的用地主体进行再开发。其次，加大政府主导再开发实施力度，再开发后土地用途为商品住宅的，或原土地使用权人有开发意愿但没有开发能力的项目，可由市、区政府依法收回或收购土地使用权进行招拍挂，涉及历史建筑、工业遗存保护的项目，可以采取带保护方案公开招拍挂、定向挂牌、组合出让等差别化土地供应方式。最后，引导市场主体参与再开发，允许市场主体收购相邻多宗地块，申请集中连片改造开发。

二是谁出钱？非居住类地段的城市更新成本中，建设成本一般由土地使用权人自主承担，也可引入社会资本合作开发。为鼓励利用低效用地发展新产业、提高土地利用效率，还设计了一系列激励性政策，来达到降低更新成本、提高市场主体积极性的目的：

第一是鼓励发展新产业，兴办文化创意、科技研发、健康养老、工业旅游、众创空间、生产性服务业、"互联网＋"等新业态的再开发项目，可享受按原用途使用5年免收土地年租金的过渡期政策，过渡期满再按照协议出让方式办理手续。第二是鼓励建设城市"硅巷"，高校、科研院所利用现有存量划拨建设用地建设产学研结合中试基地、共性技术研发平台、产业创新中心，在老城区打造"硅巷"的，可继续保持土地原用途和权利类型不变。第三是促进活化历史资源，涉及历史建筑、工业遗存保护的项目，可以采取带保护方案公开招拍挂、定向挂牌、组合出让等差别化土地供应方式。第四是鼓励增加工业容积率，对符合相关规划、不改变用途的现有工业用地，通过厂房加层、老厂改造、内部整理等途径提高土地利用率和增加容积率的，不再增收土地价款。第五是引导土地多用途复合开发利用，允许同一宗地兼容两种及以上用途，允许一定条件下工业、科研用地兼容一定比例的配套设施和租赁住房等。

三是怎么干？非居住类用地的有机更新强调从"拆改留"到"留改拆"的转变。过去城市更新模式主要是"拆除为主、改留为辅"，在"拆旧建新"的过程中，也面临着城市建设同质化、土地利用不集约、历史遗迹消亡、建筑资源浪费等问题。进入"存量时代"的南京，将不再比拼建设者拆旧建新的决心与魄力，而是要考验城市管理者"手术式改造、有机化更新"的治理智慧。

"留改拆"模式下，通过分层、分类、差别化的更新模式，整治改建部分建筑质量尚可的旧厂房、旧楼宇，拆除无保留价值的危房违建，保护和修缮各类文物建筑和历史建筑，增加公共服务设施配套，多途径、多渠道激活存量空间，完善城市功能，提升城市品位。

四、城市更新制度顶层设计需要再深化

我国现行的城市规划、土地管理和建筑管理的技术标准、管理制度、法律法规，需应对存量用地和既有建筑更新改造的新形势、新要求，探索制度创新。可从规划政策、土地政策、资金支持政策、不动产登记政策等多方面创新，提出顶层设计，出台新的规定和技术标准，保障城市更新项目依法依规实施。

1. 规划政策

考虑到更新项目普遍存在地块小、分布散、配套不足的现实情况，可结合实际情况，灵活划定用地边界、简化控详调整程序；在保障公共利益和安全的前提下，可适度放宽用地性质、建筑高度和建筑容量等管控，有条件突破日照、间距、退让等技术规范要求，适度放宽规划控制指标。

2. 土地政策

在符合国土空间规划的前提下，原建设用地使用权人可通过自主、联营、入股、转让等方式，开展存量用地复合改造或由政府依法收回收储。建立过渡期

政策，可由原建设用地使用权人申请或引入社会资本共同申请改造，经市、区政府批准后享受过渡期支持政策，改造完成后，市政府可依法按新用途、市场价以协议方式配置给原建设用地使用权人或将引入的社会资本作为资产优先受让主体。对闲置和低效利用的商业办公、旅馆、厂房、仓储、科研教育等非居住存量房屋，允许改建为保障性租赁住房，使用期间不变更土地使用性质，不补缴土地价款。有历史保护建筑、近现代保护建筑或文物保护要求的项目，可以定向挂牌、带方案挂牌或特定的招标方式（综合评分法）供地。为整合周边、统筹规划，允许将原土地出让范围周边的"边角地""插花地""夹心地"，通过"以大带小"方式协议出让。

经批准列入计划的居住段城市更新项目，为解决原地安置需求，经政府同意可以享受老旧小区城市更新保障房（经济适用房等）土地政策进行立项，以划拨方式取得土地。同一更新项目涉及多种土地使用性质的，允许以多种符合的方式供地：符合划拨条件的，按划拨方式供地；涉及经营性用途的，允许协议方式补办出让。

在不改变原不动产登记权利、符合基本规划要求的前提下，对转变土地使用用途，要研究建立土地增值收益的年租金制度，替代一次性出让，确保国有土地资产收益不流失。

3. 资金支持政策

经费来源：制度化确定城市更新多渠道资金来源。更新项目范围内土地、房屋权属人自筹的改造经费；实施主体投入的更新改造资金；政府指定的国有平台参与更新项目增加部分面积销售及开发收益；按规定可使用的住宅专项维修资金；相关部门争取到的国家及省老旧小区改造、棚改等专项资金；更新地块范围内出让金转财政收入的让渡；市、区财政安排的城市更新改造资金；更新地块需配建学校、社区服务中心等公共配套设施以及涉及文保建筑、历史建筑修缮等国家、省、市专项资金等。

税费政策：更新项目符合规定的，可享受行政事业性收费和政府性基金相关减免政策；纳入市更新计划的项目，符合条件的，应享受相关税费减免政策；同一项目原多个权利主体通过权益转移形成单一主体承担城市更新工作的，经政府确认，可认定为政府收回房产、土地行为，按相关税收政策办理。

金融政策：纳入市更新计划的项目，参照国家有关改造贷款政策性信贷资金政策执行。

4. 不动产登记政策

城市更新必定涉及不动产权利的重建。可探讨与宗地内原权利人协商或委托实施主体，持相关城市更新的批准文件申请变更登记。已征收后经规划确认保留的房屋，可登记至征收主体指定的国有平台，土地用途和房屋使用功能以规划确认为准，土地权利性质暂保留划拨（与前述的年租金制度结合）。

5. 国家层面有关工作尚待进一步深化

建议国家层面，高度重视城市更新的整体制度建设，尤其要研究城市更新相关术语，对更新过程中的土地问题（建立土地再整理法、改革招拍挂制度、明晰不动产权益人权利与义务体系）、规划技术标准（既有规范标准的深化完善，适应城市更新的特殊要求）、公众意见参与及采信、信贷政策、税收政策、不动产登记（共有产权等）进行系列研究，总结基层实践的经验教训，探讨出台上位法律法规——《城市更新法》。

五、关于本书写作的动因和主要内容

近年来，南京市围绕历史地段更新、城镇低效用地再开发、老旧小区改造、居住类地段城市更新等对象进行城市更新探索，初步构建了一套具有地方特色的城市更新政策标准、方法体系和运行机制，致力于推动地方多样化城市更新实践，取得了初步成效。南京市规划和自然资源局和南京市城市规划编制研究中心对部分项目同步作了初步的总结。

2020年10月24—25日，中国城市规划学会城市规划实施学术委员会在南京举办第八届中国规划实施学术研讨会暨学委会年会，聚焦城市更新、探讨国土空间规划创新实施路径。我局多位局长、处长和专业技术人员从不同角度在会上作了南京实践工作的汇报，获得了参会同行的肯定。学委会主任委员李锦生研究员级高级规划师、副主任叶裕民教授建议在我局初步技术总结和我局参会代表演讲材料的基础上，进一步提炼总结南京市新时期国土空间规划改革背景下的城市更新工作，编撰《南京城市更新规划建设实践探索》一书。承学委会厚爱，拟纳入中国城市规划学会学术成果、"中国城乡规划实施理论与典型案例"系列丛书第9卷。该系列丛书以每年年会所在城市的成功案例为主，包括该时期典型的具有推广和参考价值的其他规划实施案例，对每个案例的背景、理论基础、实践过程进行深入解析，并提炼可供推广的经验，已经正式出版了7卷。受此激励，我局会同南京市城市规划编制研究中心组成编撰委员会，动员南京市参与城市更新工作的有关部门、平台积极参与，在繁重的工作之余，进一步系统研究，把梳理整理，形成了本书成果。

本书主要分为两个篇章：上篇是综合篇。系统分析当前我国城市更新工作面临的新背景以及南京相应的发展趋势，明确新时期城市更新工作的新理念。梳理南京城市更新发展历程，剖析各阶段工作思路、内容与存在问题，并总结工作成效。在此基础上，深入分析南京国土空间利用和存量用地现状，并对今后存量用地更新状况进行分析评估。最后，提出南京城市更新类型的选择及其实施策略、分区指引等对策建议。下篇为实践篇，介绍南京城市更新的具体实践案例，精选了历史地段有机更新、城镇低效用地再开发、居住类地段城市更新、老旧小区增设电梯、环境综合整治等15个城市更新案例和8个城市更新相关制度，从项目概况、更新模式、工作成效和经验启示等方面进行深入剖析，以期为同行提供借鉴。全书所引用图表，除标明出处的，其他均为南京市规划和自然资源局提供。

这是南京市城市更新实践阶段性工作成果的初步总结，我们深知南京的城市更新工作尚有许多不足，需要进一步探索改进。由于研究能力、资料掌握有限，书中难免存有疏漏和不当之处，恳请行业大家、同行朋友批评指正。下一步，我局将进一步深化研究城市更新对象分类，建立更为系统的城市更新整体制度，完善地方性法律法规和相关技术标准，探索更为综合的实施路径，以期为我国国土空间规划制度改革作出地方的贡献。

南京市规划和自然资源局局长

研究员级高级城市规划师

2021 年 8 月 2 日

目录

上篇　综合篇

第1章　国内外城市更新的发展历程

城市更新起源于 18 世纪后半叶英国工业革命时期，发展至今已有 200 余年的历史。尤其是第二次世界大战后，伴随全球经济复苏和快速成长，城市更新运动开始广泛开展。发展至今，无论国外还是国内的城市更新，其内涵与外延日益丰富，由于不同时期发展背景、面临问题与更新动力的差异，其更新的目标、内容以及采取的更新方式、政策亦相应发生变化，呈现出不同的阶段特征。

1.1　西方国家城市更新发展演进

回顾西方城市更新的发展，其历程大致可以分为以下四个阶段。

1.1.1　第一阶段：1960 年代之前

"城市重建"（Urban Reconstruction）和"城市振兴"（Urban Revitalization）

随着战后经济复苏和快速增长，西方许多城市开始大规模清理贫民窟和城市中的破败建筑，对城镇旧区进行重建与扩展，以全面提高城市物质形象。例如，英国大规模的贫民窟清除运动始于 1930 年《格林伍德住宅法》（Greenwood Act）的颁布；美国 1949 年的《住房法》标志着大规模复兴城市中心区的开端，其城市更新运动也始于大规模清除贫民窟。这一阶段城市更新的特点是推土机式的推倒重建，重点是内城的置换和外围地区的发展。虽然在某些地区有少量私营机构参与投资，但主要是由国家及地方政府主导。

1.1.2　第二阶段：1960—1970 年代

"城市更新"（Urban Renewal）

1960 年代以后，西方国家步入社会普遍富足的黄金时期，同时凯恩斯主义兴起，使得社会公平

图 1-1　法国里昂杜歇尔街区社会住宅群
图片来源：杜营 . 法国大型社会住宅区更新策略研究（以里昂杜歇尔街区为例）[D]. 上海：同济大学，2008.

和福利受到广泛关注。因此，城市更新开始具有更强的福利色彩，关注弱势群体，注重就地更新与邻里计划以及外围地区的持续发展，通过更新提升居住环境，为被改造社区的原居民提供社会福利和公共服务。例如，英国政府在 60 年代中后期开始实施以内城复兴、社会福利提高及物质环境更新为目标的城市更新政策；法国为解决由来已久的住房短缺和居住环境恶劣问题，在大城市周边兴建大规模的、提供给低收入居民和家庭的低租金、低价格的社会住宅（图 1-1）；美国于 1960 年代中期推行《现代城市计划》，旨在通过综合性更新方案来解决贫穷问题。这一阶段的城市更新仍然是由国家和地方政府主导，社区和私营机构的参与度低。

1.1.3　第三阶段：1980 年代

"城市再开发"（Urban Redevelopment）

这一时期西方国家经济增长趋缓，自由主义经济开始盛行，西方城市更新政策迅速转变为市场导向的以地方开发为主要形式的旧城再开发，大量私人资金投入到重大项目当中，如标志性建筑、豪华的娱乐设施等。这些项目大多获得了商业上的成功，促进了旧城的复兴，并且政府与私营机构开始形成深入合作的双向伙伴关系。例如，这一时期英国主张以经济改革促进社会转型的城市再生，《地方政府、规划以及土地法案》通过后，国家环境部建立城市发展公司（Urban Development Corporation，简称 UDC）统一负责地区的更新事务，鼓励私有企业参与城市更新。道克兰地区更新便是公私合作的典型案例，英国政府成立的半官方组织伦敦道克兰发展公司（LDDC）作为开发主体，引入市场资本进行地产开发，通过交通基础设施、居住、商业等综合性开发，提升地区环境与活力，使道克兰地区逐渐恢复往日的繁荣（图 1-2）。

图 1-2　改造后的伦敦道克兰地区
图片来源：类延辉 . 伦敦道克兰地区城市更新发展经验研究 [J]. 城市住宅，2017，24（9）：10-14.

1.1.4　第四阶段：1990 年代之后

"城市再生"（Urban Regeneration）和"城市复兴"（Urban Renaissance）

　　进入 1990 年代后，人本主义思想和可持续发展理念在西方逐渐深入人心，城市更新开始高度关注人居环境，更加强调社会、经济、物质环境等多维度问题的综合解决以及强调社区参与，也更加认识到历史建筑保护、邻里空间保护和延续同人居环境改善一样重要。例如，美国曼哈顿高线公园，将保护和创新结合在一起，实现工业遗迹再利用、地区社会经济发展、人居环境提升等多个目标（图 1-3）。这一时期西方国家城市更新不再只局限于物质环境的改善，而更为强调对社区的综合更新，更加注重对文化传统的保护和文脉的延续。2008 年全球经济危机之后，在新自由主义思潮影响下，促进更新和促进经济增长的政策更加得到重视，并与商务、创新和技能等新兴政策紧密结合，政府、私营机构和社区居民多方的"合作伙伴"模式开始占据主导地位。

　　随着西方国家社会经济的不断变化与实践探索，城市更新从注重物质空间改善到强调人的需求、城市多样性、历史保护和可持续发展等多个层面，从政府主导到公私合作，再到多元主体参与，从福利色彩的社区建设到地产开发，再到物质、社会、经济、生态等多维度的政策驱动，西方国家城市更新的理念、运行机制和政策导向逐渐完善（表 1-1）。

图 1-3　曼哈顿高线公园全景与丰富的游憩空间
图片来源：汪瑜.曼哈顿的空中花园——纽约高线公园 [J].花木盆景（花卉园艺），2011（6）：40-42.

西方国家城市更新历程一览表　　　　　　　　　　　　　　　　　　　　表 1-1

时期 政策 类型	1950 年代 城市重建 (Urban Reconstruction)	1960 年代 城市振兴 (Urban Revitalization)	1970 年代 城市更新 (Urban Renewal)	1980 年代 城市再开发 (Urban Redevelopment)	1990 年代以后 城市再生、城市复兴 (Urban Regeneration Urban Renaissance)
主要 策略	快速提升城市物质形象； 对城镇旧区进行推倒重建与扩展； 郊区的生长	关注社会问题； 郊区及外围地区的生长； 福利色彩的社区重建	市场主导的地产开发； 注重就地更新与邻里计划； 外围地区持续发展	进行开发与再开发的重大项目； 实施旗舰项目； 实施城外项目	向政策与实践相结合的更为全面的形式发展； 更加强调问题的综合解决处理； 物质、经济、社会多维度更新
促进 机构 及其 作用	国家及地方政府； 私营机构的发展商及承建商	在政府与私营机构间寻求更大范围的平衡	私营机构角色的增长与当地政府作用的分散	强调私营机构与特别代理； "合作伙伴"模式的发展	"合作伙伴"模式占主导地位
行为 空间 层次	强调本地与场所层次	所出现行为的区域层次	早期强调区域与本地层次，后期更注重本地层次	1980 年代早期强调场所的层面，后期注重本地层次	重新引入战略发展观点； 区域活动的日渐增长

时期 政策 类型	1950 年代 城市重建 (Urban Reconstruction)	1960 年代 城市振兴 (Urban Revitalization)	1970 年代 城市更新 (Urban Renewal)	1980 年代 城市再开发 (Urban Redevelopment)	1990 年代以后 城市再生、城市复兴 (Urban Regeneration Urban Renaissance)
经济 焦点	政府投资为主，私营 机构投资为辅	1950 年代后私人投 资的影响日趋增加	来自政府的资源约束 与私人投资的进一步 发展	以私营机构为主，选 择性的公共基金为辅	政府、私人投资及社会 公益基金间全方位的平 衡
社会 范畴	居住与生活质量的改 善	社会环境及福利的改 善	以社区为基础的活动 及许可	在国家选择性支持下 的社区自助	以社区为主题
物质 更新 重点	内城的置换及外围地 区的发展	继续自 1950 年代后 对现存区的类似做法 修复	对旧城区更为广泛的 更新	重大项目的置换与新 的发展； 旗舰项目	比 1980 年代更为节制； 传统与文脉的保持
环境 手段	景观美化及部分绿化	有选择地加以改善	结合某些创新来改善 环境	对广泛的环境措施的 日益关注	更广泛的环境可持续发 展理念的介入

资料来源：阳建强．城市更新的价值目标与规划路径 [R]. 南京："南京国土杯"首届全国大学生国土空间规划设计竞赛开幕式，2021.

1.2 我国城市更新发展历程

依据我国城镇化进程和城市建设宏观政策的变化，可将中华人民共和国成立以来我国城市更新的发展历程划分为以下四个阶段。

1.2.1 第一阶段：1949—1977 年

在中华人民共和国成立初期财政匮乏的背景条件下，只能关注最基本的卫生、安全、居住问题。这一阶段的城市更新重点以改善城市环境卫生、整修市政设施、兴建工人住宅等基础性城市建设为主，建设资金完全来自政府财政投入（图 1-4）。

1.2.2 第二阶段：1978—1989 年

改革开放后，随着国民经济复苏以及市场经济体制发育，全国各地城市旧城区日益恶化的居住环境和衰退的空间功能迫使城市更新改造以空前规模和速度展开。这一时期以城市基础设施建设和住宅建设为主，重在偿还历史欠账，并由政府出资改善城市环境，带有福利色彩性质。以北京为例，仅 1978—1987 年的十年间，全市就新建住宅超 4400 万 m^2，人均居住面积从 4.55m^2 增加到 6.82m^2。然而，由于对城市环境和历史文化遗产保护重视不足，"大拆大建"的开发方式一定程度上破坏了旧城肌理，对历史文化特色和风貌保护造成冲击（图 1-5）。

图 1-4　改革开放前的城市更新案例
图片来源：阳建强 . 城市更新的价值目标与规划路径 [R]. 南京："南京国土杯"首届全国大学生国土空间规划设计竞赛开幕式，
2021.

图 1-5　改革开放初期的城市旧城改造
图片来源：阳建强 . 城市更新的价值目标与规划路径 [R]. 南京："南京国土杯"首届全国大学生国土空间规划设计竞赛开幕式，
2021.

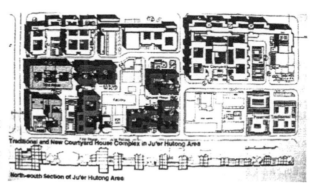

图 1-6　吴良镛先生以"有机更新"思想进行旧居住
区改造
图片来源：阳建强 . 城市更新的价值目标与规划路径
[R]. 南京："南京国土杯"首届全国大学生国土空间
规划设计竞赛开幕式，2021.

　　1987 年，吴良镛先生创新性地提出了人居环境科学中的"有机更新论"。在获得"世界人居奖"
的菊儿胡同住房改造工程中，以"类四合院"体系和"有机更新"思想进行旧居住区改造，保护了北京
旧城的肌理和有机秩序，保留了中国传统住宅重视邻里情谊的精神内核，并在苏州、西安、济南等诸多
历史文化名城保护中予以推广，推动了从"大拆大建"到"有机更新"的城市设计理念转变（图 1-6）。

图 1-7　快速城镇化阶段的城市更新改造
图片来源：阳建强. 城市更新的价值目标与规划路径 [R]. 南京："南京国土杯"首届全国大学生国土空间规划设计竞赛
开幕式，2021.

1.2.3　第三阶段：1990—2011 年

　　中国进入快速城镇化时期，以"退二进三"政策实施为标志的大范围城市更新全面铺开，这一阶段各地在旧城居住环境改善、土地集约利用、老工业区更新改造、历史文化保护以及创意文化产业植入等方面进行了大胆而广泛的实践探索（图 1-7）。例如，上海通过"退二进三"政策推动大部分工业企业搬出老城，原有土地调整为居住及第三产业，逐步将传统工业搬迁至城市边缘的工业区。上海新天地、田子坊等地区则以文化产业为发展导向，在保留城市历史风貌的基础上，通过空间功能的置换提升地区发展活力。同时，随着城市土地有偿使用、分税制和住房制度改革，房地产业和第三产业兴起，市场机制被全面引入城市更新过程中，形成政府和市场共同推动城市更新的新局面。例如，旧城居住区和城中村改造方式不断转变，上海从成片改造转向"零星旧改"，开始市场化运作，深圳和广州则通过推动"三旧"改造，积极探索市场化、规范化的城市更新模式。广州恩宁路地块连片危旧房改造项目引进开发商市场资金参与，创造出新活力。然而，由于这一时期我国社会主义市场经济体制仍不健全，政府与开发商合作的地产开发模式也产生了一系列社会和城市问题，如城市环境恶化、中心区过度开发、历史街区成片清除、城市空间社会分异等，城市风貌特色面临消失的危险。"市场运作、政企合作"的商业开发模式下市场资本的过度介入，会扭曲既定的综合性更新理念，进而造成更新改造的不可持续性，带来改造区域再次衰败、经济负担以及社会结构破坏等问题。因此，各地城市更新体系也在不断完善，公众参与开始得以重视和开展，如上海田子坊、广州恩宁路地块改造后期，居民、媒体、专家学者等多元主体充分参与，为城市历史文化风貌传承与社会矛盾缓和发挥了积极作用。

图 1-8 南京市太平南路沿线小区整治前后

1.2.4 第四阶段：2012 年至今

2011 年我国城镇化率突破 50%，城镇化进入以提升质量为主的转型发展新阶段。党的十八大提出中国特色新型城镇化战略，标志着我国城镇化进程从数量增长向质量发展、从外延扩张向内涵提升的重大转变。党的十九大提出我国社会主要矛盾已经转化为人民日益增长的美好生活需要和不平衡不充分的发展之间的矛盾。从中央城镇化工作会议，到中央城市工作会议，再到中央相继出台棚户区改造、老工业搬迁改造、老旧小区改造等系列政策，正指引国内各地开展多样化的城市更新实践探索，例如以大事件带动城市绿色低碳和成片转型，以文化创意产业培育和产业升级为动力的老工业区再开发，以历史文化资源保护和活化利用为导向的历史地段更新改造，以改善民生为目标的棚户区和城中村改造等。这一阶段城市更新开始更多地聚焦城市内涵发展、城市品质提升、产业转型升级以及土地集约利用等重大问题，而且由于社会力量的参与，城市更新形成了多方参与、社会共治的新格局，社区参与、城市治理和城市更新制度也在实践中逐步探索和完善。然而，由于缺乏系统谋划和整体布局，各地仍存在大拆大建、资源消耗、重物质建设而轻综合统筹、政府投入过重而市场运作欠缺等诸多问题。在当前国家生态文明建设、"五位一体"发展、治理体系现代化的总体框架下，城市更新应面向高质量发展、高品质生活、高水平治理，兼顾市场效益与社会公正，建立健全政府、市场和社会紧密协作，纵向与横向相结合、自上而下与自下而上双向运行的开放体系（图 1-8）。

纵观我国城市更新的发展历程，经历了从中华人民共和国成立初期百废待兴，解决城市居民基本生活环境和居住条件问题到改革开放初期适应社会主义市场经济体制建立，开展大规模旧城功能结构调整和旧居住区改造到快速城镇化时期开展旧居住区和城中村改造、老工业区搬迁改造及文化创意植入升级、历史文化地区改造，再到如今以高质量发展为导向、以人民为中心的转型发展期下，城市更新更为强调作为一项兼具综合性、全局性、政策性和战略性的社会系统工程，涉及社会、经济、文化、空间和时间等多个维度，成为当前国家战略转型的重要动力，也是我国推进健康城镇化的必然之路。因此，今后我国城市更新的重点不能仅仅关注物质环境的更新改善，而应更好地兼顾历史文脉、创新产业、社会治理和民生保障等多元包容性发展目标。同时，城市更新不仅仅是一种建设行为活动，更重要的是其在城市发展过程中作为城市自我调节或受外力推动的机制，旨在防止、阻止和消除城市衰老或衰退，而通过结构与功能不断地相适调节，增强、优化城市整体机能，使城市能够不断适应未来社会和经济发展的需要。必须充分认识城市发展的客观规律，立足国内丰富的地方实践，立足国土空间规划实施，加强系统思维、整体思维和底线思维，敢于直面和破解现实难题，致力于探寻中国城市更新的创新路径和理论方法架构。

1.3 小结

为适应社会主义市场经济体制的不断完善和城市发展方式的持续转变，我国城市更新实践正不断深化，从仅仅注重物质环境改善转向统筹实现经济与社会、物质与文化并重的发展目标，从效率主导的价值取向转向以人为本、共建共治共享和高质量发展的多元价值观，从自上而下单纯的政府主导转向自上而下与自下而上双向的多元驱动，从单一的行政管制转向"放管服、创新赋能、社会赋权、市场运作"的社会治理新模式。可以说，尽管我国城市更新历程仅短短几十年，但基本上也历经了西方上百年才完成的从城市重建、振兴、更新、再开发、再生到复兴的全过程。但是，中西对比，差异性仍不容忽视。

一是发展环境不同。西方发达国家经历了彻底的产业革命，其城市化水平高，城市化已基本走完了兴起、发展和成熟的历程，城市更新是在城市化进程走到中后期才开始的，是城市自我完善的过程，未来发展将日趋缓和。而我国的城市化是工业化、信息化、城镇化、市场化、国际化"五化"并存的情况，城市化的形式和任务更加多元复杂，面临的城市面貌不同，遇到的城市病问题不同，更新对象的特质也不同，因此要在更为多元的背景下去探究城市更新问题。

二是政治体制差异。国外的城市发展长期受市场经济驱动，在较为稳定的城市社会经济结构下城市富有弹性，符合市场、社会发展规律。但资产阶级代议制度与议会民主制度下的欧美国家，权利体系之间的相互制约与牵制会产生体制消耗，不利于城市更新的统筹管理与政策的贯彻实施。相较而言，我国体制依托中国特色社会主义制度，可以集中力量办大事，具有独特的政治优势；兼顾市场决定资源配置和更好地发挥政府作用，具有独特的竞争优势；并且能有效地组织政府、企业、用户等要素，具有协同优势。这都是推进城市更新的政治体制优势所在，是在中国国情下探索城市更新路径和实现方式的优势所在。

三是发展模式多样性。西方国家经历城市更新历史较长，已探索出较完整的法律法规及保障体系，在专门机构以及运行机制上也形成了较为完善的体系。相比之下，国内在城市更新的法律法规方面尚不完善，缺乏系统的法律指导和保障。而且，各类地区和对象差异性极大，主要表现为东中西大区域尺度之间、不同等级规模城市之间、同一城市不同更新对象之间，相应的更新需求和模式也不尽相同。如各地多样化的城市更新实践和发展模式即是印证，如广州的"三旧改造"、深圳的"趣城计划"、南京的老城"硅巷"、厦门的社区营造等。

　　然而，无论是我国还是西方国家，当前城市更新的理论基础都已从物质决定论的形体主义思想转向协同理论、自组织等人本主义思想，政策导向已从大规模棚户区清理转向社区振兴和城市整体功能提升，规划工具已从单纯的物质环境改善规划转向社会经济和物质环境相统筹的综合性更新规划，工作方法已从外科手术式推倒重建转向小规模、分时序、渐进式改善，运作模式已从政府主导转向公、私、社区多方合作。

　　执笔：官卫华（南京市城市规划编制研究中心副主任）
　　　　　李建波（南京市规划和自然资源局秦淮分局局长）
　　　　　杨梦丽（南京市城市规划编制研究中心规划师）

第 2 章　南京城市更新工作的背景与趋势

习近平总书记多次强调：城市规划和建设工作不能急功近利、不搞大拆大建。要突出地方特色，注重人居环境改善，更多采用微改造的"绣花"功夫，让城市留下记忆，让人们记住乡愁。改革开放40多年来，我国完成了西方国家历经上百年的快速扩张型城镇化进程，进入城镇化的下半程，但在工业化、信息化、城市化、市场化、国际化"五化"并存的复杂环境中，相伴而生的也有生态环境透支、资源过度消耗、社会矛盾激化等诸多问题。2011年我国城镇化率突破50%，2019年城镇化率达到60.6%，已进入以质量提升为导向的转型发展新发展阶段。当前，包括南京等城市在内的长三角、珠三角等地区已进入存量更新与增量开发并重的新发展阶段，迎来了城市有机更新的新时代。

2.1　我国城市更新工作新背景

中国的城市更新大致经历了从中华人民共和国成立初期的"填空补实、见缝插针"，到改革开放以后的"布局调整、旧区改造"，再到21世纪以来的"腾笼换鸟、二次开发"的历程。面对环境、资源、社会等方面的压力，城市既有增长方式难以为继，城市发展亟需向"存量空间"要"增量价值"。

2.1.1　城市空间发展从增量扩张转向存量更新

改革开放40多年来，中国城镇化建设取得举世瞩目的成就。按城镇人口比重计算，中国城镇化率已由1978年的17.9%提升到2019年的60.6%（图2-1）。与此同时，城镇建设用地规模也在迅猛增长，出现了土地城镇化速度超过人口城镇化的特征。城市空间持续蔓延扩张，在加速社会进步和经济发展的同时，也带来诸如粮食安全、生态安全、社会安全等一系列发展问题。尤其在有限资源环境要素的硬约束下，城市空间扩张的边际成本呈指数级增长，收益则保持相对固定。因此，按照经济学效用最大化的逻辑，任何城市都应有一条相对刚性的增长边界，只有在增长边界以内才能确保城市发展的"规模经济"。从这个意义上讲，不同于城市化加速阶段的"填空补

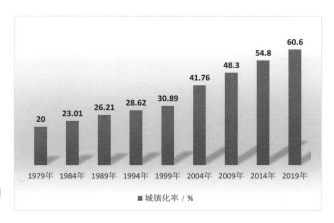

图 2-1　1979—2019 年中国城镇化率变化趋势图
资料来源：国家统计局

实"和"布局调整"，新时代的城市更新更多是为了避免城市持续增量发展带来的"规模不经济"，转而向内涵式存量发展寻求效益最大化。

2.1.2　高质量发展呼唤创新赋能经济转型升级

　　纵观世界城市发展史，随着工业化和全球化进程的演进，大部分城市都会经历工业衰退的阶段，或者说部分大城市在过去都走过了一条"去工业化"的道路。中华人民共和国成立以来，中国城市一直以工业生产和经济建设为中心，在城市内部（尤其是老工业基地城市）集中了大量的工业用地。随着城市土地有偿使用制度和土地市场逐步建立，部分工业企业在土地价格约束下，开始向城市边缘区转移，支撑城市经济的传统工业部门在国民经济中的比重迅速下降，逐步进入"后工业化"阶段。随着产业空心化和人口结构变化，经济中心城市的地位迅速下降，经济结构调整成为解决或避免城市衰退的路径。如今，我国面临复杂严峻的外部环境，着力建立以创新经济为重点的"国内大循环"，着力发展创新产业，兼顾国内国际"双循环"，成为后疫情时代重振中国经济的核心要义，也是培育新形势下我国参与国际合作和竞争新优势的关键。创新经济逐渐成为城市产业转型升级、城市更新与营销的最主要策略之一。从这个意义上讲，城市更新不仅是为了寻找新的城市发展空间，更是对新时代背景下城市发展转型升级的空间响应。2014 年《国家新型城镇化规划（2014—2020 年）》的发布以及 2015 年"中央城市工作会议"的召开，标志着我国的城镇化已经从高速增长转向以提升质量为主的转型发展新阶段。党的十九大进一步明确将满足人民日益增长的美好生活需要作为今后工作的重点任务。在新的历史时期，城市更新的原则目标与内在机制均发生了深刻转变，现阶段城市更新更多地关注城市可持续发展、城市品质提升、创新经济发展等重大问题。中国的城镇化由过度依赖廉价土地和劳动力等"要素驱动"和大量高投资形成的"投资驱动"发展阶段，逐步向"创新驱动"发展阶段转变。产业创新转型在吸引大量创新型企业、创新人才向城市集聚的同时，也会激励地产商对周边土地再开发，加速城市更新进程。

2.1.3 生态文明建设加快推促城市可持续发展

1990年代中后期以来，全球经济地域分工及中国城市发展制度环境的重塑不仅推动了我国经济的高速增长，也推进地方政府施行增长主义的城市发展战略。但单纯以经济发展为导向的增长主义，往往会造成经济与社会、文化、生态等多方面发展之间的失衡，不利于城市的可持续发展。所以，生态文明建设成为中华民族伟大复兴的重大工程和中国特色社会主义总体布局的重要内容，攸关经济健康发展，事关政治稳定和社会和谐发展，必须放在更为重要的地位，融入经济、社会、文化、政治全方位建设过程。2015年9月，中共中央、国务院发布《生态文明体制改革总体方案》，加快建立系统完整的生态文明制度体系，加快推进生态文明建设，标志着我国生态文明建设的顶层设计初步完成。其中，强调坚持节约资源和保护环境基本国策，坚持节约优先、保护优先、自然恢复为主方针，以建设美丽中国为目标，以解决生态环境领域突出问题为导向，保障国家生态安全，改善环境质量，提高资源利用效率，推动形成人与自然和谐发展的现代化建设新格局。2020年，中共中央《关于制定国民经济和社会发展第十四个五年规划和二〇三五年远景目标的建议》中提出"要推动绿色发展，促进人与自然和谐共生……深入实施可持续发展战略，完善生态文明领域统筹协调机制及构建生态文明体系"。贯彻落实生态文明建设要求，新型城镇化道路必须坚持"生态优先、绿色发展"总体原则，坚持"绿水青山就是金山银山"理念，坚持尊重自然、顺应自然、保护自然，反对为追求短期效益粗放利用资源，杜绝以破坏生态环境为代价的粗放增长方式。城市更新工作也必须落实生态文明建设、历史文化保护等问题，杜绝急功近利、大拆大建，从"补差补缺"向"品质提升"转变，从"速度优先"向"保质增效"转变。

2.1.4 城市更新助力绿色低碳发展实现新突破

2020年，《中共中央关于制定国民经济和社会发展第十四个五年规划和二〇三五年远景目标的建议》提出：要加快推动绿色低碳发展。强化国土空间规划和用途管控……强化绿色发展的法律和政策保障，发展绿色金融，支持绿色技术创新，推进清洁生产，发展环保产业，推进重点行业和重要领域绿色化改造……发展绿色建筑。开展绿色生活创建活动。降低碳排放强度，支持有条件的地方率先达到碳排放峰值。同年，习近平总书记在第75届联合国大会一般性辩论上发表讲话，宣布我国将力争于2030年前达到碳排放峰值，并努力争取2060年前实现碳中和，首次向全球明确了中国实现碳中和的时间表。2021年3月召开的中央财经委员会第九次会议上，习近平总书记再次强调"实现碳达峰、碳中和是一场广泛而深刻的经济社会系统性变革，要把碳达峰、碳中和纳入生态文明建设整体布局"。

碳达峰、碳中和必然是今后一定时期内我国推动经济社会发展绿色化转型的重要举措。城市规划建设领域是当前的一大碳排放源，并且与生产供应、生活用能、交通出行等各行各业紧密关联。2021年3月国务院政府工作报告指出"十四五"时期要实施城市更新行动，完善住房市场体系和住房保障体系，提升城镇化发展质量。城市规划建设过程中必须积极倡导绿色低碳发展理念，将节能降耗贯穿于人工设施和建筑开发建设全过程，同时要积极改进、升级和应用绿色低碳建设新技术，引领绿色生产和生活方式转变，减少碳排放，这是实现碳达峰和碳中和的关键。其间，新时期以"留改拆"为主要方式的城市更新工作应当成为城市规划建设领域积极践行绿色发展模式的领头羊和先行者。1990 年中国房地产规模总量仅 1000 万 m^2，而后伴随市场开放和快速城镇化推动，至 2000 年达到 1 亿 m^2，至 2010 年又增长 10 倍达到 10 亿 m^2，至 2018 年达到 17 亿 m^2，其中约拆除 1 亿 m^2 而新建 3 亿 m^2。相应地，城市常住人口从 1990 年的 3 亿人左右增加到现在的约 7 亿人，城市居民人均住房面积从 1990 年的 $10m^2$ 增加到现在的 $40m^2$ 左右。房屋生命周期也随着建造技术升级而延长到 50 ~ 70 年（钢混结构）左右。目前，我国城镇化率已超过 60%，参照西方国家发展规律，城镇化后期超过 70% 将进入稳定发展阶段。考虑到今后城市人口扩张有限、新增建设用地约束、人均需求高位满足、房屋使用周期延长等客观情况，大规模旧城拆除重建和每年新增建设将大大减少。当我国城镇化率达到 70% 时，住房存量至少达到 360 亿 m^2，意味着全国住房市场将进入平衡发展状态。按照房屋周期 50 年折旧计算，每年约 7.2 亿 m^2，这就是未来巨大的城市居住空间更新市场。再以南京为例，截至 2020 年底，城镇建设用地约 899km²，其中改革开放后增加的建设用地约 524km²，占比约 59%。而且，增加的建设用地中一半为居住用地，居住建筑面积约 44210 万 m^2，这些建筑远未达到使用寿命，若在城市更新时简单采取拆除重建，势必会造成人力、物力、财力等各类资源的浪费，也是对未来碳排放指标的无效透支。综上，新时期城市规划建设更应重视"留改拆"城市更新方式，这样才是真正践行绿色低碳发展，有利于提高城市整体运行效率，有效符合"双碳"发展目标和实现人与自然和谐共生的生态文明建设初衷。

2.1.5 "以人民为中心"的发展思想指引打造共建共治共享社会治理新格局

2015 年，党的十八届五中全会首次正式提出坚持"以人民为中心"的发展思想，把增进人民福祉、促进人的全面发展作为发展的出发点和落脚点，发展人民民主，维护社会公平正义，保障人民平等参与、平等发展权利，充分调动人民积极性、主动性、创造性。中央城市工作会议也指出，城市工作要把创造优良人居环境作为中心目标，努力把城市建设成为人与人、人与自然和谐共处的美丽家园。2019 年 11 月，习近平总书记在上海考察时再次强调"城市是人民的城市，人民城市为人民"。这就要求新时代的城市更新工作必须更加注重处理好人与城市、人与建筑、人与空间的和谐关系，始终坚持以人民为中心的发展思想规划建设城市，聚焦人民群众需求，以促进高质量发展为目标导向，以提升居民的获得感、幸福感和安全感为优先前提，以保障城市困难群众为底线，不断提升城市功能品质，推动城市产业转型升级，改善城市人居环境，使城市更加宜居、安全、高效和可持续。特别是城市更新工作涉及众多利益主体，如何平衡各方利益关系是政府开展城市更新工作必须面对和解决的关键问题。习近平总书记在党的十九大报告中指出，"要打造共建共治共享的社会治理格局，发挥社会组织作用，实现政府治理和社会调节、居民自治良性互动"。这有利于解决城市更新中的利益协调问题，推动整个城市更新工作的畅通运行。2020 年 8 月 20 日，习近平总书记在合肥主持召开扎实推进长三角一体化发展座谈会，再次强调旧城改造"涉及群众切身利益和城市长远发展，再难也要想办法解决"。中央城市工作会议也明确指出，要"尊重市民对城市发展决策的知情权、参与权、监督权，鼓励企业和市民通过各种方式参与城市建设、管理，真正实现城市共治共管、共建共享"。总之，新时代的城市更新工作必须破除单一主体、行政化指令、单方主导等思维，高度重视市民在城市更新中的主体地位，维护好规范健康的市场秩序，将公众参与贯穿城市更新全过程，营造共建共治共享的城市更新格局，实现城市有机发展与公众利益保障的双赢，使全体人民共享城市发展成果。

2.1.6 国土空间规划改革保障城市更新迈上新台阶

2018年3月，根据中共中央《深化党和国家机构改革方案》，组建自然资源部，履行自然资源管理"两统一"职责，即统一行使全民所有自然资源资产所有者职责，统一行使所有国土空间用途管制和生态保护修复职责。新时期的国土空间规划强调"底线约束、内涵发展、弹性适应"的新发展模式，要求在自然资源底线约束下开展城市布局和功能建设，谋划最佳的生态空间格局和国土使用效率，挖掘存量空间潜力。由此，在国土空间规划战略引领、底线管控、促进高质量发展的目标导向下，如何从过去的增量规划、土地规划转向存量规划、全域全要素全过程规划，成为改革的重中之重。本质上，存量规划是对增量规划的反思与改良，增量规划适应于城市高速增长方式下的土地投放和空间供给，但不适应于高质量发展要求下的城镇功能调控与资源再分配。相较之下，存量规划则更为适应和能够有效应对转型发展形势下城市发展方式变化而带来的要素供给和结构调整。一方面，在可征用土地短缺或新增建设用地指标不足的情况下，迫使城市增量扩张模式转向存量土地内部挖潜，基于城市整体功能布局，调控不符合规划要求和制约城市品质提升的用地，积极向综合效益较高的用地功能转化，以此推促产业结构调整和功能品质提升。另一方面，强调城市生产、生活和生态空间统筹布局，注重多元利益主体协调共赢，激发城市发展活力，构建协同高效的现代化治理体系，增强对人才、资本、技术的吸引力。总之，国土空间规划改革新要求对城市更新工作创新明确了方向：一是要从生态文明建设的高度赋予城市更新更为丰富的内涵。推动城市更新与可持续发展、绿色发展相融合，通过城市更新提升和缓解资源环境承载压力，落实生态文明理念。二是要坚守资源节约集约利用的理念来夯实城市更新的工作基础。城市更新的目标是必须促进转型发展和节约集约用地，依托国土空间规划严格控制建设用地总量，遏制城市过度外延扩张的同时，进一步加快城市节约集约利用存量用地，把节约优先的要求转化为实际行动，倒逼城市发展进入存量时代。三是将"规划让城市更美好"作为城市更新的内在动力。通过城市更新对存量用地进行改造、升级、整治、重建，提升"城中村""棚户区""老城区"等旧区人居环境品质，补齐完善公共服务设施，满足和适应人们对城市美好生活的向往和追求，提高居民的获得感和幸福感。四是将发展方式转型升级作为城市更新的外驱动力。对城市的产业布局、类型、结构进行优化调整和转型升级，盘活利用存量空间资源，并匹配相应的环境和设施保障，满足新产业、新业态和新都市用地需求。

专栏 2-1：习近平总书记有关城市更新的重要讲话精神

"城市规划和建设要高度重视历史文化保护，不急功近利，不大拆大建。要突出地方特色，注重人居环境改善，更多采用微改造这种'绣花'功夫，注重文明传承、文化延续，让城市留下记忆，让人们记住乡愁。"

——2018 年 10 月 24 日，习近平总书记在广东省广州市考察时的重要讲话

"发展乡村旅游不要搞大拆大建，要因地制宜、因势利导，把传统村落改造好、保护好。"

——2019 年 9 月 16 日至 18 日，习近平总书记在河南省考察调研时的重要讲话

"文化是城市的灵魂。城市历史文化遗存是前人智慧的积淀，是城市内涵、品质、特色的重要标志。要妥善处理好保护和发展的关系，注重延续城市历史文脉，像对待'老人'一样尊重和善待城市中的老建筑，保留城市历史文化记忆，让人们记得住历史、记得住乡愁，坚定文化自信，增强家国情怀。城市是人民的城市，人民城市为人民。无论是城市规划还是城市建设，无论是新城区建设还是老城区改造，都要坚持以人民为中心，聚焦人民群众的需求，合理安排生产、生活、生态空间，走内涵式、集约型、绿色化的高质量发展路子，努力创造宜业、宜居、宜乐、宜游的良好环境，让人民有更多获得感，为人民创造更加幸福的美好生活。"

——2019 年 11 月 2 日至 3 日，习近平总书记在上海市考察期间的重要讲话

"提升长三角城市发展质量，不能一律大拆大建，要注意保护好历史文化和城市风貌，避免'千城一面、万楼一貌'。"

——2020 年 8 月 20 日，习近平总书记在安徽省合肥市主持召开扎实推进长三角一体化发展座谈会时的重要讲话

"搞好历史文化遗产保护工作。考古遗迹和历史文物是历史的见证，必须保护好、利用好。要建立健全历史文化遗产资产管理制度，建设国家文物资源大数据库，加强相关领域文物资源普查、目录公布的统筹指导，强化技术支撑，引导社会参与。要把历史文化遗产保护放在第一位，同时要合理利用，使其在提供公共文化服务、满足人民精神文化生活需求方面充分发挥作用。要健全不可移动文物保护机制，把文物保护管理纳入国土空间规划编制和实施。要制定'先考古、后出让'的制度设计和配套政策，对可能存在历史文化遗存的土地，在依法完成考古调查、勘探、发掘前不得使用。"

——2020 年 9 月 28 日，习近平总书记在中央政治局第二十三次集体学习会上的讲话

> "现在我国经济社会发展很快，城市建设日新月异。越是这样越要加强历史文化街区保护，在加强保护的前提下开展城市基础设施建设，有机融入现代生活气息，让古老城市焕发新的活力。"
>
> ——2020年10月13日，习近平总书记在广东省汕头市考察调研时的重要讲话

2.2 南京城市更新工作新趋势

2.2.1 城市发展转型：存量空间供给方式渐担主角

随着城市发展从高速增长向高质量发展阶段转变，过去的增量扩张型开发建设方式已难以为继，需要贯彻新发展理念、推动高质量发展。一是新增建设用地规模控制趋紧，存量用地供应量逐年扩大。依据《南京市国土空间总体规划（2020—2035年）》（在编），至2030年全市建设用地总规模将控制在2150km²以内，且此后将不再增加。从城市功能上看，南京作为省会城市和区域中心城市的功能尚不完善，南京承担省会枢纽、区域服务、科研教育、道路交通等用地仅占建设用地比重约40%，从今后提升省会城市和中心城市首位度来看，相应的用地需求还将有所扩大。从用地产出效率上看，全市单位建设用地地均非农GDP（6.6亿元/km²）与深圳（24.1亿元/km²）、上海（10.6亿元/km²）、广州（12.1亿元/km²）等城市相比，存在一定差距。此外，目前南京市存量建设用地供应率已高达60%左右。总之，今后南京亟待重视存量用地更新，向"存量空间"要"增量价值"。

二是老城内地产开发模式亟待调整，人口和功能结构亟待优化。过去拆除重建和商业地产开发模式下的老城更新，推动了老城人口和功能的疏散，但也带来老城居住和商业过度开发的问题，而且与创新经济发展要求不相适应，老城面临产业"空心化"和衰败的危险。同时，大拆大建、搬迁异地安置方式引致本地化社区服务功能和原住民、低收入人群不断外迁，且迁入人群"中产阶级化"，极易造成居住隔离、社会分异等系列社会负面效应，减弱了城市的"人情味"和"烟火气"。更为严重的是，在老城内土地资源稀缺且土地供应约束的条件下，单一市场化的地产开发模式往往只会带来不动产价格持续上扬，进而传递至租赁市场价格也同步增高，新兴产业和企业难以进入，不利于城市功能的自我更新和置换，城市发展的多样性逐步丧失，如商务办公楼宇租金高昂，小微科创企业难以负担，众创空间难以培育，而老城内人口老龄化和"中产阶级化"、科创资源外流、产业空心化、城市活力下降等问题可能会日渐突出。因此，需要坚持民生为本、创新为要、文化为魂，通过产业创新、模式创新、制度创新，进一步挖掘老城存量空间发展潜力，不断丰富城市发展的多样性，以此真正激发出城市持续发展的活力。

三是新旧动能转换动力不足，绿色化转型压力重重。依据《中共南京市委关于制定南京市国民经济和社会发展第十四个五年规划和二〇三五年远景目标的建议》，规划南京"十四五"期末发展成为"人口过一千万、GDP 过两万亿、人均 GDP 迈向三万美元"的超大城市，由全面建成小康社会迈向全面建设社会主义现代化。近年来，南京人口和经济集聚力不断提高，城市综合功能持续提升，进入新旧动能转换关键期。根据《南京市 2020 年国民经济和社会发展统计公报》，2020 年南京地区生产总值为14818 亿元，三次产业结构为 2.0 ： 35.2 ： 62.8。尽管服务业占据主导地位，但产业类型多为传统行业，而在创新融资、新经济、平台服务等方面存在明显短板，知识创新与产业转化结合尚不够充分。制造业产业结构有所优化，传统重化工业调整不断加速，战略性新兴产业占比提高至 56.3%，新一代信息技术、新能源汽车、智能电网产业均已跻身支柱产业，知识创新优势逐步显现。2019 年南京市高新技术产业产值突破万亿元。但是，历史长期形成的"偏重"型产业结构发展惯性仍旧较大，工业生产的绿色化、低碳化转型任务仍十分紧迫。今后，面对国内外宏观环境的深刻变化，南京要积极构建自主可控、安全高效的现代产业体系，不断增强产业体系的国际竞争力、创新力、控制力，依托于城市更新这个重要支点，促进存量空间功能置换与产业转型升级的联动，让旧产业"出得去"，新产业"进得来"，不断拓展创新经济发展空间，为城市新旧动能转换提供坚强动力。

2.2.2 制度创新：低效用地再开发和居住类更新政策推陈出新

以往，无论是老工业区"退二进三"，还是棚户区、老旧小区和历史地段改造，普遍采取拆除重建，土地供应采用征收出让方式，开发建设则推行地产开发模式，将工业区转变为城市新区，居住区转变为旅游区。一般而言，相应拆迁成本高、改造周期长，同时引发"绅士化"问题而带来不可估量的社会风险。尤其是随着《物权法》《民法典》的实施，以增量开发政策和方式来处理存量空间更新问题已举步维艰。党的十八大以来，南京城市更新理念和思路已发生重大转变，从单纯追求经济效益向兼顾社会、环境和文化效益转变，从单一的征收拆除向精细化的"留改拆"转变，从自上而下的政府统一实施向上下互动的公私合作、协商共治转变。2013 年，南京被确定为首批城镇低效用地再开发的试点城市，2014年至 2016 年，南京市陆续出台了《关于推进城镇低效用地再开发促进节约集约用地的实施试点意见》《关于印发南京市城镇低效用地再开发工作补充意见的通知》，批准了《南京市城镇低效用地再开发操作实施细则》等。2019 年南京市又出台了《市政府办公厅关于深入推进城镇低效用地再开发工作的实施意见（试行）》，进一步放宽南京低效用地再开发政策限制，从范围模式、工作程序、用地政策、激励措施、保障机制等方面对低效用地再开发工作进行全面优化。从纳入首批国家试点，到陆续下发系列政策，逐步放宽低效用地再开发政策限制，解决了产业用地转型升级难、再开发土地成本高和审批程序周期长等问题。总体而言，南京结合本地旧城区、旧厂矿较多的现状，逐步探索符合地方发展需求的城镇低效用地再开发政策体系。经过多年的实施，成效显著，主要表现为：一是创新政策贴合需求。拓宽了开发主体范围，增加了原土地使用权人联营、入股、转让方式开发，允许通过设立全资子公司、联合体、项目公司作为新主体再开发；针对性划分四种再开发模式，结合南京市情确定老城嬗变、产业转型、城市创新、连片开发四种模式，分别对应老城中文保和公共配套完善、工改研、新业态发展、集中连片开发等再开发需求；放宽土地供应方式，特定条件下允许协议出让、带方案招拍挂、定向挂牌、组合出让等多种供地方式；加大配套激励措施力度，设置了有关收益分配、整体开发、提高容积率、多用途复合利用、建租赁住房等方面的激励措施。二是项目落地成效显著。2014年至2019年4月，共317宗约1129hm²低效用地项目完成供地手续，其中原土地使用权人通过协议出让方式自主开发的共89宗约3495亩（约233万m²），约占总量的20.64%。例如，既有北京西路72号从老城危房向南艺文创园、文化新高地的"涅槃重生"，也有江宁金长城大厦从低端商业、建材市场向商业综合体、科创新中心的"华丽转身"，还有马群威克曼从效益偏低旧工厂到科技研发孵化器的"提档升级"。再如，南京第二机床厂更新为南京国家领军人才创业园（国创园），就采取了"留改结合"的改造方式，保留了近现代工业建筑，通过立面出新、内部改造和景观再造，让工业文明的基因得到传承、创新创业的精神不断延续，也让百年机床厂完成了从"制造"到"创造"的涅槃。可以说，低效用地再开发政策创新不仅为南京完善省会城市功能、补齐基础设施短板增加了有效空间，也为推动城市转变发展方式、培育创新经济、改善人居环境创造了有力抓手，更为全市建设"人民满意的社会主义现代化典范城市"提供了保障。

2020年4月，南京市制定出台《开展居住类地段城市更新的指导意见》，建立起居住类城市地段更新的制度框架，为相应工作的推进明确了基本原则、工作思路和实施路径，并为各区制定实施细则提供了框架指引。

第一，在基本原则方面，从理念层面强调了居住类地段更新区别于传统旧城改造的差异性：一是要从人的需求出发，落实政府对住房困难群众基本居住条件的保障职责，实施过程中尊重民意，共建共治；二是要从增进整体利益的角度出发，贯彻老城保护、历史文化的传承等要求，要保障公共设施，提升服务配套；三是从方法机制的角度，强调提升治理能力，建立工作新格局，有效降低实施难度，平衡各方利益诉求。

第二，在工作范围方面，强调以涉及危破老旧住宅片区为主的城市地段为实施对象，以有利于设施配套和整体环境提升。更新工作以划定的更新片区开展。基于控制性详细规划的地块划分，更新片区划定可结合产权界线调整规划地块范围，合并或拆分地块；项目用地可包括周边"边角地""夹心地""插花地"等无法独立更新的待改造用地；从提高土地利用水平、保证地块完整的角度，将相邻非居住低效用地纳入更新片区统筹设计、平衡资金，非居住用地面积不得超过居住用地面积。

第三，在主要举措方面，包括了实施主体、更新方式、安置方式、流程设计以及制度保障几个方面。其一，在实施主体上，强调政府引导，多元参与，调动个人、企事业单位等各方积极性，推动城市更新的实施，实施主体可以包括以下情形：物业权利人，或经法定程序授权或委托的物业权利人代表；政府指定的国有平台公司，国有平台公司可由市、区国资公司联合成立；物业权利人及其代表与国有公司的联合体；其他经批准有利于城市更新项目实施的主体。其二，在更新方式上，强调了采用"留改拆"多样化、差异化更新策略，对更新地段进行精细化的甄别，结合建筑质量、风貌和更新需求目标，区分需要保护保留、需要改造和拆除、需要适应性再利用的部分、可以新建的部分，达到片区的有机更新。结合建筑"留、改、拆"方式的不同,地段片区更新分为维修整治、改建加建、拆除重建三种模式。其三,在安置方式上,通过自愿参与、民主协商的方式,原则上等价交换、超值付费,探索多渠道、多方式安置补偿,实现居住条件改善、地区品质提升。可以采用等价置换、原地改善、异地改善、放弃房屋采用货币改善、公房置换为企业自管公房、符合条件的纳入住房保障体系等方式进行安置补偿。各区政府可自行制定房屋面积确定原则、各类补贴、补助标准、奖励标准等相关政策。其四,在流程设计上,涵盖了从前期研究到验收交付的全过程,分为六个阶段:前期工作、上报计划、多方案设计、上报方案、实施建设、验收交付。其中,经前期研究确定以招拍挂方式供地的项目按现有规定程序实施。前期工作应明确实施主体、进行现场调查、编制可行性研究方案、第一轮征询相关权利人意见,须征得不低于 90% 权利人同意后方可上报计划,计划由市政府专题会研究确定。多方案设计阶段统筹考虑安置方案、资金方案和建设方案,多轮协调互动,形成综合最优方案,并进行第二轮征询相关权利人意见,须征得不低于 80% 权利人同意后方可上报方案,方案报市政府专题会审核,涉及控详调整的,一并研究确定。实施建设阶段,实施主体应与相关权利人签订置换补偿等相关协议,按照工程建设基本程序,办理立项、规划、用地、施工等手续,组织建设。验收交付阶段,所在区政府督促项目实施主体完成相关设施的移交、运营管理等事宜,落实置换补偿等协议约定内容。最后,在制度保障上,从规划政策、土地政策、资金支持政策、不动产登记政策四个方面提出创新性举措保障居住类城市更新项目落地。例如,规划政策考虑到更新项目普遍存在地块小、分布散、配套不足的现实情况,可结合实际情况,灵活划定用地边界、简化控详调整程序;在保障公共利益和安全的前提下,可适度放宽用地性质、建筑高度和建筑容量等管控,有条件突破日照、间距、退让等技术规范要求,放宽控制指标。

综上所述,区别于传统征收拆迁模式,南京无论是低效用地再开发还是居住类城市更新均改变了过去政府自上而下、"大包大揽式"、推倒重建的更新方式,有效开拓了新的资金来源,实现了盘活存量资源、改善人居条件、传承历史文化、鼓励创新创业、提升城市品质、扩大公众参与、激发市场活力的综合效益最大化。

2.2.3 治理体系现代化:公众参与机制持续完善

城市更新工作反映了一座城市的治理能力,是一整套有关建成环境和再开发的制度体系,而体制制度则引领着城市更新的实践探索。自然资源部副部长庄少勤指出"规划是一种基础性、战略性的公共政策工具,规划的过程就是一个社会治理过程"。由于城市问题复杂,城市更新涉及面较广,利益主体多元,仅靠过去"自上而下"的单一的政府主导机制不足以推进新时期城市更新工作的顺利展开,城市更新管理模式需走向多元协同的现代化城市治理模式。城市更新的对象是城市,服务的对象是全体市民。党的十八大以来,"人民城市人民建,人民城市为人民"的社会治理新理念对规划工作明确了新要求,要"尊重市民对城市发展决策的知情权、参与权、监督权,鼓励企业和市民通过各种方式参与城市建设、管理,真正实现城市共治共管、共建共享"。为此,南京在城市更新实践中不断探索,破除单一主体、行政化指令、政府主导推动等思维，高度重视市民在城市更新中的主体地位，吸纳公众参与到城市更新的全领域、全过程，从规划公开到公众参与、从"问情于民"到"问需于民""问计于民"，做好"开门规划"的重大工作转型，营造共建共治共享的城市更新格局，实现城市有机发展与公众利益保障的双赢，使全体人民共享城市发展成果。例如，2015年开展的南京市秦淮区大油坊巷历史风貌区小西湖片区保护与复兴规划研究志愿活动，打造充分发动全社会的力量一起探索文化传承与风貌保护、社会发展与民生保障、地区活力与社区营造的新模式，成为国内城市更新公众参与的一个里程碑。在此基础上，南京正着力推进"自上而下"与"自下而上"双重驱动的多元更新模式探索，积极创新权力下放、社会赋权、市场运作的空间治理模式。2020年，南京出台的《开展居住类地段城市更新的指导意见》，要求带动各方积极性，充分尊重民意，体现共建共治，将政府的单项管理体制，转为政府、公众的双向互动，强化了公众参与的法治化、常态化，发挥了居民的主观能动性，极大地缓解了在城市更新工作中由利益诉求多元导致的基层矛盾，有助于提升更新工作效率。此外，还鼓励积极引入社会资本，吸引市场、社会化力量参与城市更新，改变以往主要以政府承担"财政投入"的模式，缩小了资金缺口，极大地提高了项目的可行性。

2.2.4 国土空间规划体系重构：存量规划机遇与挑战并存

当前，我国城镇化率整体上已经超过60%，步入城镇化较快发展的中后期，城市土地资源约束日益趋紧，发展重点从增量开发转向存量更新，进而城市更新将成为城市迈向高质量发展的新动能。《中共中央关于制定国民经济和社会发展第十四个五年规划和二〇三五年远景目标的建议》明确提出实施城市更新行动，要求"实施城市更新行动，推进城市生态修复、功能完善工程，统筹城市规划、建设、管理，合理确定城市规模、人口密度、空间结构，促进大中小城市和小城镇协调发展"。2021年，"城市更新"也被写入政府工作报告中，这意味着城市更新工作已经上升到国家战略层面。

2019年5月9日，中共中央、国务院印发《关于建立国土空间规划体系并监督实施的若干意见》（中发〔2019〕18号），提出将主体功能区规划、土地利用规划、城乡规划等空间规划融合为统一的国土空间规划，实现"多规合一"，并提出了各层级空间规划依次递进、各类型空间规划层层衔接、规划编制与规划审批职责清晰的规划总体框架。在自然资源部发布的《市级国土空间总体规划编制指南（试行）》中，要求城市更新应根据城市发展阶段与目标、用地潜力和空间布局特点，明确实施城市有机更新的重点区域，根据需要确定城市更新的空间单元，结合城乡生活圈构建，注重补短板、强弱项，优化功能布局和开发强度，传承历史文化，提升城市品质和活力，避免大拆大建，保障公共利益。并且要求在近期行动计划中编制涉及城市更新的重大项目清单，提出实施支撑政策。伴随国家国土空间规划体系重构，城市更新规划也在结合各地实践不断丰富和深入探索。

就南京而言，尽管南京城市空间结构与功能布局持续优化，但存量空间更新政策和规划体系亟待创新。改革开放初期，南京城市发展空间主要集中在明城墙之内。在"补齐历史欠账"城市建设方针的指导下，南京城市空间重在主城内的"填充补齐"。21世纪以来，在"一疏散三集中"（即疏散老城人口和功能，工业向开发区集中，建设向新区集中，高校向大学城集中）、"一城三区"（"一城"指主城内秦淮河以西 56km² 的河西新城，"三区"指 110km² 的东山新市区、80km² 的仙林新市区、190km² 的浦口新市区）城市发展战略的引导下，南京城市发展框架逐步拉开，并向都市区扩展。党的十八大以来，在现代化国际性人文绿都和"强富美高"新南京战略的指引下，南京已初步形成"多心开敞、轴向组团、拥江发展"的现代化大都市空间格局，由"山水城林有机组织的小南京"迈向"山水城林有机融合的大南京"。《南京市国土空间总体规划（2020—2035 年）》（在编）提出，至 2035 年南京要规划形成以主城为核心，以放射形交通走廊为发展轴，以生态空间为绿楔，建立"南北田园、中部都市、拥江发展、城乡融合"的现代都市区格局。总之，改革开放以来，南京始终坚持集中集约发展的理念，以公共交通引导土地开发，建立空间紧凑、相对集中、适度混合的土地利用模式，推动城市发展由外延扩张向内涵提升转变。目前，南京多中心的都市区空间格局已基本稳定，"主城—副城—新城—新市镇—新社区"新型城乡体系基本形成，展现出多中心互动、城乡协调发展新格局，城市整体运行效率不断提高。其一，规划视野从城市迈向区域，在更大的区域范围优化配置空间资源。依托南京中心城市的辐射带动，积极促进长三角向中西部的产业转移和区域合作，引领中西部地区参与国际竞争、融入全球经济，实现国家缩小区域经济差距、统筹区域发展的战略目标。其二，资源配置从建设地区迈向全市域，不断平衡城市发展与老城保护的关系。牢牢把握住"一城、一江、一河、一山、一湖"的南京城市特质，继承与发扬"山、水、城、林"交相辉映的城市特色（图 2-2）。其三，工作重点从空间扩张迈向人文与制度，不断实现城市物质空间建设水平与城市治理水平的双提升。未来南京全面促进产业升级、民生改善和文化传承，高质量建设"强富美高"新南京，离不开可靠的空间保障，更离不开基于高水平治理的制度创新保障。

　　总之，南京高质量发展离不开土地资源的可持续供应，在建设"人民满意的社会主义现代化典范城市"的过程中，尤其凸显出存量更新对经济发展的带动和承载作用。在南京国土空间总体规划中，坚持存量规划思维，结合南京人口密度大、功能承载多、环境容量小、文保要求高等市情，契合城市高质量发展的现实需求，为全市开展"四新行动"、发展创新经济提供支撑，进一步梳理城市更新规划思路和策略；坚持实事求是，借助"三调数据＋地籍数据＋基础地理数据＋大数据"的综合分析手段，摸清存量空间底图底数，重点分析存量工业和居住用地和建筑规模及空间分布特征，明确城市更新重点区域和分区分类指引，为城市更新规划深化编制确定总体纲领。可以说，今后城市更新规划的作用不容忽视，必将在构建国内国际双循环相互促进的新发展格局中展现更大作为，为国家高质量发展大局发挥更大作用。在当下增量建设趋紧的情况下，更加迫切需要对存量空间更新政策如确权登记、土地供应、规划管控、社会治理等进行突破和创新，不能再沿用增量规划方式来编制存量规划，必须打破既有体制、思维和范式的束缚，寻求存量规划新的路径创造和范式再造。

图 2-2　南京市域空间示意图
图片来源:《南京市国土空间总体规划(2020—
2035 年)》

2.3　南京城市更新工作新理念

　　城市更新不仅是物质形态的更新,更应是城市发展观念的更新、城市发展模式的更新。南京深入贯彻新发展理念,以推动高质量发展为主题,推进城市由增量扩张向存量更新转变,努力实现城市空间结构调整、布局优化和功能转型提升。在新时代背景下,南京实践也为城市更新赋予更多内涵,其不只是物质空间的更新,还涉及经济振兴、文化传承、社会治理等多元维度。这就需要在城市更新工作中大力推进土地集约利用与增效,城市功能置换与提升,历史文化传承与活化利用,城市发展转型与创新驱动,城市品质提升与协同治理,实现历史、文化、经济、社会与生态良好平衡(图 2-3)。

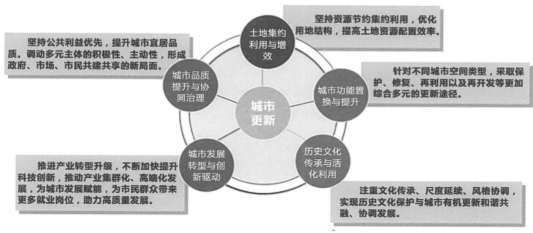

图 2-3 城市更新目标示意图

2.3.1 土地集约利用与增效

在我国快速城市化背景下，城市呈外延式扩张，存在着土地利用结构不合理、各项建设用地比例失衡、建设用地效率不高等诸多问题，城市土地资源需求日趋紧张，而节约集约用地是城市化可持续的关键所在。传统增长型城市更新过度依靠土地，是一种政府主导、以拆为主的粗放式城市更新模式，在差异化发展战略下带来了诸如居民空间漂移和绅士化、更新成本转嫁和剥夺、居住空间分异和社会隔离等一系列矛盾问题，更新区域长期沉淀形成的多元利益结构刚性，往往导致更新过程中"生存理性"与"发展理性"之间的矛盾。在城市管理新常态下，如何重新盘活城市自然资源和各生产要素，吸收多元社会资本，构建内涵式发展的城市更新路径，以人为本、公平共享的包容性理念，将城市发展中的利益调节与需求整合为一体，对于推进城市经济社会可持续发展至关重要。从更新范围看，传统的增长型发展模式仅仅着眼于局部更新和改造，采取"头痛医头、脚痛医脚"的策略，忽视了片区的规划统筹；从更新方式看，传统的增长型发展模式为实现短期经济效益最大化，往往不惜破坏城市原有结构，采取以拆为主、推倒重建再开发的模式，抬高土地产权交易成本，激化社会矛盾和冲突。因此，在城市更新中要坚持资源节约集约利用，从过去单一的拆除重建式的城市更新模式迈向创新、包容、人文与绿色的多元更新，不断优化用地结构，提高存量土地资源配置效率，更加注重城市空间的资源化而非短期资本化，通过整合零星分散的土地，鼓励成片连片更新改造。

2.3.2 城市功能置换与提升

随着人们对居住环境、空间和品质等要求的提高，城市更新的模式也逐渐从粗放型向精细化转变，更加关注人们的切实需求和幸福感，这就需要通过城市更新对城市功能进行置换与提升，满足群众需求。对于不同的城市空间类型，更新过程所涉及的利益相关者各异，更新要求也不尽相同。因此，城市更新内容更加多元化且更具综合性，它所体现的也是一种更加审慎、明智与和谐的发展过程，城市更新工作必须适应这种对象的多样化，采取诸如保护、修复、再利用以及再开发等更加综合多元的更新途径。结合南京市现状，现状更新需求较大的对象主要包括历史街区、老工业区及旧制造业用地（棕地）、棚户区及城中村、旧商业区、旧公共设施等不同类型的城市空间。其中，对于历史街区，应该采取审慎的更新改造方式，既要保障社区的稳定与发展，又要致力于重塑区域吸引力及可识别性，在最大限度地保留和延续城市空间的历史、文化价值的基础上，充分发挥其经济、社会价值；对于老工业区及旧制造业用地的更新，既要关注城市经济产业转型，又要重视历史文脉传承，还要兼顾社会和谐稳定和人居环境改善；对于棚户区及城中村的更新，要以保证各方利益相关人的博弈均衡为前提，围绕经济平衡的核心，并综合经济因素外的其他因素进行综合判断，以确保规划决策更加切合实际；对于旧商业区和旧公共设施的更新改造，既要尊重城市历史肌理，重视对历史建筑的适应性重新利用，又要强调功能混合，提高城市空间的综合利用效率。

2.3.3 历史文化传承与活化利用

长期发展过程中的"器物城市""技术城市"都有其合理性，但面向未来的大都市应该是真正意义上的"人文都市"。城市的生活，需要有质量的"精神化生存"。人文都市注重历史文化底蕴的生态性构建，人文化、人性化、自然化、情调化、生活艺术化成为城市的显性形态。曾经，城市的首要问题是解决交通和景观问题，利用更快捷的方式组织城市道路和景观格局，所以城市更新的重点集中在城市物质空间的修建与完善上。而且，传统城市更新侧重于大规模的推倒重建，忽视传统城市文脉的延续，导致大量的传统街区在城市更新中遭到严重破坏。未来城市的更新和改造将不再以完善城市物质景观为优先，而是采用可持续设计的观点，更注重城市居民对城市空间的需要和城市文化与特色的保留。在飞速变化的当下，人们更应该关注的是，我们需要什么样的未来，我们希望未来的生活和工作在怎样的城市环境下进行。提升新型城镇化质量的核心在于以人为本和文化传承，需要从人的角度出发，着重文化保护与传承，全面提升城市品质和人民生活素质。面向未来的大都市城市更新不同于单纯的文物保护，在这个过程中，不但要注重对历史文化遗产的保护，更要积极探索对历史建筑的活化再利用，激活、改善老化的城市功能与建筑景观，再次唤醒城市的生命。人文构造、人文精神和文化品质，是一个城市的根基与灵魂。一个城市的现代化，除了经济的高速发展、基础设施的完善、科学技术处于前沿外，还必须实现历史文化在生活中重现度高、社会环境高度人文化、广义上的文化的高覆盖率、教育高度普及、人居环境形成独特风貌、公众活动发达、大众行为方式科学化等。城市更新，尤其是对于城市中局部老城的改造，延续当地人文精神，弘扬传统历史文化，塑造独具特色的城市风貌，显得尤为重要。因此，城市更新应充分尊重原有的城市肌理和文化，尽量利用原有资源，更加关注城市本身的历史文脉，多元化运用文化经典、历史遗存、文物古迹承载的丰厚文化资源，进行少量调整和合理化布局，使城市记忆得以保存并有机发展。南京是"十朝都会、六朝古都"，在城市更新中应正确处理经济社会发展和历史文化遗产保护的关系，注重文化传承、尺度延续、风格协调，实现历史文化保护与城市有机更新和谐共融、协调发展。始终坚持历史文化保护，继承和弘扬优秀传统文化，遵循"政府主导、统筹规划、整体保护、合理利用"的原则，正确处理经济社会发展和历史文化遗产保护的关系，维护历史文化遗产的真实性和完整性。通过充分挖掘历史文化街区、历史风貌区和历史建筑等文化要素内涵，积极展示历史建筑，并进行有效活化利用。

2.3.4　城市发展转型与创新驱动

城市更新成功与否，关键在于能否实现可持续发展。创新是发展的第一动力，通过发展城市创新产业，解决传统工业衰退引发的一系列社会问题，是面向未来的大都市城市更新的新要求。南京高等院校、科研院所众多，科创和教育资源丰富。"建设高质量发展的全球创新城市"是"十四五"时期南京经济社会发展的主要目标之一，要想实现经济在高质量轨道上稳健增长，切实增进民生福祉，大力提升市民群众收入水平，南京必须集聚创新资源，实现产业转型发展。近年来，南京充分发掘创新动能，围绕创新抓发展，围绕创新争一流，实施创新驱动发展"121"战略（建设具有全球影响力的创新型城市，打造综合性国家科学中心和科技产业创新中心，建构一流创新生态体系，图 2-4）。其一，发挥科教优势，鼓励创新创业。始终坚持创新驱动，充分发挥老校区、研究所、大学城的人才聚集、知识密集和技术创新优势，盘活存量空间，建设"硅巷""创客"空间、创意园区和研发基地等新型空间载体，为将南京建设成为国家科技产业创新中心提供更多空间载体。其二，创新赋能，推动产业转型升级。2020 年，南京依据国内外疫情形势、发展大势和经济走势，提出启动新基建、新消费、新产业、新都市"四大行动计划"，突出新一代数字经济、新医药与新健康、智能网联汽车、新型都市工业、未来新业态等产业方向等，为稳增长、扩内需提供有力支撑。同年，南京把握城市群发展趋势，积极推进 G312 产业创新走廊建设，打造引领科技创新、促进产业协同的"创新大走廊"，构建宁镇扬一体化的创新策源地和长三角科创共同体，培育新的重要增长极。这些创新要素的聚集，都为南京城市更新提供了新的发展动力。未来，南京在城市更新工作中要不断将低效用地转型升级，探索产业用地利用和退出路径，推进产业转型升级，引入新业态、新产业，并不断加快提升科技创新，推动产业集群化、高端化发展，为城市发展赋能，为市民群众带来更多就业岗位，助力高质量发展。

2.3.5　城市品质提升与协同治理

在以往的城市建设发展中，曾存在着"重经济轻社会""重物质轻人文""重管理轻治理"等现象，城市规划建设管理存在"见城不见人""见地不见人"等现象，城市发展在人文关怀方面关注不足。为

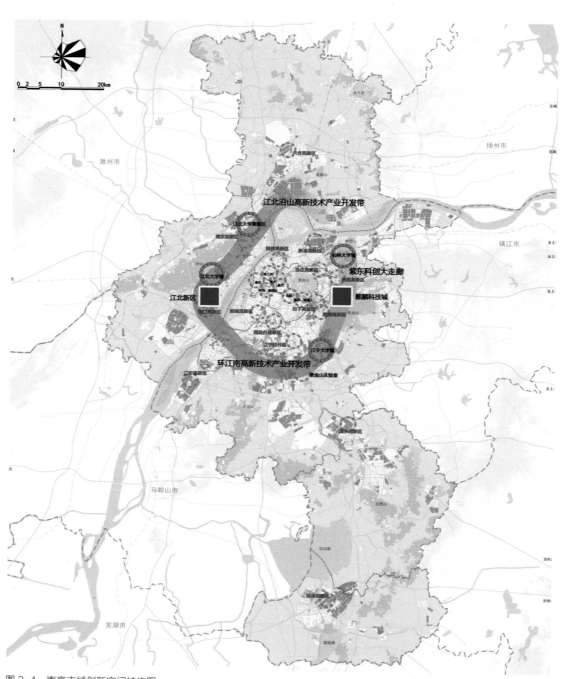

图 2-4　南京市域创新空间结构图
图片来源：《南京市国土空间总体规划（2020—2035 年）》

贯彻美丽江苏发展战略，南京致力于建设高品质生活的幸福宜居城市，始终坚持公共利益优先，着力提升城市基础设施、完善公共服务配套、推进基本公共服务均等化。为切实改善城市建设的不平衡、不充分状况，实现协调、可持续的有机更新，提升城市宜居品质。同时，通过城市有机更新，优先解决困难群众的居住问题，维护贫困人口的基本居住尊严。实施过程中，充分尊重更新区域居民的知情权和参与权，秉持公开、透明的原则，真正做到"问需于民、问计于民、问政于民"。最后，还要积极发挥市场作用，优化资金、土地等资源配置效率，统筹兼顾各方利益，增加城市有机更新的活力，实现综合效益最优。通过政府在规划引导、要素投入、政策扶持等方面的引导作用，调动多元主体的积极性、主动性，形成政府、企事业单位、社会民众共建共享的新局面。

执笔：官卫华（南京市城市规划编制研究中心副主任）
　　　聂晶（南京市规划和自然资源局综合计划处处长）
　　　陈阳（南京市城市规划编制研究中心副所长）
　　　蔡竹君（南京市城市规划编制研究中心规划师）

第 3 章　南京城市更新的发展历程与特色实践

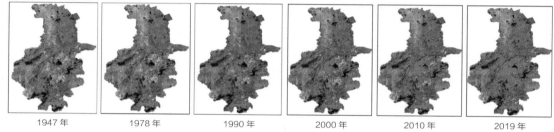

| 1947 年 | 1978 年 | 1990 年 | 2000 年 | 2010 年 | 2019 年 |

图 3-1　南京市 1947—2019 年建设用地扩张示意图

　　从 1978 年到 2019 年，南京城市建成区面积从 116km^2 拓展到 823km^2 左右，年均增长 17km^2 左右，高峰期年均新增建设用地 25 ～ 26km^2，城市空间快速扩张（图 3-1）。南京城市空间发展由初期在老城内填充补齐，到以主城建设提升为主，再到跳出主城迈向都市区，建设新城新区，从秦淮河迈向扬子江，建立起"多心开敞、轴向组团、拥江发展"的大都市发展新格局。

3.1 南京城市更新的发展历程

　　经过 40 多年的改革和发展，南京城市面貌发生了翻天覆地的变化，从历史变迁与实践探索出发，南京的城市更新经历了过去的外延式扩张，到新区开发与拆除重建相结合，再到现在的有机更新、积极创新三大阶段。

3.1.1 阶段 I（2000 年前）：外延式扩张

（1）工作方针

中华人民共和国成立初期，南京制订了《城市分区计划初步规划》和《城市初步规划草案》，确定城市建设由内向外、填空补实、逐步发展的规划构想，南京的城市空间建设以工业拓展、大专院校和省市机关建设以及生活居住区建设为主。改革开放之初，南京的城市建设主要集中在老城区，城市空间发展重在老城内"填平补齐"。1983 年 11 月，南京市政府公布了《加快住宅建设暂行规定》及《城镇建设综合开发实施细则》两个文件，明确提出"实行综合开发新区与改造旧城区相结合，以旧城改造为主"的城市建设方针。1990 年代，南京城镇空间布局上，北部及南部工业区有序扩展，西部沿江地区工业建设完成，城市内部军事部门大量迁出，多数特殊用地已转变为居住用地，增加了城市人口的承载能力。同时，部分区域城市建设范围已经远远超出老城区域，尤其是城市西部的河西区域、北部的蒋王庙区域和东南部的光华门区域，但建设大多零散分布，整体土地利用率较低。1996 年，南京市实施了从 1996 年到 1998 年的城市建设"一年初见成效、三年面貌大变"城市建设提升行动；1999 年，又提出了"三年再上新台阶"的南京市新三年城建目标，明确了以建设十大标志性工程为重点，以道路建设为突破口，以城市基础设施为主要内容，拉开城市建设框架，加快住宅和环境等方面建设的城市总体发展思路。并且提出，要抓住国家扩大内需、强化投资的重要时机，以"一体两翼"为重点，继续以增强城市基础设施建设为主体，以加快居民住宅建设、创造良好的城市环境为两翼，切实加强城市管理，把南京建设成为长江下游的现代化中心城市。

（2）城市发展策略及城市更新工作重点

① 回城人口安置下的"补欠账"，开展小区新村兴建与老城区改造

党的十一届三中全会的召开标志着中国城市进入改革开放新时期，当时南京面临着的最主要的问题是应对由人口激增带来的住房危机。由于"文革"期间下放人员大批返城及成建制的单位入城，南京老城人口激增，再加上中华人民共和国成立以来受"重生产、轻生活"等观念的影响，改革开放初期的南京面临着巨大的住房危机和生活、市政设施等严重不足的问题。据统计，1979 年市区有近 10 万缺房户，另外还有 2.4 万下放回城人员无房可住。鉴于此，南京城市建设以住宅建设为抓手，着手进行老城区成片改造。1983 年 11 月，南京提出"城市建设要实行改造老城区和开发新城区，并以老城区改造为主"的原则。在此原则下，划定了 40 个老城改造片，同时将各项建设纳入城市统一开发的轨道。南京市及各区成立了一批城镇建设综合开发公司进行城市建设，1978 年前后建设了瑞金新村，1983 年后宰门、锁金村等小区开工建设。1984 年，市政府将城市综合开发权下放，充分发挥了区政府在城市建设中的职能作用，老城改造工作取得明显成效，同时城区面积发展到 121km²，比 1949 年扩大近 2 倍（图 3-2、图 3-3）。在这一时期，随着集体、个体商业获得新生，市区商业网点激增，南京结合旧城改造，相继建设了太平南路商业街、莫愁路商业街、珠江路商业街等一批商业街。翻建、改建、新建后的太平南路商业街门类齐全，成为全国十大商业街之一。

② 建设社会主义现代化工业城市，建设城郊工业基地与开发区

改革开放后南京面临的另一个重点任务就是适应城市经济体制改革的要求，建设社会主义现代化工业城市。1978 年，南京市第五次党代会指出要建设社会主义现代化工业城市，认真搞好城市规划。这一时期以国家大型重点工业项目为依托，在城市边缘与外围建设了大厂镇、两浦地区、西善桥—板桥、燕子矶、尧化门—栖霞、龙潭等各具特色的工业基地（图 3-4）。由此，南京基本形成了当时具有先进技

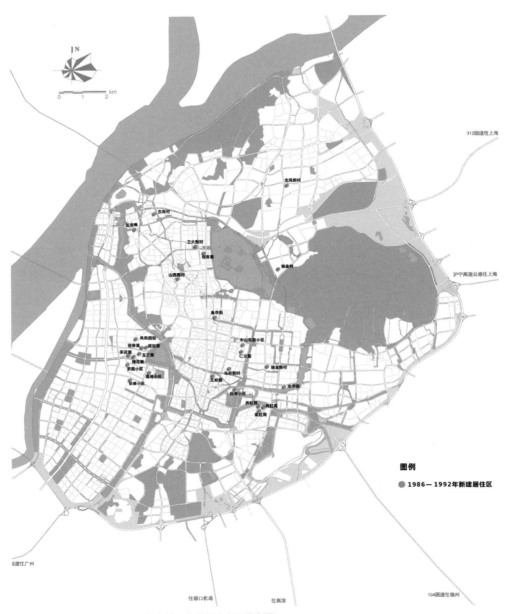

图 3-2 1986—1992 年南京市内城区主要新建小区分布图

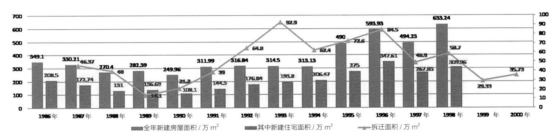

图 3-3 1986—2000 年南京市全年新建房屋面积、新建住宅面积、拆迁面积变化

图片来源：《南京年鉴（1987—2001 年）》

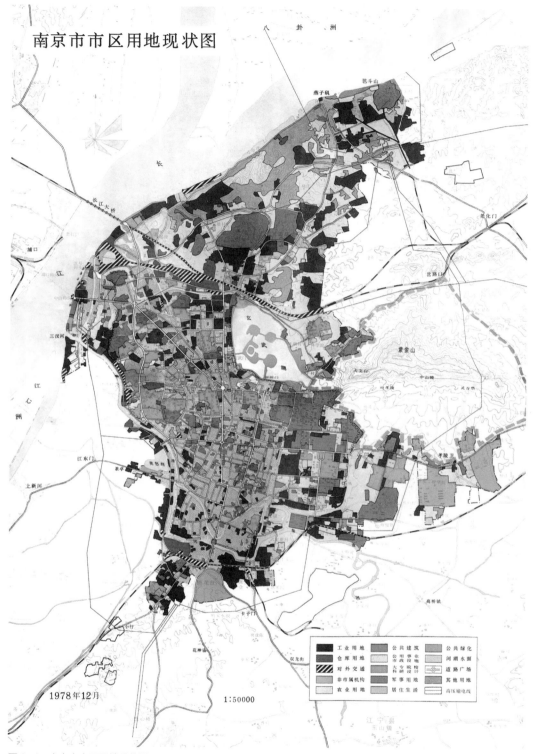

图 3-4　南京市市区用地现状图
图片来源：《南京市城市总体规划（1981—2000 年）》

术装备、现代化生产工艺、一定规模和配套能力的钢铁、石油化工、机械、电子仪表和轻纺工业基地。

③ 以提高主城综合功能为重点，构建高效率的都市圈（区）

南京于 1990 年代提出的南京都市圈设想在全国范围内属于首创，要在市域范围更大的空间来谋划城市空间格局，确定以主城为核心，外围城镇为主体，以绿色生态空间相间隔，通过便捷交通相联系的空间形态。这能让南京既加速发展，又合理布局，成为拥有良好生态环境的特大城市。基于此空间导向，都市圈的空间框架初步拉开，主城建设用地由 139km² 增长到 167km²，外围城镇建设用地由 70km² 增长到 100km² 左右。经过这一阶段的发展，南京以主城为核心的都市圈空间格局已基本拉开，主城和外围城镇都得到了相应发展。

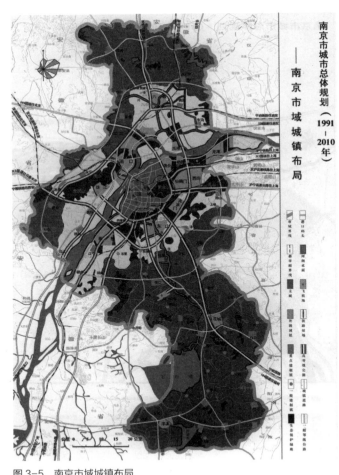

图 3-5　南京市域城镇布局

专栏 3-1：1995 年批准的《南京市城市总体规划（1991—2010 年）》主要内容

1. 城市性质：著名古都，江苏省省会，长江下游重要的中心城市。

2. 城市规模：分三个层次，城市规划区（市域）—都市圈—主城。市域总面积 6516km²，规划人口 680 万人；都市圈 2753 km²，规划人口 500 万人；主城 243 km²，规划人口 210 万左右。

3. 总体布局：首次提出将城市空间布局划分为市域、都市圈、主城三个层次。市域城镇发展布局的总体设想是形成"干"字形城镇发展轴；都市圈的城镇发展布局是"以长江为主轴，东进南延，南北响应；以主城为核心，结构多元，间隔分布"。主城层面，建设应该以调整、充实、改造为主，优化用地结构，发展第三产业，提高综合功能（图 3-5）。

④ 以 "三城会" 和 "华商会" 为契机，推动 "一年初见成效、三年面貌大变"

在资金和财力有限的情况下，南京抓住土地制度改革的契机，于 1990 年代初正式实行土地有偿使用和土地出让的拍卖、招标方式，使土地成为紧缺的商品。南京通过将市场力量逐步引入城市建设中，利用 "以路代房、以房补路、以地补路" 等措施，大大拓宽了城市道路建设资金筹措渠道，城市基础设施建设突飞猛进。南京按照以基础设施建设为主要内容、道路交通建设为突破口、城市综合管理为支撑点，兼顾住宅建设、综合环境建设和城市可持续发展的思路，实施了规模空前的城市改造和建设。这使得南京城市框架进一步拉开，内外交通、水电气供应、通信、公交短缺问题基本解决，城市环境明显改善，城市面貌有了巨大变化，城市地位得到了提升。

随着旧城用地结构调整速度加快，市中心区特别是作为黄金地段的新街口地区，居住用地已逐步被金融、商贸、办公等用地取代，呈现出居住用地从外围向中心区逐步递减的趋势，黄金地段的土地效益得到了进一步体现。旧城区工业企业用地的转换也加快了速度，已基本实现新街口核心地区无工业企业、市中心区无污染工业的目标。但在建设中也暴露出一些问题，如开发强度偏高，主要体现在新街口地区的商业建筑容量和旧城住宅片区的建设密度过高，给城市基础设施造成了很大的压力；旧城区是南京历史文化和环境风貌的重点保护地区，而已建成的高层建筑大部分集中在旧城区，对环境风貌保护造成了很大影响；虽然建设了大量的广场，但便民绿地严重不足；旧城改造缺乏系统组织，整体性不强等。

针对这些问题，在此期间南京市以举办 1995 年的第三届全国城市运动会与 2001 年的第六届世界华商大会为契机，大力推进城市面貌改善。1996 年南京市提出了 "一年初见成效、三年面貌大变" 的城市建设提升行动，以道路交通建设为重点，同步开展市政基础设施和绿化环境建设。经过三年的努力，南京市先后完成道路、电网、供电供气工程、城市防洪设施、城市管理和市容环境等六个大类，100 多个项目。10 年间道路面积增长 4.4 倍，人均拥有道路面积由 1990 年的 4.5m² 增加到 8.7m²，人均居住面积也由 1990 年的 7.1m² 增加到 10m²。

⑤ 以外围工业城镇为重点，拓展都市圈增长空间

与旧城更新、新区建设相对应的是外围以工业城镇建设为重点，推动了城市空间格局的拓展。在这一阶段，南京的工业布局基本形成 "主城四个工业片、都市圈九大工业区、市域六大工业开发群" 的布局构架。工业布局主要在主城以外展开，中心商业区内和主要公共活动中心禁止所有工业布局，已有的工业陆续完成搬迁；主城的旧城内不再新扩建工厂，搬迁污染企业，保留少量高科技、轻加工、无污染企业；在主城边缘地带，根据现状情况和居民交通分流的要求，相对集中在东、南、西、北边形成四个工业片区，即以马群、石门坎为主的东部电子工业区，以铁心桥、丁墙为主的南部机械轻工业区，以沙洲为主的西部轻型加工工业区，中央门外的北部电汽化工业区。同时，在主城边缘地区，根据区划调整的情况，相对集中区街和乡镇工业，在与城镇建设和环境相协调的情况下，设立一批中小规模的工业生产基地。南京主城以外的都市圈内安排九大工业区，即大厂化工钢铁能源工业区、尧栖石化工业区、龙潭建材机械工业区、西善桥—板桥冶金工业区、桥北轻纺工业区、沧波门电子工业区和浦高区 (含台资区)、南京经济开发区和江宁开发区。都市圈外，以六合、江浦、溧水、高淳和江宁湖熟开发区、禄口国际工业园为重点，以 40 个乡镇工业小区为骨架，形成南京市域内的工业发展群网。

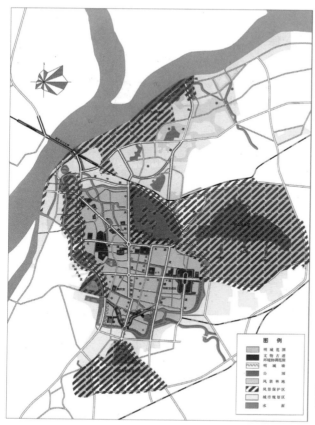

图 3-6　南京市历史文化名城保护规划图
图片来源：《南京市历史文化名城保护规划》
（1984 年版）

⑥ 推进城市历史文化保护

南京作为国家第一批历史文化名城，1984 年颁布《南京市历史文化名城保护规划》，在南京市区内共划定了包括钟山风景区、雨花台纪念风景区、石城风景区、大江风貌区和秦淮风光带五片保护区。并对部分重点保护区进行了深化规划设计与建设，实施了包括雨花台烈士陵园建设、夫子庙建筑群恢复、朝天宫博物馆建设、秦淮风光带建设等工程（图 3-6）。但由于 1984 年版保护规划局限于总体规划阶段，缺少规定性条文，在规划管理、用地控制时较难操作。此外，未明确划定"地下遗存控制区""历史文化保护地段""环境风貌保护区"等范围，再加上对文物古迹及有价值保护地段的认识不足，出现了个别片区被任意侵占、保护范围逐年缩小等问题，城市开发建设与历史文化资源保护的矛盾逐渐凸显出来。

1991 年，随着城市总体规划的修订和对"著名古都"认识的深化，名城保护规划作为总体规划中的一个专项规划与之同步开展。与第一版保护规划相比，此次规划增加历史文化的再现和创新，如首次提出通过改变历史建筑的功能，赋予其新的城市职能和价值，并明确古都格局的保护要求，在文物古迹的保护中增加了"历史文化保护地段"。并对分散的市级以上文保单位划定保护范围和建设控制地带，明确提出建筑风格的保护，还对各历史地段编制了一系列专题保护规划和专题研究。

在规划的引导下，南京重点开展了中山陵、明孝陵的保护修缮工作，并实施了明城墙的修复、秦淮风光带的建设、近现代建筑的保护利用等项目。但总体来说，由于大拆大建的旧城改造，许多历史文物还是遭到了破坏。可见，在这一阶段的城市更新中，虽然有相关的保护规划作为支撑，但由于监督力度薄弱、文保意识不强、建设资金约束等问题，在一定程度上破坏了南京的历史风貌。

（3）存在问题

2000 年以前城市更新模式主要是以政府主导进行大规模的拆除重建，一方面补齐了历史欠账，解决了返城人员的住房和城市交通问题，有效提升、完善了城市功能，改善了城区落后面貌和居民居住环境；另一方面盘活存量土地资源，最大限度地提高出让收益、显化土地价值，实现用地功能的合理转换，提供了经济发展空间，调整区域产业结构，增加了就业机会，解决了低收入困难家庭的贫困问题。但是，拆除重建式改造的破坏性和无序性也带来一系列新的问题。一是在旧城改造方面，需要取得改造范围内所有住户的同意方可进行，前期动员工作繁多，实施难度较大，并且区域内产业水平较低，居住区也缺乏人性化配套设施；二是在新建过程中忽视新建建筑与街道整体风貌的融合，采取了现代化的建筑耗材与设计方式，对历史文化风貌和城市肌理造成一定的破坏；三是在历史建筑更新方面，对于文化遗址的保护意识和措施仍处于较低水平，规划缺失对南京老城内传统民居、古街巷格局及地下遗址的关注，大规模的拆除重建也丢失了原有建筑所承载的历史信息，严重冲击了原有居民的邻里关系。

3.1.2 阶段 II（2000—2011 年）：新区开发与旧城拆除重建

（1）工作方针

2001 年南京市第十一次党代会提出的"一疏散、三集中"和"一城三区"的城市发展战略，推动城市持续向外扩张，拉开"多中心、开敞式、轴向组团"的现代化大都市发展框架。城市更新工作重点聚焦于跳出老城建设新区、老城内填平补齐以及历史地段保护改造等方面，优化老城功能结构，并进行环境整治。

（2）城市发展策略

① 保老城建新城，实施"一疏散、三集中"城市发展战略

进入 21 世纪后，南京城镇人口与城镇化水平的增长都远快于规划预期，尤其是主城人口承载能力不断增强，但原有规划确定的在都市圈范围布局的外围城镇由于发展重点不突出，并没有达到疏解主城人口的目标。在此背景下，南京从 2000 年开始对城市总体规划的修编调整工作，对城市空间格局进行了优化调整，其中将"都市圈"调整为"都市发展区"，并突出城镇发展重点，确定了新市区的重要地位，将都市发展区的城镇结构由"主城和 12 个外围城镇"两个层次细化为"主城—新市区—新城"三个层次，进一步强调了都市区多中心开敞式的空间格局。在 2001 年南京市第十一次党代会上，进一

图 3-7　南京市工业园区分布图

步提出实施"一城三区""一疏散、三集中"战略，同时配合"绿色南京"实施计划、老城改造与整治计划、区划调整策略等全方位的行动措施，加快由"山水城林的小南京（主城），向山水城林的大南京（都市发展区）"的战略性调整步伐，有效地推动了"多中心、开敞式、轴向组团"城市空间拓展模式的逐步实现。

2002 年南京市出台《关于进一步加快重点乡镇企业园区建设的意见》，引导市重点乡镇企业园区集中有序发展，并出台《关于推进南京市国有工业企业"三联动"改革工作的指导意见》，提出企业向开发区和工业园区集中。同时，南京市按照"优化主城用地结构"和"完善提高第三产业"的总体思路，配合"退二进三"政策的实施，南京主城工业布局调整取得明显成效。主城传统工业基本完成搬迁、改造提升或实施用地转化，以都市产业园、文化创意产业园、软件园等为载体的新型工业有了一定发展。南京市充分发挥全市各大开发区的载体和平台作用，优化空间布局，推进优势产业向开发区集聚，推进重点企业向开发区集群，取得了显著成效。工业发展按照"三集中"的要求，高新技术产业逐步向科技园集中，重化工主要向沿江水源地下游集中，主城工业基本实现搬迁改造并向开发区集中，位于主城外围的南京高新技术园区、化工园区、各经济开发区等省级以上工业园区正成为第二产业的主要集聚地。但是，这个时期南京市产业空间分散，用地产出效益不高，用地集约水平和产出率有待提高。南京市拥有的各类开发区在空间分布上，几乎均匀分布于南京各个区县、各个方向。虽然工业已经逐步向园区集中，但是园区本身却比较分散（图 3-7）。

专栏 3-2:《南京市城市总体规划(1991—2010 年)》(2001 年调整)主要内容

市域城镇布局结构:主城—新市区—新城—重点城镇—一般城镇 5 级大中小级配置合理
的等级结构。包括:1. 主城;2. 新市区:东山、仙西、浦口—珠江 3 个新市区;3. 新城:大厂、
新尧、板桥、龙潭、雄州、永阳、淳溪 7 个新城,预留玉带、桥林为新城发展备用空间;4. 重
点城镇:栖霞、八卦洲、西善桥、汤山、禄口、湖熟、汤泉、竹镇、八百、东屏、白马、漆桥、
桠溪等 13 个重点城镇;5. 其他城镇为一般城镇(图 3-8)。

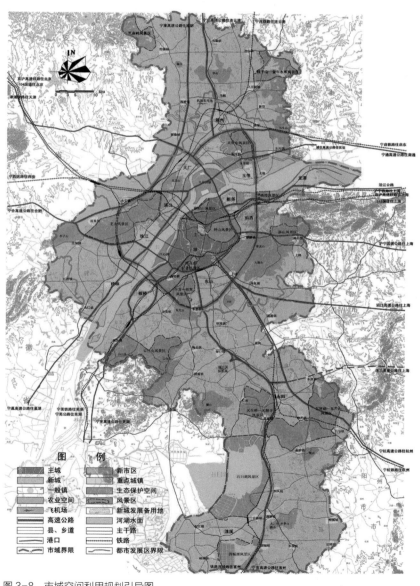

图 3-8　市域空间利用规划引导图

图3-9 "一城三区"空间示意图

② 跳出老城建新区,"一城三区"拉开发展框架

在河西新城建设迅速展开的同时,《南京市城市总体规划》确定的三个新市区的建设速度也不断加快(图3-9)。在仙林新市区,通过成立仙林新市区管委会,统筹新市区的规划、建设和管理,从体制上保证了新市区开发建设的有序和高标准。312国道、老宁杭路的拓宽改造、仙林大道和仙尧路等道路的建成通车,解决了制约仙林新市区发展的主要瓶颈即对外交通问题。东山(江宁)新市区借助于靠近主城的区位优势,空间规模已在原有基础上进一步扩大,综合服务功能得到改善。将军路等与主城联系道路的建设、江宁经济技术开发区的进一步发展、房地产业的带动都极大地推动了东山新市区的空间拓展。随着2002年江北地区区划调整和2003年沿江(跨江)发展战略的实施,浦口新市区获得了难得的发展机遇。二桥、三桥的通车缓解了长江大桥的交通压力,纬七路过江通道的筹划建设,将进一步改善南北两岸的交通联系,优化浦口新市区的投资环境。国家级高新区的进一步发展,房地产业和旅游业的全面启动,均对浦口新市区的城市化进程具有积极的促进作用。

与"一城三区"不断推进相伴随的是关于发展次序与重点不够清晰,从城镇到开发区均存在"多点、分散、规模小"的状况,不仅全市建设不集中,区县的建设也很分散。这些问题都导致城市在发展时机尚未成熟时容易造成一定程度的规划超前和空间浪费;在城市主要增长方向上则容易产生空间

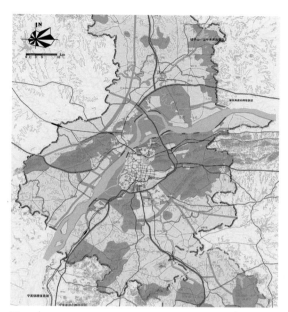

图 3-10　2000 年南京都市区土地利用现状图

图 3-11　2011 年南京都市区土地利用现状图

规划管理的缺位，从而直接导致"结构多元、间隔分布、开敞式"的空间格局受到蔓延式的城市空间扩张态势的侵蚀。南京都市区的这种蔓延态势在城南和城东两个方向最为严重，尤其是位于主城周边及对外放射性公路两侧的城镇建设用地的盲目扩张、一些工业开发园区的无序建设、经济适用房在绿色廊道中的选址建设及违章建设等，都使主城在南部、东部等方向与外围新城和新市区之间的生态隔离绿地面积日趋减少。城市基础设施的分散建设直接造成投资不能集中，规模效应和综合效应难以形成等局面，如 TOD 作用不能有效发挥，从而最终造成城市建设成本的增加和城市资产难以最大化、最优化，影响城市的整体竞争力。与此同时，由于条块之间的投资、建设、项目并没有完全按照"一疏散、三集中"的要求向"一城三区"集中，因此造成一些近期重点建设地区难以在较短的时间内形成规模，并及时完善与新区规模相匹配的综合配套服务设施。这些最终影响着城镇综合功能的完善和都市区"多中心"构想的实现，以及外围新市区的可持续发展和综合竞争力的提升（图 3-10、图 3-11）。

　　③ 老城内填平补齐，同步推进河西新城区建设

　　进入 21 世纪，疏解老城、改善老城环境、彰显文化特色成为南京的主要工作任务。与老城更新改造、环境综合整治相对应的是需要通过新区的建设来疏解老城人口和功能，只有两个方面统筹考虑，内外兼修，方能实现格局优化与功能重组。这一阶段，南京老城内集中了绝大部分的中心城市服务职能，人口密度较高，旧城改造难度很大。同时，老城是南京历史文化资源最为集中的地区，出于保护城市历史文化特色和环境品质的需要，不可能无限制地承担日益加重的功能负荷，向外疏解发展是必然趋势。然而，向何处疏解、如何疏解就成为困扰南京城市发展的主要问题。基于南京作为著名古都、国家级历史文化名城的定位，一方面老城内继续填平补齐和提档升级，另一方面城市建设重心应转向新区，疏散

图 3-12　需要进行更新的老工业区、城郊接合部分布图

老城的人口和功能，通过"老城做减法、新区做加法"，实现南京历史保护和现代化建设的相得益彰。在 2001 年版的城市总体规划中提出了"东进、南延"的空间疏解方向，但无论是江宁、浦口还是仙林在当时条件下均因空间距离、交通条件等多种原因而无法有效承担疏解老城人口的功能。

河西作为主城内可供大规模开发的增量空间，具有得天独厚的空间优势，且随着工程技术的发展，开发条件逐渐成熟。因此，2001 年南京作出了借助十运会发展河西的决定，要求把河西建设成为现代化新南京的标志区。河西新城区的道路交通、中心区建设、环境景观、房地产开发、公共设施等建设得到全面、加速推进，城市功能与人居环境条件迅速改善。通过新区建设缓解老城人口压力的作用已经开始显现，河西新城区已经成为南京，特别是老城消费者住房选择的主要地区。所以，河西新城的建设解决了南京城市发展中的长期历史遗留问题，对于古城风貌的保护具有不可替代的作用，发挥出了承担疏解老城人口与功能的责任和作用。

（3）城市更新工作重点

这一阶段，南京城市更新工作主要针对老工业区、城郊接合部和历史地段进行"拆除重建"，共搬迁污染高耗能的老工业区 54km²，改造城郊接合部的城中村、危旧房 9km²，改造中心城区成片的低效用地和历史地段 38km²，推动工业区转变为城市新区，居住区转变为旅游区（图 3-12）。

① 老工业区、城郊接合部进行推倒重建

伴随着城市化和工业发展带来的城镇建设用地利用低效、城市管理服务水平落后、城镇空间分布和规模结构不合理等问题，2001 年国务院办公厅与国家计委在《国务院办公厅转发国家计委关于"十五"期间加快发展服务业若干政策措施的意见的通知》（国办发〔2001〕98 号）中首次提出，"鼓励中心

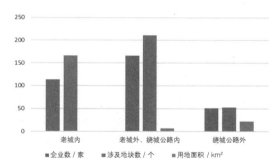

图 3-13　"三联动"企业分布及用地情况
图片来源：南京市经济和信息化委员会

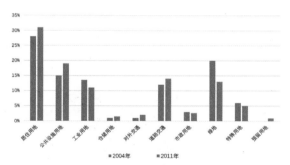

图 3-14　主城区内各类建设用地占比情况（2004—2011 年）

城市'退二进三'，调整城市市区用地结构，减少工业企业用地比重……提高土地利用效益，逐步迁出或关闭市区污染大、占地多等不适应城市功能定位的工业企业"。自此，全国各地纷纷响应中央政策，推行"退二进三"，以协调城市产业集聚与人口集聚的可持续发展。

在 1990 年代末，南京就率先开始调整城市产业结构和土地利用方式，开展"退二进三"改革试点。进入 21 世纪后，在国家政策的引导下，南京进一步优化"退二进三"政策，并实施以产权制度改革为突破口，资产、劳动关系、债务"三联动"的国有企业改革工作。根据南京市经委资料（2002 年）显示，全市三联动企业共 331 家，总占地面积 30.48km²。其中，位于老城内的企业有 114 家，老城外、绕城公路内企业 166 家，绕城公路外企业 51 家，用地面积分别为 0.97、7.39、22km²（图 3-13）。在这些三联动企业中，需要出让土地的有 96 家企业，共 89 个地块。其中，老城内有 43 家企业，涉及 46 个地块，用地面积 0.62km²，在生产类型上这些企业均为制造业企业，集中在机电集团和纺织集团两家，在空间分布上主要集中在城南老区。截至 2004 年底，南京市基本完成市属国有企业的改革工作，并同步实现产业布局的调整，推进国有资产向石油化工、电子信息、汽车三大支柱产业和生物医药、钢铁、机电、食品饮料、纺织服装、新型建材六大重点行业聚集，企业向开发区和工业园区（工业楼园）集中。

通过"退二进三"、国有企业"三联动"和老城整治工作等，推进了主城区的内涵改造，实现了用地功能的置换和提升，主城内的工业用地不断减少，公共设施用地与居住用地的总量与比例迅速上升，2004 年至 2011 年，主城区内居住用地占比由 28% 增加到 31%，公共服务设施用地占比由 15% 增加到 19%，工业用地占比由 13% 降至 11%（图 3-14）。

2010 年以后，南京市在金陵石化及周边地区、大厂地区、梅山钢铁及周边地区、长江二桥至三桥沿岸（含八卦洲）等地区，以及铁心桥—西善桥片区、燕子矶地区、胜太路以北地区、下关滨江片区及铁北片区等地区，开展了布局调整和改造提升工作。按照"产业先导、规划先行"的理念和"动迁拆违、治乱整破"的总体要求，通过对企业进行关停转型，引进、培植符合地区功能定位、产业规划的新型业态等方式，进一步盘活了存量低效用地，推动了产业结构升级，促进了土地资源节约集约利用，促进了片区产城人融合。例如，燕子矶地区总面积 18.81km²，北临长江，曾集聚了 404 家各类企业，化工历史可追溯到民国时期的中央化工厂，生产出中国第一批有机中间体。南京以壮士断腕的决心和勇气，对

图 3-15　燕子矶地区原工业企业分布图
图片来源：《长江经济带高质量发展南京实践展》

燕子矶地区进行综合整治，完成区域内所有工业企业关停转型工作，引进、培植符合地区功能定位、产业规划的新型业态，昔日老工业基地转变为南京城北生态宜居滨江新城（图 3-15、图 3-16）。同时，南京拆除和改造老城及其周边 178 个城中村、危旧房，占地约 9.17km²，房屋面积约 760 万 m²，涉及44562 户居民和 1191 家企业（图 3-17）。总体来说，这一阶段对老工业区、城郊接合部进行推倒重建，其重点在于改善城市面貌、完善城市功能、实现经济收支平衡。这实际上是一个产权重建的过程，是一个功能突变的过程，所采取的法规、标准也与新建地区标准基本一致，并且引入市场力量，对地块进行拆迁、收储、出让。由此，也造成了城市记忆丧失，路网、尺度、风貌改变等问题，并且由于部分保留产权，进而用地边界调整和土地整理的需求和困难日益凸显。

　　② 历史地段保护改造

　　南京作为 1982 年国务院首批公布的国家历史文化名城，拥有着极其丰富的历史文化积淀。多年来，为再现老旧历史城区的活力，南京不断探索更好的历史资源保护与利用相结合的发展模式，以期能够更好地展示南京作为六朝古都的盛世风貌，再现老旧历史城区的活力。2000 年，南京确定"保老城、建新城"的总体发展方略。2002 年召开"南京老城保护和更新规划国际研讨会"，制定了《历史文化名城保护规划》和《老城保护与更新规划》，成立"双拆"部门负责违法建筑与危破房屋的拆迁，加大老城保护和改造力度。其中，《老城保护与更新规划》将历史文化的保护、利用、展示置于首位，立足于城市核心竞争力提高的需要，确立"保护优先"的空间发展原则，挖掘老城的土地利用潜力，合理调整用地结构，以

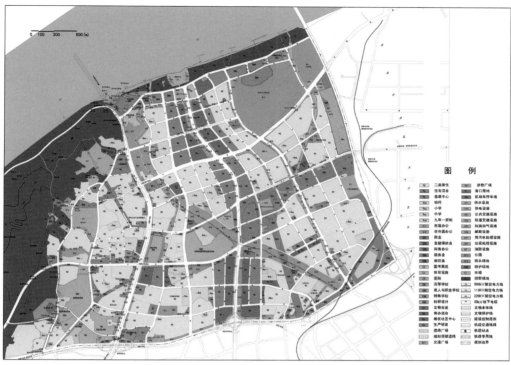

图 3-16　燕子矶地区土地利用规划图

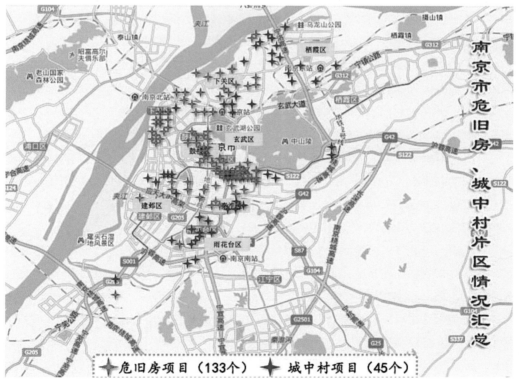

图 3-17　南京市危旧房、城中村片区分布图

保持老城功能和容量的"适度发展",力求全面"提升和改善环境质量"。最终将老城建设成为"文化之都""活力之城""宜人之地"。南京老城区用地结构不合理,工业用地比重过大,第三产业用地不足,土地价值未能真实体现。为此,依据规划,通过"退二进三"优化用地结构,工业企业向外迁移,通过"改、并、迁"等方式空置出工业用地,调整旧城用地结构,充分发挥市场经济体制下中心土地区位效应,完善城市功能,实现城市用地布局调整,提高土地配置效率。2002年以来南京以"一环""二区""三轴""四线""五街""六片"为重点开展老城环境综合整治工程,以期达到保护古都历史遗产、疏散老城居住人口、改善老城人居环境、塑造老城空间特色、保持老城经济活力等目标。例如,秦淮河是南京的母亲河,全长34km,沿线历史积淀深厚,随着近代城墙军事防御功能的衰退和水运功能的逐渐弱化,秦淮河两岸随之衰败,曾经一度"藏污纳垢不出流,满河污水祸四周"。至1970年代,大量知青和下放户返城回乡,市区一时难以容纳,相当一部分便在城墙外的秦淮河畔栖身,搭建简易房屋,形成了相当规模的棚户区,再加上河道的污染,秦淮河沿线人居环境恶化。2002年南京市政府统一部署,开展秦淮河综合整治工程,使之成为一条"流动的河、美丽的河、繁华的河",并于2008年获"联合国人居奖特别荣誉奖"。2009年,南京市先后出台修订了《夫子庙秦淮风光带条例》《南京市玄武湖景区保护条例》《南京城墙保护条例》《南京市历史文化名城保护条例》等地方性法规,进一步保护老城内重点地区及其整体风貌环境。加强对于名城整体格局与风貌的保护,整体保护"龙盘虎踞"的山水环境、"环套并置"的历史都城城郭、历史轴线和街巷格局,保持老城现状"近墙低、远墙高;中心高、周边低;南部低、北部高"的总体空间形态。保护老城南、明故宫、鼓楼—清凉门的历史城区空间尺度、街巷格局和环境风貌。同时,推动紫金山、明城墙、长江、秦淮河等保护复兴实施工程,启动玄武湖、秦淮河和幕燕滨江风光带等相关规划和实施(图3-18)。南京对历史文化街区、历史风貌区、一般历史地段编制保护规划,突出地方特色,注重人居环境改善,注重文明传承、文化延续。整治过的金陵机械制造局旧址、总统府、朝天宫、门东三条营(老门东)等历史地段得到社会各界的广泛肯定,成为南京历史文化最佳展示地和文化旅游最佳目的地,梅园新村、颐和路历史文化街区2015年被住房和城乡建设部、国家文物局认定为首批中国历史文化街区。

然而,旧城推倒重建的惯性做法使老城地区的一些历史地段和历史建筑仍遭到拆除。以老城南事件为转折点,南京提出"镶牙式"的保护更新理念,即保留有价值的古建筑,用肌理再造的方式修复建筑,推进了历史文化的保护工作。2009年,南京制定《南京老城南历史城区保护与整治城市设计》,提出"小规模""院落式""全谱式"的保护整治原则。2011年,南京在《关于进一步彰显古都风貌提升老城品质的若干规定》(图3-19)中明确,老城范围内要严格控制新建大型办公商业项目,严格控制建设容量、建筑体量和建筑高度。严格控制见缝插针项目,对地块开发规模进行管制,面积小于2000m²的待更新地块禁止商业开发,着重用于街区功能完善。总而言之,这一时期南京市开展老城环境综合整治和整体保护,保持和发扬山水城林融为一体的空间特色,通过秦淮河和金川河两河水环境整治、明城墙风光带和铁路沿线绿化带两带景观建设、中山陵环境综合整治、老城增绿、部分历史文化景区与景点的打造、道路出新和房屋美化亮化等建设工程,提升了老城环境质量和整体品质,促进了老城内历史文化资源的保护、展示、再现和串联,实现了"显山露水、见城滨江",进一步凸现出了南京的古都特色和文化内涵。

图 3-18　秦淮河整治前（上）后（下）对比

南京市人民政府文件

宁政发〔2011〕211号

市政府批转市规划局关于进一步彰显
古都风貌提升老城品质的若干规定的通知

各区县人民政府，市府各委办局，市各直属单位：
　　市政府同意市规划局拟定的《关于进一步彰显古都风貌提
升老城品质的若干规定》，现转发给你们，请遵照执行。

二〇一一年九月二十七日

— 1 —

图 3-19　《关于进一步彰显古都风貌提升老城
品质的若干规定》封面

（4）存在问题

从早期大多参照新建地区，采取一次性拆迁、大规模"拆改留"式推倒重建的更新模式，至后期逐渐转向小规模、渐进式有机更新，老城内不再大拆大建，而是针对性地进行整治改造。同时，开始关注自下而上的社区参与和市场运作，拓展了多元化的投资渠道。这一时期的实践中也暴露出诸多问题：一是历史文化的传承与保护压力较大。由于需要控制开发强度，经济收支难以平衡，从而进行过度化的商业开发，片面追求短期高收益的经营模式，忽视对原住民和特色产业的关注，导致社区网络断裂，经济发展不可持续。此外，由于没有高度重视地区文化底蕴、传统特色，对非文物历史建筑保护的界定过于简单，采取"非保即拆"的更新方式，对历史地段采取了与工业区、城郊接合部相同的拆除重建的更新模式，导致老城南地区遭到大规模的破坏性拆除，影响了南京历史文化的传承和保护。二是过度依赖地产开发模式导致城市绅士化矛盾凸显。将大量居住用地、工业用地及少量公共建筑、军事用地置换为商业办公用地，或在原有商业用地基础上进行扩建，产业结构得到加速调整，高端现代服务业进入城市中心区，但也使得地块功能突变，传统城市肌理遭到了较大破坏，与之相伴的就业结构也发生改变，低收入以及缺乏技能的人群被"驱逐"出城市中心区。见物不见人，忽视了对原住民和特色产业的关注。三是对于部分保留土地，在进一步提升土地使用效率时，由于产权权属的问题难以进行产权边界调整和土地整理。四是形成规划中以规划保护专家为核心的封闭平台，开发中以开发商为核心的封闭开发建设平台，使各类参与者信息不对称、不透明，公众参与度不足。五是经营模式缺乏可持续性。普遍采用短期高收益的经营模式，追求产权转让收益或短期高租赁租金，导致业态准入门槛过高，不利于长期经营。

3.1.3 阶段Ⅲ（2012年至今）：有机更新、积极创新

（1）工作方针

党的十八大明确"五位一体"总体布局和"建设美丽中国"总体目标，提出了加快生态文明建设、城市转型发展等要求。2013年的中央城镇化工作会议，习近平总书记提出城市规划建设"要体现尊重自然、顺应自然、天人合一的理念，依托现有山水脉络等独特风光，让城市融入大自然，让居民望得见山、看得见水、记得住乡愁；要融入现代元素，更要保护和弘扬传统优秀文化，延续城市历史文脉"。十九大以来，南京全面践行习近平新时代中国特色社会主义思想，积极探索转变过度依赖土地财政的经济增长方式，坚持"盘活存量、控制增量、增加流量、提升质量"总体原则，开启城市有机更新、积极创新的新篇章。一是积极贯彻落实习近平总书记关于城市更新的系列重要讲话精神。"城市规划建设工作不能急功近利、不搞大拆大建，要多采用微改造的'绣花'功夫，让城市留下记忆，让人们记住乡愁。""实现老城市、新活力，在综合城市功能、城市文化综合实力、现代服务业、现代化国际化营商环境方面出新出彩。"二是强化产权意识，体现以人民为中心的总体要求。尊重核心业主权利，更新工作的启动、更新模式的选择、更新主体的确定等应取决于业主共同意愿。新时代的城市更新工作必须用以人民为中心的发展思想建设城市，高度重视市民在城市更新中的主体地位，实现城市有机发展与公众利益保障的双赢，使全体人民共享城市发展成果。三是面向高质量发展，从大拆大建转向城市有机更新。大规模推倒重建的改造模式不可持续，破坏了邻里结构及社会网络，切断了城市文脉与特有肌理，使城市生活多样性降低，与可持续发展思想背道而驰。新时代的城市更新工作必须注重历史文化保护和传承，杜绝急功近利、大拆大建，从"改差补缺"向"品质打造"、从"追求速度"向"保质提效"转变。

（2）城市发展策略

党的十八大以来，南京城乡建设由高速增长阶段转向高质量发展阶段，正处于发展方式深刻转变期、发展动力快速转换期、发展短板加力补齐期、经济结构快速升级期、空间布局全面优化期、功能品质综合拓展期、生态环境集中攻关期、城市化内涵提升期、国际化深入推进期。南京市以习近平新时代中国特色社会主义思想为指导，全面贯彻党的十八大和十八届三中、四中、五中、六中全会精神，践行创新、协调、绿色、开放、共享的新发展理念，坚持稳中求进工作总基调，以供给侧结构性改革为主线，服务长三角一体化、长江经济带、"一带一路"等国家战略，按照东部地区重要中心城市、长三角特大城市和现代化国际性人文绿都的战略定位和要求，围绕"一个高水平建成、六个显著"的奋斗目标，以提高城建发展质量和效益为中心，统筹城乡规划、建设、管理，加快推进以人为核心的新型城镇化和城市现代化建设，着力转变城市建设发展方式，着力塑造城市特色风貌，着力提升城市环境质量，着力推进城市精细化建设管理，为加快建成首位度高的省会城市、影响力强的特大城市、国际化程度高的历史文化名城、幸福感强的宜居宜业城市和"强富美高"的新南京提供有力支撑和保障。

① 确立"人民满意的社会主义现代化典范城市"发展新愿景

进入新时代，南京准确把握国际国内形势变化带来的机遇和挑战，准确把握城市发展的阶段性特征、

图 3-20　南京市域空间格局规划图

全新的时代机遇和新的目标要求，更加主动地适应和引领新常态，着力在优化结构、增强动力、化解矛盾、补齐短板上取得突破性进展，不断增创竞争新优势、开拓发展新境界。尤其是党的十八大以来，南京进一步强化省会担当，高质量建设"强富美高"新南京，奋力开启全面建设社会主义现代化的新征程，树立了建设"人民满意的社会主义现代化典范城市"的新目标。锚定新发展目标，做好五个示范，即在创新驱动、产业转型上做示范，在区域协调、城乡融合上做示范，在生态优先、绿色发展上做示范，在包容友好、共同富裕上做示范，在制度创新、治理变革上做示范。规划构建"南北田园、中部都市、拥江发展、城乡融合"的市域空间格局（图 3-20），努力在推进国家治理体系和治理能力现代化进程中贡献南京力量、提供南京样本。南北田园，指以生态安全、集约高效和凸显特色为原则，规划南北两片现代农业和休闲旅游业融合发展的田园乡村地区；中部都市，指以新街口为中心、半径 40km 的区域内，打造具有高品质人居环境的高度城市化地区；拥江发展，指以长江为轴，沿江布局各级城镇组团和城市中心，形成一江两岸、联动发展的格局；城乡融合，指以放射形交通为走廊，以绿色生态空间相间隔，建设功能互补、服务一体、高度融合的城乡空间网络。

　　② 城市格局从秦淮河迈向扬子江

　　南京依江而生、因江而盛，山川形胜拥揽、人文底蕴深厚，"山水城林"特色鲜明。"别的古都，把历史浓缩到宫殿；而南京，把历史溶解于自然。"为在更高水平上谋划城市发展，加快推进南京城市转

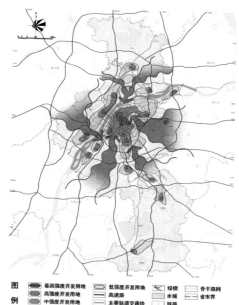

图
例
■ 最高强度开发用地　■ 低强度开发用地　◢ 绿楔　■ 骨干路网
■ 高强度开发用地　■ 高速路　■ 水域　□ 省市界
■ 中强度开发用地　■ 主要轨道交通线　□ 铁路

图 3-21　南京市区空间结构规划图
图片来源：《南京市国土空间总体规划（2020—2035 年）》

型发展、创新发展和跨越发展，《南京城市总体规划（2011—2020 年）》提出"引领中西部、竞合长三角"
的区域发展战略，强调依托长江和快速交通走廊构建面向区域的城镇发展轴线，并建立"多心开敞、轴向
组团、拥江发展"的现代化大都市发展格局。2015 年江北新区成功获国家批准，由此拉开了南京从跨江
到拥江、从秦淮河迈向扬子江的新篇章。长江南京段拥有干流岸线约 190km，占江苏全省的 23%。南京
严格贯彻习近平总书记生态文明思想和关于长江经济带重要讲话精神，坚持把修复长江生态环境摆在压倒
性位置，围绕把长江南京段建成"绿色生态带、转型发展带、人文景观带和严管示范带"目标，统筹生产、
生活、生态三大布局，积极推进沿江生态修复和绿色转型发展各项工作。例如，以生态环境保护修复为重点，
开展岸线综合治理，打造绿色生态滨江岸线，昔日厂棚林立的浦口"十里造船带"，已蝶变为滨江生态风
光带。总之，以习近平生态文明思想为指引，坚持"生态优先、绿色发展"，南京不断增强推动长江经济
带高质量发展的责任感和紧迫感，着力形成节约资源和保护环境的空间格局、产业结构、生产方式和生活
方式，推动形成人与自然和谐发展的现代化建设新格局，谱写好新时代的长江之歌。

③ 优化城市空间布局

在城市空间发展上，南京秉持"以长江为主轴，以主城为核心，结构多元，间隔分布"的"多心开敞、
轴向组团、拥江发展"的空间布局理念（图 3-21），建立空间紧凑、相对集中、适度混合的土地利用模式，
推动城市发展由外延扩张向内涵提升转变。在规划引导下，南京多中心开敞式的大都市空间格局逐渐形
成并稳定，河西新城区已经初步建设成为南京现代化国际性城市中心，国家级江北新区成为南京落实"一
带一路"和长江经济带的重要战略举措，东山、仙林功能迅速完善，南部新城和溧水、高淳等新城的建
设发展不断加快，海港、空港、高铁港三个枢纽经济区以及东南科技创新带和一批高新园区建设全面提

速。与此同时，南京绕城公路以内的中心城区是改革开放后城市建设的集中区域，旧工业区和旧居住区夹杂分布，物质环境破败、配套不完善，见缝插针式的建设对城市功能完善、历史风貌展现、生态环境保护造成极大影响，亟需城市更新。进而，南京逐渐进入新城新区填充补齐、旧区成片再开发和老旧小区、历史地段微更新微改造的新发展阶段。

④ 南京主城着力彰显新老并秀的协调美、古今交融的人文美和锐意创新的活力美

深化"东西南北中"联动发展，让老城的生活更舒畅、新城的建设更协调、城乡的布局更优化。老城更新方面，持续推进功能疏解、品质提升，加快危旧房、棚户区改造和老旧小区整治，以"绣花功夫"把老城做精做美做优。加强古都格局、街区肌理和历史遗存的整体保护，充分挖掘红色文化等宝贵资源。采用有机更新方式，增强文物、历史地段的当代活力，不断加强处理好保护与利用的关系，回答好传承与弘扬的命题，让千年文脉可感知、天下文枢可品读；新城发展方面，协调推进江北新主城建设、紫东区域性崛起、河西国际化升级、南部增长极塑造，形成一批功能拓展的战略空间；乡村振兴方面，全面提升农村人居环境，大力推进乡村振兴、建好美丽乡村，真正实现"望得见山、看得见水、记得住乡愁"；创新发展方面，深入实施"121"战略，通过积极创新，建设活力迸发的数字之城、智慧之城，把人气带进都市楼宇，把人才引入城市硅巷，让整座城市都充满创新创造的气息，促进"人、产、城"融合共兴。

（3）城市更新工作重点

党的十八大以来，为贯彻落实习近平总书记关于城市更新的重要讲话精神，体现以人为本，强化产权意识，南京以高质量建设"强富美高"新南京为目标，城市更新主要围绕历史地段更新、城镇低效用地独立产权地块再开发、老旧小区改造、居住类地段城市更新等维度进行实践探索，逐渐由过去"拆改留"式的城市重建转向"留改拆"式的城市有机更新，建立起"政府引导、市场运作、多元参与、共同治理"的城市有机更新模式。尤其是近年来，随着城镇低效用地再开发、居住类地段城市更新等核心政策的出台实施，南京城市有机更新工作进入系统化政策指引、多元化共建共享的新阶段。并且，在历史文化资源保护和活化利用、公共设施完善、城市功能和景观提升、市场自下而上发展动力的有效发挥上取得了积极成效。然而，仍存在政策配套不完善、技术标准缺失、社会治理体系不健全等问题。

① 历史地段更新方法与机制探索

历史文化名城保护中，除了历史文化街区之外的一般历史地段，特别是以居住功能为主的历史地段上的保护更新，是很多大城市面临的难题。之前南京的一些做法虽然在物质形态上延续了传统风貌，但在内部功能上，却未对传统生活方式进行继承和延续。在党的十八大之后，对历史地段的更新思路发生了重大转变，如越来越重视对文物、历史建筑以外风貌较好的建筑活化利用，更为尊重原住民的相关权益，以留住原住民和烟火气，延续"生活态"，也更注重多方式的公众参与等。2015 年，南京市规划局、南京历史文化名城研究会《岁月失语　惟石能言——关于老城南民居类街区保护规划实施情况的调研报告》（图 3-22），提出老城南采用渐进式有机更新方式的最早设想，这标志着南京的历史地段更新思路发生重大变化。

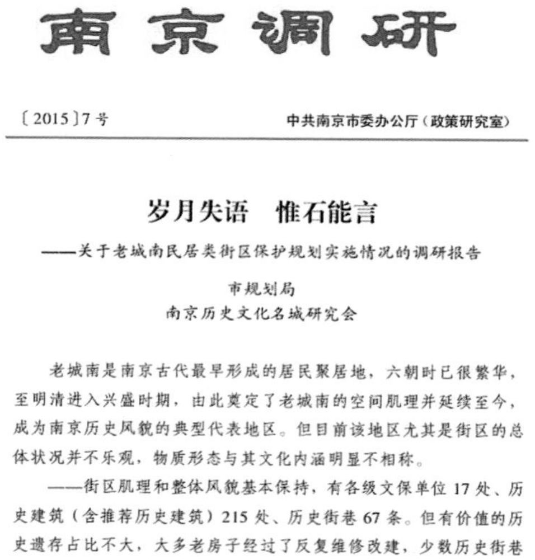

南 京 调 研

〔2015〕7号　　　　　　中共南京市委办公厅（政策研究室）

岁月失语　惟石能言
——关于老城南民居类街区保护规划实施情况的调研报告

市规划局
南京历史文化名城研究会

老城南是南京古代最早形成的居民聚居地，六朝时已很繁华，至明清进入兴盛时期，由此奠定了老城南的空间肌理并延续至今，成为南京历史风貌的典型代表地区。但目前该地区尤其是街区的总体状况并不乐观，物质形态与其文化内涵明显不相称。

街区肌理和整体风貌基本保持，有各级文保单位17处、历史建筑（含推荐历史建筑）215处、历史街巷67条。但有价值的历史遗存占比不大，大多老房子经过了反复维修改建，少数历史街巷

图3-22　《岁月失语，惟石能言——关于老城南民居类街区保护规划实施情况的调研报告》封面

其一，对于历史地段。南京通过坚持原真性、整体性、永续利用的原则，秉承保护性利用和文化传承的理念，根据既有现状和特点，对老城南地区进行了整体保护利用规划与城市设计，探索实施历史街区和风貌区的保护和更新，挖掘其文化品质、历史价值，唤醒老城南活力。一是探索历史文化街区、风貌区保护利用新模式，结合文化创意和旅游等活化老城南历史，增强城市旅游吸引力。如开展了以南京中国科举博物馆建设为核心，打造夫子庙传统科举和商业文化展示片区；保护和复兴门东传统生活文化展示片区等工作。二是将博物馆、艺术馆、园林客栈、百年老字号、文化娱乐、名人工作室等一批文化产业引入本区域，打造集历史文化、休闲娱乐、旅游景观于一体的现代文化休闲街区。如开展了整修三条营历史文化街区，建设箍桶巷创意产业示范区；保护和复兴门西愚园、凤凰台历史景观与传统生活展示片区等工作。三是打造主题公园、特色商业服务、园林酒店办公、城市广场商业、民居保护等片区。如开展了荷花塘历史文化街区整修；实施南捕厅保护利用示范项目，打造评事街、大板巷江南七十二坊等传统文化休闲体验区等工作。

其二，对于重要近现代建筑（民国建筑群）。南京为进一步彰显近现代南京城市历史格局和风貌，对其开展了大量保护和利用工作。一是根据近现代建筑的建筑特点、人文背景、产权属性等，研究制定南京重要近现代建筑保护与修缮的技术规范和导则。二是通过整体置换、合作经营、资产租赁、税收优惠等方式，把南京近现代历史文化资源转化为竞争优势，提升城市影响力。如开展了以重要民国建筑为点，以中山大道为线，以历史街区和风貌区为片，打造"民国文化看南京"的城市品牌。三是加大对历史文化街区、风貌区、历史建筑群的保护和利用工作。如开展了制定中山大道沿线四片近现代建筑风貌区近现代建筑保护规划，完成立面出新、环境整治等修缮整治；推进颐和路历史文化街区示范片区保护利用；启动百子亭等历史文化风貌区的示范保护和利用等工作。四是开展文化内涵挖掘展示和旅游开发项目推介工作，推出重要近现代建筑（民国建筑群）旅游专线。

其三，对于工业遗产。为展现南京工业文明的发展历程，南京通过多途径探索南京工业遗产保护利用

方式，使遗产保护展示与创意产业等发展相得益彰。一是根据工业遗产的现状、规模、特色及其所处的区位，制定全市工业遗产保护利用规划，并将其纳入南京市历史文化名城保护规划中。二是公布了南京市工业遗产名录，制定了一系列推进和鼓励工业遗产保护与利用的政策，完善保护与利用的管理体制。三是通过采取企业主导、产业引导、政府倡导等方式，加强工业遗产保护力度。四是与文化创意产业和文化旅游相结合，使工业建筑遗产在城市化进程中能找到新的定位与价值，延续工业文明和历史。五是加强对工业遗产保护的调研和监管，成立南京市工业遗产保护与利用专家咨询委员会。在此基础上，南京重点开展了金陵兵工厂旧址、浦口火车站、冶山铁矿、江南水泥厂、南京长江大桥等一批工业遗产保护和利用工作。

其四，对于科教文化遗产。为了让古代科教文化与当今科教资源交相辉映，凸显南京这座文化名城在中国历史上的重要贡献，对科教遗产进行了充分的挖掘整理与展示。一方面，充分展示古代教育厚重的文化脉络。通过加强以六朝太学、周处读书台、夫子庙、江南贡院、国子监、江宁府学、崇正书院、惜阴书院、六合文庙等为代表的一批古代教育遗存的维修保护，实施历史街区、博物馆、遗址公园、遗产解读等工程。另一方面，突出南京对中国近现代科教的深远影响。结合近现代建筑的保护和利用，重点对矿路学堂、水师学堂、汇文书院、崇文学堂、明德书院、国立中央大学、金陵大学、金陵女子大学、马林医院、赛珍珠故居、国立中央研究院、国立紫金山天文台、国民政府考试院等近现代科教资源进行梳理，建立文物保护片区及主题博物馆，展示其与西方科技教育融合交流的历史价值。

② 城镇低效用地再开发政策创新与实施

城镇低效用地占地面积较大，产出效益不高，部分产权涉及管理层级复杂，存在企业改制、破产抵押等复杂历史遗留因素，是与高质量发展息息相关的更新类型。自 2013 年南京被纳入全国首批低效用地再开发试点城市起，陆续出台相关工作意见、实施细则与操作规程（表 3-1）。2019 年，为盘活存量资源，激发历史遗留的旧城区、旧厂矿等低效用地的潜在价值，南京市发布《关于深入推进城镇低效用地再开发工作实施意见（试行）》（宁政办发〔2019〕30 号），通过政策松绑和激励措施，对具有独立产权的低效利用地块，允许原产权主体通过补交土地出让金方式，调整地块用途和容积进行再开发。

南京城镇低效用地再开发相关政策　　　　　　　表 3-1

序号	政策名称
1	《市政府关于推进城镇低效用地再开发促进节约集约用地的实施试点意见的通知》（宁委办发〔2014〕81 号）
2	《南京市人民政府办公厅关于印发南京市城镇低效用地再开发操作实施细则的通知》（宁政办发〔2016〕20 号）
3	《南京市人民政府办公厅关于印发南京市城镇低效用地再开发工作补充意见的通知》（宁政办发〔2016〕128 号）
4	《南京市规划局关于印发南京市城镇低效用地再开发操作实施细则局内操作规程（试行）的通知》（宁规函字发〔2016〕702 号）
5	《市政府办公厅关于深入推进城镇低效用地再开发工作的实施意见（试行）》（宁政办发〔2019〕30 号）

该政策在原有政策基础上实现了以下突破和创新：一是拓宽了开发主体范围，增加了原土地使用权人以联营、入股、转让方式开发，允许通过设立全资子公司、联合体、项目公司作为新主体再开发；二

图 3-23　国创园改造前（左）后（右）对比

是划分了四种再开发模式，结合南京市情确定老城嬗变、产业转型、城市创新、连片开发四种模式，分别对应老城中文保和公共配套完善、工改研、新业态发展、集中连片开发等再开发需求；三是放宽土地供应方式，特定条件下允许协议出让、带方案招拍挂、定向挂牌、组合出让等多种供地方式；四是加大配套激励措施力度，设置了有关收益分配、鼓励集中成片开发、合理评估土地出让价格、适度放宽再开发土地政策、引导土地多用途复合利用等激励措施。在此基础上，采取"留改结合"，通过保留既有建筑，对其外立面进行改造和内部功能进行置换等更新方式，开展了如南京第二机床厂更新为南京国家领军人才创业园（国创园）（图 3-23）、鼓楼区白云亭副食品市场更新为文化艺术中心等城市更新探索。

　　③ 推进老旧小区改造及加装电梯

　　南京 1980 年代建设的多层住宅较多，无法满足群众的居住需求，为切实改善居民居住品质，南京开展了一系列老旧小区综合整治工作。南京通过老旧小区整治，将群众反映强烈的房屋渗漏、道路破损、下水不通、停车混乱等难题加以有效解决，重新体现房屋价值，明显改善居住品质，极大地提升了群众的获得感、幸福感和安全感。为确保老旧小区整治有章可循，南京先后编制系列规范性文件（表 3-2），尤其是自 2016 年以来，南京陆续出台《棚户区改造和老旧小区整治行动计划》《老旧小区停车设施建设和管理》《南京市既有住宅增设电梯实施办法（修订稿）》《南京市关于推进老旧小区改造工作的实施意见》《南京老旧小区整治工作精细化管理方案（修订稿）》等文件，要求以更高标准、更严要求、更大投入、更细措施，彻底解决 2000 年以前建成的非商品房老旧小区，着力解决人民群众所急所盼的居住环境问题，加大对老旧小区开展整治修缮、完善功能、补齐配套、提升品质等工作力度，具体开展增设电梯、立面出新、增设车位、补充绿化等工作（图 3-24 ～图 3-26）。如南京开展了爱达花园、金尧花园、华盛园、丹桂居、康居里等众多老旧小区的修缮整治工作，并对瑞金路 1-58 号、中青园 9 号、马家街 40 号、52 号等小区加装了电梯，改善了群众的居住条件。截至 2020 年底，南京市已改造老旧小区 1282 个，建筑面积 2208 万 m²，房屋 11266 幢，受益群众 39 万户。其中，对于南京市老旧小区加装电梯工作，已有 2000 多部电梯通过规划部门初审，完工电梯超过 1000 部，切实解决了居民上下楼难的问题，提升了老旧住宅的居住品质。

南京市有关老旧小区改造的政策文件　　　　　　　　　　　　表 3-2

序号	政策名称
1	《市政府转发市房产局 2006 年南京市旧住宅小区出新实施意见的通知》（宁政发〔2006〕46 号）
2	《市政府关于印发南京市主城区危旧房、城中村改造工作实施意见的通知》（宁政发〔2012〕222 号）
3	《2013 年南京市旧住宅小区出新工作实施意见》（宁综指办〔2013〕8 号）
4	《中共南京市委办公厅南京市人民政府办公厅关于印发〈南京市棚户区改造和老旧小区整治行动计划〉的通知》（宁委办发〔2016〕19 号）
5	《南京市老旧小区整治工程技术导则》(2017)
6	《南京市老旧小区整治工作手册》(2017)
7	《市政府办公厅关于进一步加强全市老旧小区管理工作的通知》（宁政办发〔2017〕215 号）
8	《市政府关于印发南京市老旧小区停车设施建设和管理的通知》（宁政办发〔2018〕6 号）
9	《南京市居住区公共配套设施规划建设监督管理办法》
10	《南京市老旧小区整治工作精细化管理方案》(2020)
11	《关于全面推进南京市老旧小区改造工作的指导意见》（宁旧改〔2021〕1 号）

图 3-24　华盛园小区整治前（左）后（右）对比

图 3-25　康居里绿化整治前（左）后（右）对比

图 3-26　瑞金路 1-58 号加装电梯前（左）后（右）对比

　　④ 开创居住类地段城市更新工作

　　南京将传统棚户区改造转变为现阶段居住类地段城市更新，在居住类地段城市更新中，由于用地产权关系复杂、涉及居民众多，且改造需求迫切，2020 年，南京出台《开展居住类地段城市更新的指导意见》，促进城市更新从传统征收拆迁模式向"留改拆"方式转变。通过在特定前提下放松管制，改变了过去政府自上而下、"大包大揽式"的城市更新，在相关权利人和实施主体达成一致的前提下，采用自愿参与的方式，自下而上向政府申请开展城市更新，实现多元参与、多元置换，延续人文肌理。

　　该政策创新点主要体现在：一是片区化工作范围，以划定的更新片区开展，可以适度调整、合并或拆分地块，将无法独立更新用地、相邻非居住低效用地纳入片区。二是多元化实施主体，强调政府引导，多元参与，调动个人、企事业单位等各方积极性，推动城市更新的实施，实施主体可以包括以下情形：物业权利人，或经法定程序授权或委托的物业权利人代表；政府指定的国有平台公司，国有平台公司可由市、区国资公司联合成立；物业权利人及其代表与国有公司的联合体；其他经批准有利于城市更新项目实施的主体。三是精细化更新方式，强调采用"留改拆"多样化、差别化更新策略，对更新地段进行精细化甄别，结合建筑质量、风貌和更新需求目标，区分需要保护保留、改造和拆除、适应性再利用、可以新建的部分，达到片区的有机更新。并结合建筑"留改拆"方式的不同，将地段片区更新分为维修整治、改建加建、拆除重建三种模式。四是多样化安置方式，通过自愿参与、民主协商的方式，原则上应等价交换、超值付费，探索多渠道安置补偿方式，实现居住条件改善、地区品质提升。可以采用等价

南京市规划局文件

宁规字〔2018〕377 号

关于加强棚户区、危旧房等待改造地块历史文化遗产保护相关工作的通知

各处室、各分局、各受委托单位：

为贯彻落实党中央、国家和省关于全面做好历史建筑确定工作的决策部署，确保棚户区、危旧房等待改造地块范围内的历史文化遗产得到妥善保护，根据《南京市历史文化名城保护条例》有关规定，现就相关要求通知如下：

一、全局要提高历史文化遗产保护的思想认识。要提升历史建筑保护与利用意识，坚决贯彻执行党中央、国家和省的决策部署，实现历史文化遗产"应保尽保"的目标。

会 议 纪 要

第 32 号

南京市规划局　　　　　　　　　　　2018 年 8 月 21 日

关于棚户区征收涉及历史建筑普查工作等有关事项的会议纪要

2018 年 8 月 10 日上午，叶斌局长在市规划局 701 会议室主持召开局长办公会议，研究近期棚户区征收涉及历史建筑普查工作、新一代空间基准使用工作。会议议定事项如下：

一、关于研究棚户区征收涉及历史建筑普查工作

（一）鉴于我局已完成的历史文化普查工作的基础，为提高棚户区征收工作规划认定的时效性要求：请分局在办理规划认定过程中，对拟征收范围进行踏勘，如未发现需保护的历史建筑，请分局结合此前的历史文化普查资源库和 2017

图 3-27　有关历史文化遗产保护工作的文件

置换、原地改善、异地改善、放弃房屋采用货币改善、公房置换、符合条件的纳入住房保障体系等方式进行安置。各区政府可自行制定房屋面积确定原则、各类补贴、补助标准、奖励标准等相关政策。五是公开化工作流程，涵盖了从前期研究到验收交付的全过程，并设立两轮征询相关权利人意见环节，实施过程中充分尊重民意，体现共建共治。六是全面化政策支持，从规划、土地、资金支持、不动产登记四个方面提出政策保障，通过政府引导、市场运作、简化流程、降低成本，实现改善居住条件、激发市场活力、盘活存量资源、提升城市品质的综合效益最大化。

此外，南京在更新过程中坚持贯彻文保要求，提前开展涉及历史建筑补充调查，做到"应保尽保"，避免造成不可逆损失（图 3-27）。例如，南京通过"留改结合"，采取产权为基、自下而上、渐进式更新，开展小西湖城南传统民居历史地段微更新，激活历史记忆，激发街区活力；通过拆留结合，引入市场资本，深度吸引公众参与，将石榴新村棚户区（图 3-28、图 3-29）进行市场化城市更新，提高可行性，实现居民、市场、政府共赢；通过以拆为主的方式，鼓励居民自筹资金，政府共同推进，开展虎踞北路 4 号（图 3-30）自筹资金危房翻建工作等。

⑤ 稳步开展环境综合整治

南京的环境综合整治工作主要包括道路环境整治、背街小巷及片区整治、重要节点和道路街头微景观营造和公厕改造四类。近年来，南京相继出台了《南京市街道整治导则》《南京市街道设计导则》《南京市色彩控制导则》《南京市公共空间设计导则》《建筑立面整治技术导则》等标准文件（表 3-3），进一步强化"城市更新"工作的制度保障。在此基础上，开展了太平南路、北京东路、凤台南路（图 3-31）、迈皋桥老街等环境综合整治，汉中门北广场、东水关公园等绿地提升工作。2017—2019 年间，南京共完成 1773 条街巷环境整治工作。

图 3-28　石榴新村现状图

图 3-29　石榴新村改造意向图

图 3-30　虎踞北路 4 号危房改造前和公示设计方案

南京有关环境综合整治的政策文件　　　　　　　　　　表 3-3

序号	政策名称
1	《市政府关于印发南京市动迁拆违治乱整破暨环境综合整治重点任务的通知》（宁综指〔2012〕11 号）
2	《关于全面推行"河长制"的实施意见》
3	《南京市河道蓝线管理办法》
4	《南京市主要污染物排污权有偿使用和交易管理办法》

续表

序号	政策名称
5	《南京市水环境提升行动计划（2018—2020 年）》
6	《市政府关于印发〈2017 年南京市城市精细化建设管理十项行动方案〉的通知》（宁委发〔2017〕12 号）
7	《2017 年南京市城市精细化建设管理十项行动方案》
8	《2017 年背街小巷精细化整治实施方案》
9	《2018 年背街小巷精细化整治实施方案》
10	《店招店牌精细化管理使用手册》
11	《2018 年度公共空间"微更新、微幸福"活动工作方案》
12	《关于加强全市工业企业退役场地再开发利用环境安全工作的实施意见》
13	《南京市土壤污染防治行动计划 2017 年度实施方案》
14	《南京市"十三五"绿道建设计划》
15	《南京市城市设计导则》
16	《南京市街道设计导则》
17	《南京市街道整治导则》
18	《南京市色彩控制导则》
19	《南京市公共空间设计导则》
20	《建筑立面整治技术导则》
21	《城市道路杆件设置管理办法》
22	《园林绿化精细化管控技术导则》

图 3-31　凤台南路人行天桥段整治前（左）后（右）对比

综上所述，中华人民共和国成立以来伴随社会经济快速成长，南京城市空间发展从初期在老城内填充补齐，到以主城功能提升为主，再到跳出主城迈向都市区建设新城新区，从秦淮河迈向扬子江，建立起多心开敞、拥江发展的大都市空间格局。特别是从 1978 年到 2019 年，南京城市建成区面积从 116km² 拓展到 823km² 左右，年均增长约 17km²，城市空间快速扩张。从城市更新的视角，历经了从"大拆大建"外延式扩张到城市品质和活力提升的内涵式发展，城市更新将成为今后南京城市规划建设的重点任务，城市发展从增量扩展转向增存并重。首先，2000 年以前，伴随着新区建设与旧城改造的双管齐下，城市空间呈现出典型的外延式扩张特征，老城周边建成了南湖、五塘、锁金等居住区和燕子矶、雨花等工业基地，老城内建设了金陵饭店、玄武饭店等一批高层建筑。而且，由于当时历史文化保护意识不强，填充补齐式的建设模式对城市肌理和历史文化风貌造成了一定的破坏。其次，21 世纪以来的十年间，以"保老城、建新区"为方略推进新区开发与老城改造，大力建设河西新城区和仙林、东山、浦口等多个新市区，城市更新逐渐从"拆改留"式推倒重建开始转向小规模、渐进式城市有机更新，老城环境整治成效明显，实现"显山露水、见城滨江"，城市整体功能得到提升。随后，党的十八大以来，南京城市发展进入有机更新、积极创新的新阶段，通过实施"121"战略，实施"留改拆"城市更新模式，注重保护和利用历史文化资源，完善公众日常生活和公共交往活动需要的公共设施，构建政府引导、市场运作、多元参与的社会治理体系，发挥市场自下而上发展动力，更好地盘活存量资源，提升城市发展能级。

3.2 南京城市更新工作成效及总结

3.2.1 工作成效

随着城市增量空间约束的不断趋紧，近年来南京通过加强盘活城市存量空间，做优增量空间，以城市更新助力空间发展方式转变，鼓励土地立体开发和复合利用，在城市环境提升与改善、区域功能疏解与升级、土地利用集约与优化、城市经济转型与活化、地方文化彰显与振兴等方面取得积极成效。

（1）城市环境的提升与改善

南京城市更新经过近 40 年的实践探索，城市环境得到极大提升与改善。更新工作统筹老旧片区改造、完善公共服务和基础设施配套、大力整治城市环境、营造绿色空间、公共空间，针对老旧小区、旧危房、棚户区等地段的更新改造，重塑了老城风貌，对居住片区开展综合性、全方位、高标准的整治，保证了生活社区的生命力。南京还以水环境、道路街巷、市容市貌、城市杆线等为重点，以"净化、洁化、序化、美化、绿化、亮化"的"六化"整治为抓手，高起点、高标准、高质量推进环境综合整治，实现河道清洁、道路平整、市容整洁、标志规范、设施可靠、夜景靓丽、管理有序、空气质量改善的目标，打造"天蓝、地绿、水清、路畅、城靓"的城市环境。此外，南京以精致建设、精明增长、精细管理、精美品质为工作导向，切实优化城市空间布局、文化特色、生态环境，彰显城市个性，提升城市环境品质，打造高品质城市生活。

（2）区域功能的疏解与升级

城市更新不仅仅是解决物质形态老化问题的工具，还是一种以公共利益为首要前提，不断调整和优化城市功能结构以适应社会经济快速发展的集约式发展模式。南京以壮士断腕的决心和勇气转移高污染、高耗能的老工业区，对老工业区及周边城郊接合部进行拆除重建。通过整合存量空间资源，推进低效用地再开发，重新设计城市布局，推进产业园区及综合服务区建设，落实重大基础设施，保障公共利益项目实现，保护和修复传统历史文化片区等。一方面，城市制造功能不断向郊区疏解。21世纪初，南京城市核心区内积聚了全市3/4的制造业企业，绕城公路以内不足全市10%的面积，承载了64%的企业和61%的从业人员；到2008年，郊区制造业企业占比超过半数，城市核心区制造业企业占比下降20.8%。另一方面，城市内部就业结构持续升级。2000年以来，南京主城六区制造业从业人员占比均有不同程度下降，尤其秦淮、鼓楼等老城区降幅均超过10%，服务业从业人员比重显著提升，城市就业空间获得重构，城市功能不断升级，城市综合竞争力不断提高。

（3）土地利用的集约与优化

南京以规划和政策为引领，实行建设用地总量和强度的"双控"，在盘活城市存量空间的同时兼顾增量空间做优，推进城市更新和城镇低效用地再开发，以存量促转型，以减量提质量，城市土地集约利用水平不断提高，城市空间开发方式得到转变。南京通过将集约节约用地要求、处置方式和退出机制等作为用地出让约定条款，强化土地出让的集约用地导向；同时，引导低效土地转型升级。此外，南京鼓励产权主体、市场主体对低效用地进行再开发，重新建设或改造为非商品住宅类经营性项目，重点提高土地利用效率和质量，推动闲置厂房转型为产业园区，并将土地产权分割转让给小微企业。这种方式既提高了地均产出，又促进了中小型工业企业的成长和集聚。2019年，南京市存量建设用地供应率已达到64%，全市共完成102宗约416hm² 城镇低效用地再开发项目供地手续。

（4）城市经济的转型与活化

南京通过设施嵌入、功能融入、文化代入等举措，不断提升街巷空间品质和文化魅力，融入新业态、带动新消费，力求实现生态、生活、生产、生意"四生合一"。比如，南京大力推进"硅巷"建设，就是用科技创新和文化创意激发老城潜力，焕发古都活力。一方面，城市经济结构向服务化、集约化转型。南京将分散的功能相对集中，以促进产业集群，形成良好的产业经济生态圈。同时，深化与强化主要城市功能，突出其特色，形成核心竞争力。如聚力培育"4+4+1"主导产业，重点打造人工智能、集成电路、新能源汽车等产业地标，加快推动"两钢两化"企业转型。另一方面，利用存量用地促进新型研发机构、科技公共服务平台落地。南京鼓励利用存量用地和建筑，建设新型研发机构、科技公共服务平台，加快聚合以科技文化服务功能为重点的高端功能，强化老城科技文化服务功能，以此长期引导南京主城功能重组与空间重构。

（5）文化特色的彰显与振兴

城市更新是城市发展进程中的必然阶段，不仅是对城市物质生活环境的改善，更是对城市文化特色的弘扬和城市综合竞争力的提升。南京在有度更新、有序更新、有情更新、有机更新的融合下，积极探索历史建筑在保护前提下的合理利用。在保护历史价值和保证安全的同时，选取一定数量的历史建筑开展试点工作，如已开展了包括夫子庙街区、老门东街区和小西湖等地块的相关工作。历史建筑的改造保留了南京老城区特有的文化气质，在此基础上建立起来的地方软实力成了南京相较于其他城市竞争力提升的关键，满足了城市差异化发展。在改造过程中，南京对历史元素的局部异化与传承使得历史与现代并存，让历史建筑在保留与传承中寻找到了一种螺旋上升的动态平衡。南京通过摒弃将文化符号仅仅当作装饰与工具的惯性做法，在文化资源与旅游经济结合的同时，结合地方社会文化价值与历史文化价值，保留原住民的生活方式，注重老城"生活态"的延续，真正达到了地区历史文化、社会服务与商业经济的多元复兴。

（6）更新政策的创新与完善

经过多年探索，南京构建了一套极具特色的城市更新理论与框架，不断演进的城市更新政策体现了南京丰富的实践经验。党的十八大以前，南京针对老工业区、城郊接合部和历史地段主要采取"拆除重建"的更新方式，先后出台了《关于推进四大片区工业布局调整的决定》《动迁拆违治乱整破暨环境综合整治重点任务》《南京市主城区危旧房、城中村改造工作实施意见》等文件，同时采取"以地补路"，引入市场力量，目的在于改善城市面貌、完善城市功能、实现政府经济收支平衡。随着城镇低效用地再开发、居住类地段、历史地段城市更新等政策的出台实施，南京城市更新从单纯的物质更新改造向多元内涵式更新模式转变，不断吸纳前沿精神，强化产权意识，体现以人为本的思想内涵，为城市更新工作注入新的活力，更新工作进入到系统化政策指引、多元化共建共享的新阶段。其一，对于城镇低效用地，南京积极探索，不断完善低效用地再开发的相关政策，在《关于深入推进城镇低效用地再开发工作实施意见（试行）》中，通过政策松绑与措施激励相结合，从范围模式、工作程序、用地政策、激励措施、保障机制五个方面，对南京市的低效用地再开发工作进行了全面优化，加大政策支持力度，简化办理流程，调动各方积极性，有序推进低效用地盘活，推动城市存量空间改造。其二，对于居住类地段，提出结合危旧房、棚户区改造工作，率先制定居住类地段城市更新的指导意见，并将其作为城市更新工作的突破点和试验区。该"指导意见"通过建立居住类地段城市更新的制度框架，明确更新的基本原则、工作思路和实施路径，并为各区制定实施细则提供政策框架指引，发挥自下而上的作用，建立起政府、居民、开发商之间的良性沟通平台，充分保障了居民利益，确保了更新改造效果。对于历史地段，注重保留历史文化肌理，尊重原住民的权益。

3.2.2 工作总结

（1）模式转变

南京的城市更新模式经历了由"拆改留"向"留改拆"的转变，实践证明粗放式的更新改造模式使城市经历了巨大的"阵痛"，并且长时期依靠政府"输血"不能够自我健康循环。南京城市更新实现了"拆改留"向"留改拆"的稳步转型。2010 年前，以"拆改留"式土地再开发为主，拆除为主、改留为辅，更新速度较快，更新规模较大，但不注重历史文化的保护与传承，容易产生千城一面的同质化现象，同时居民的参与程度不高，治理模式相对粗放。党的十八大以来，南京的城市发展开始摒弃单一主体主导、高增长低效率的模式，明确提倡城市更新模式转变为"留改拆"，为城市留住文脉、留住风貌、留住记忆成为首要目标，路径上从连片化、政府主导，转变为常态化、小规模、政府引导、社会多元参与模式。实践证明，城市更新模式的转变有利于城市历史文化遗产保护、有利于城市特色塑造、有利于社会各界多元参与、有利于发挥经济社会综合效益。尤其是在步入"十四五"转型发展的关键时期后，落实国家战略部署，南京将城市更新作为城市高质量发展的重要抓手，不仅在有限的城市空间中寻求发展出路，更将全面创新、可持续发展、以人为本、文化自信等多元发展目标逐渐渗透其中。

（2）规划引领

改革开放以来，南京四轮城市总体规划为城市发展奠定了坚实基础。尤其是党的十八大以来，为促进城市的可持续发展，南京不断深化实践探索，聚焦盘活存量土地资源，初步实现了土地利用由"增量扩张"向"存量更新"方式的转变。新时期，南京围绕"人民满意的社会主义现代化典范城市"的目标愿景，从区域、空间、产业、文化、品质等五个方面出发，重点谋划未来城市发展方向。全市城市更新工作坚持以国土空间规划为指导，构建"城市更新专项规划—城市更新分区规划—城市更新单元规划"的三级体系，以城市更新规划统领各项更新工作有序开展。城市更新专项规划主要制定城市更新总体目标，制定城市更新分区指引，划定分区更新实施绩效考核指标，引导城市更新规模增量，有序调控更新单元计划规模，统筹引领城市更新工作。城市更新分区规划主要以行政区划为界编制，在分区层面衔接规划管理与行政管理，从地区发展的整体利益出发，在中观层面协调规划管理和项目实施。城市更新单元规划是更新活动的基本空间单位和调节城市更新利益平衡的重要抓手，将单元规划纳入控规体系，对单元内产业发展、功能提升、设施完善、历史文化保护、生态修复等开展专项研究，描绘出地块发展详细蓝图，作为管理城市更新活动的基本依据。

（3）系统推进

全生命周期理念是将城市作为一个生命体，其核心在于强调城市规划、建设和管理的整体性，实现城市规划、建设、管理的系统化闭环、一体化协同及全要素管控。近年来，南京坚持规划先行与建管并重相结合，强化底线思维和忧患意识，系统推进 BIM、CIM 数字孪生城市建设，引领韧性、绿色和智慧城市发展新形态。如南京加快推进韧性城市建设，提高城市防灾减灾和安全保供能力；大规模增绿复绿，加快重点流域片区雨污分流管网清疏修缮，最大限度减少降雨对城市运行的影响；基于智慧政务打造智慧工地、智慧交通、智慧停车等场景应用，实现智慧工地全覆盖，推进小微堵点改造、城市路网连通、重大枢纽建设，加快补齐交通安全短板；借助 AI 技术对城市运行健康进行实时分析，对突发事件快速预警、精准处置；加快应急基础设施建设，系统化提升城市对突发状况的应急处置能力，不断推进南京城市的有机融合更新。

（4）多方参与

南京积极构建多元主体参与的城市更新机制，根据更新改造对象的差异，南京市逐渐探索出了政府主导、企业主导和多方合作等不同城市更新组织模式。政府作为城市的领导者和管理者，承担其推动区域发展和产业升级的作用。如积极探索开展居住类地段城市更新，对地段进行精细化甄别，结合建筑质量、风貌和需求目标，区分需要保护保留、改造和拆除、适应性再利用、可以新建的部分，通过维修整治、改建加建、拆除重建等"留改拆"模式，实现居住类地段的有机更新。与此同时，南京坚持"民主协商、依法依规"的原则，尊重居民意愿，充分征求居民意见，让广大居民参与城市更新的全过程，体现共建共享共治。例如，对房屋调查、居民意见征询、实施方案、签约搬迁、选房安置等情况都进行公示，并鼓励实施主体与居民签订更新协议，自愿向管理部门申请参与城市更新项目。企业和资本是市场的主体，城市存量资产改造、重新定位、运营管理等一系列城市更新相关问题与开发企业密切关联。南京通过积极引入社会资本，促进城市有序更新，并为企业自身赢得更大的发展空间。当城市发展决策中涉及多个利益主体时，倡导建立合作机制，推动多元主体以共治方式参与城市决策，建立一种积极共享的长效机制，提升城市综合治理现代化水平。

政府主导型。政府主导型城市更新指在城市更新中项目开发由政府直接组织，掌握控制权。城市是种种社会行动者利用这一空间进行各种活动的场所，其中地方政府作为城市社会发展的重要把控者、行动者，其行为对城市更新具有决定意义的重要影响。政府通常负责规划、提供政策指引，由政府建设部门与承担更新任务的国有企业签订土地开发合同。政府作为甲方，确定改造范围，规定改造期限，办理用地手续，筹集所需的全部资金，负责协调在更新项目地段内各单位之间的关系，帮助乙方解决开发过程中的有关问题，监督检查规划的开发实施和竣工验收。开发企业作为乙方，按照规划要求，负责拆迁安置工作，组织各种楼宇公共服务设施的建设。低效用地再开发、历史地段、老旧小区改造、居住类地段、环境综合整治等是南京政府主导型城市更新的主要项目。

企业主导型。南京产业结构由工业主导向服务业主导转变的趋势日益明显，为城市功能更新提供了坚实的产业支撑。在产业结构向服务业主导转变的背景下，一方面，原有的房地产空间载体需要对接服务型经济的产业和使用者；另一方面，从业者需要综合利用新的理念和技术手段，对原有的空间载体进行有价值的改造提升。城市核心区正在出现产业重构，对既有的商务和商业空间提出了挑战，无论选择建筑功能的转换还是原有功能的提升，都意味着对房地产存量资源的重新整合，因此企业主导城市更新项目将取得重要突破。主要可通过代理模式和业主模式实现服务增值和资产增值。自改革开放以来，各类企业实施的城市更新均形成了具有盈利价值的商业模式，但也不同程度地带有局限性。开发企业主导下的城市更新有以下几种商业模式：一是全面重建。包括棚户区改造和老工业区改造。大多数的棚户区改造是以政府为主导的民生居住工程，以公益性为主要目标，但政府可以采取市场化运作的方式，例如通过实施财政补贴、税费减免、土地出让受益返还等优惠政策，或配建一定比例的商业服务设施和商品住房来让渡部分政府收益，吸引企业参与。二是功能改造。包括老旧商业区改造和老旧居住区改造。旧商业区改造通常针对的是传统商业物业，通过对其进行空间改造、品牌升级、主题街区改造，实现老商业资产的新生。老旧居住区改造是对存量住房进行的综合改造，与棚户区改造不同，纳入改造的项目往往不需要全部拆除重建，而是拆旧与建新相结合，资金来源上多渠道，可采取政府、居民、社会、产权单位、社会机构等多主体筹集。三是综合整治。包括历史文化街区改造、城市公共空间改造。历史文化街区改造是在历史建筑基础上，融入更多文化创意，在最大限度保留和延续历史文化价值的基础上，充分发挥其经济、社会价值，用产业带活片区经济。城市公共空间改造主要是满足公众日常生活和公共交往活动需要的公用空间的改造，补充公共设施，提升城市景观，优化市政交通。近年来，南京积极鼓励和探索这种方式，但由于未来收益不确定，因此企业参与的方式仍在探索之中。

多方合作型。城市更新不仅要坚守生态底线，还要做到提升城市功能、改善城市空间品质，因此需要多方利益相关者共同参与，互利共赢。旧城改造和城市更新的参与方包括政府、开发商、业主、基金机构等，加之区域情况差异、存量物业类型众多，不论是改造方式还是更新后的盈利模式都值得探索。政府出让所持物业一定年限的经营权，吸引社会企业投资，由企业负责改造、建设和运营，运营期满后交回政府。这一模式形成了政府、群众和企业多方共赢。但较长的开发周期、前期资金投入多、改造成本高等一系列难题，也是对企业的资金、运营、资源整合等各方面能力的综合考验。

（5）政策创新

根据更新目标与任务的不同，南京市城市更新政策大致分为居住类地段城市更新和非居住类地段城市更新。其中，居住类地段就是指以危破老旧小区为主的地段，非居住类地段就是包括了旧工业、旧商业、老校区等的非居住类地段。

① 居住类地段城市更新政策

在老旧小区整治方面，南京一直坚持探索多渠道、多样化的安置补偿，以等价交换、超值付费为原则，提供等价置换、原地改善、异地改善、放弃房屋采用货币改善、公房置换、符合条件的纳入住房保障体系等方式，满足不同群体的需求。南京从 1998 年开始实施针对全市 1992 年之前建成的城市住宅社区的出新工程，随着时间的推移，在工作中将 1992—1996 年之间建设的社区也包含进来。随后相继出台《南京市住宅小区出新达标管理规定》《南京市住宅小区出新实施意见》和《南京市住宅小区出新验收评比工作实施意见》等一系列文件，明确初出新目标，统一标准。随后，借助大型体育赛事之机，出台了《2013 年南京市旧住宅小区出新工作实施意见》，全面改善城市环境，大力推进小区出新工作。2017 年，南京出台《老旧小区整治工作手册》，明确了 16 类 72 个子项的具体整治内容，具备条件的小区不仅需要实施杆线下地、分设雨污立管和收集井、增设餐饮店排水截油槽，还要体现"海绵城市"理念，打造下沉式绿地，路面材质将摒弃以往的水泥，全部改成面包砖或透水沥青。2020 年，《国务院办公厅关于全面推进城镇老旧小区改造工作的指导意见》(国办发〔2020〕23 号)，再次明确老旧小区的改造范围，扩大弹性空间。同时确定改造内容和主要途径，一条途径为政府的政策鼓励和资金支持下推动的居民自主半自主改造，另一途径为政府调控动迁后开发商作为业主整体改造运营。

在棚户区改造方面，改造范围和补偿方式不断明确。2016 年，南京出台《关于加快推进棚户区（危旧房）改造货币化安置的意见》，推进棚户区（危旧房）改造货币化安置，在提高货币化安置比例的同时，对选择货币补偿且符合条件的，给予不超过房地产评估总额 20% 的奖励，以期实现棚户区改造与房地产市场联动，促进房地产市场平稳健康发展。2018 年，南京发布《关于城市棚户区改造范围和界定标准的通知》，明确城市棚户区改造范围、棚户区改造项目界定标准等。同年，出台《南京市棚户区改造和老旧小区整治行动计划》，要求在 2020 年前完成 418 个棚户区的全面改造，面积达 1500 万 m²，涉及 11 万多户、936 个老旧小区，并对拆迁安置问题和征收补偿安置作出明确规定。

存量用房也陆续出台改建更新政策。存量用房改建养老设施方面，在《南京市养老服务设施规划建设管理办法（试行）》（宁政办发〔2017〕125 号）中明确包括提交程序性材料、民政部门核查性质等各职能部门办理程序。存量用房改建租赁住房方面，在《市政府关于印发南京市市场化租赁住房建设管理办法的通知》（宁政规字〔2019〕9 号）中，明确园区内工业厂房和商办用房可按照房屋结构改造和使用功能改变两类办理相关改建程序。

目前，南京老城改造已从传统的"征收拆迁"向"留改拆"方式转变，老城区的存量更新成为规划建设的主要任务。虽然在危房改造、环境整治等方面出台了更新政策，但总体仍属单项和碎片化。为此，南京结合危旧房、棚户区改造，制定《开展居住类地段城市更新的指导意见》，这一政策主要指导老城区中危破老旧居住类地段的改造工作，着力解决居住类地段改造中遇到的土地、资金等瓶颈问题，在规划、土地、资金支持、不动产登记等方面，加大了政策支持力度。

② 非居住类地段城市更新政策

低效用地再开发方面。南京印发了《关于推进城镇低效用地再开发促进节约集约用地的实施试点意见》（宁委办发〔2014〕81 号），对城镇低效用地再开发范围、享受政策及工作组织方式都逐一明确。2016 年，为进一步推进供给侧结构性改革，切实提高土地资源要素配置效率和产出效益，在《江苏省关于促进低效产业用地再开发的意见》中对低效用地再开发进行认定，明确分类供地政策和实施规范。2019 年，南京出台《关于深入推进城镇低效用地再开发工作实施意见（试行）》（宁政办发〔2019〕30 号），进一步放宽低效用地再开发政策限制，从范围模式、工作程序、用地政策、激励措施、保障机制等方面对低效用地再开发工作进行全面优化，以鼓励和引导全市上下形成集约用地、节约用地和"以亩产论英雄"的鲜明导向，将对提高土地资源配置效率和产出效益产生重要而深远的影响。

历史文化名城建设方面。2011 年，南京出台《关于进一步彰显古都风貌提升老城品质的若干规定》，明确了明城墙围合范围内老城的规划管理，凸显了南京古城保护的一系列刚性指标，清晰描绘了南京坚持文化为魂，加强文化遗产保护的现实路径；同年 10 月，出台《关于坚持文化为魂加强文化遗产保护的意见》，要求在坚持"保护为主、抢救第一、合理利用、加强管理"的方针下，实施最科学的保护规划，执行最严格的保护制度，采取最有效的保护措施，提升文化遗产的保护利用水平。2015 年，公布《南京市重要近现代建筑保护与利用三年行动计划》，围绕"一轴"（中山大道民国轴线）以及"21 片区"，至 2017 年完成 218 栋及 15 栋零星重要近现代建筑的保护修缮与环境整治。2016 年，根据《关于加强南京城墙保护和利用，构建环城墙文化、休闲、旅游绿色生态带的建议案》的批示意见，南京按照市第十四次党代会提出的"加强文化建设，坚定文化自信，增强文化自觉"的明确要求，进一步加快世界级旅游品牌建设，打造南京国际文化交流新名片。

微更新微改造方面。2018 年 4 月，南京出台《2018 年度公共空间"微更新、微幸福"活动工作方案》，要求对小微公共空间实施精细化改造，重塑区域功能，提升人居生活品质。对此，创新地采取了"居民民意共创会"形式，深度倾听民意；同时，采取全城招募设计团队等方式，借助专业力量做好功能设计，力争把"微更新、微幸福"工程打造成"真实事、真幸福"工程。同年，南京执行城市精细化建设管理十项行动方案，根据《城市治理与服务十项行动方案》和《2018 年南京市城乡建设计划》，进一步提升城市精细化建设管理水平，建成了一批设计优秀、管理精细、工艺精湛、质量优良、群众满意的精品工程、民生工程，努力提升城市宜居品质，提高群众的获得感和满意度。

③ 技术标准与规范

为配合城市更新政策实施，南京市针对老旧小区和棚户区改造、历史地段保护与利用、低效用地再开发、环境整治提升等方面制定了一系列技术标准与规范，用以指导实践（表 3-4）。

南京现行城市更新相关标准规范一览表　　表 3-4

类型	政策名称	政策要点
老旧小区和棚户区改造	《棚户区改造和老旧小区整治行动计划》	对征收拆迁费用给予 5000 元 /m² 补助，对房屋拆除后建设市政基础设施或绿地，还将按现行城建管理体制给予市级补助；安置房不再集中建设，部分项目就近安置；鼓励货币化安置，最高可获 20% 奖励
	《旧住宅小区出新工作实施意见(2013)》	以鼓楼、新街口、河西、迈皋桥、双桥门、卡子门等地区为重点，以惠民生、解难题、提环境为要务，安排 1998 年前建成的 2 万 m² 以上的老旧小区作为出新重点，同时各区政府按照市环境综合整治指挥部的统一部署，结合干道街巷整治等工作，自行组织 2 万 m² 以下的小区出新
历史地段保护与利用	《历史文化名城名镇名村街区保护规划编制审批办法》	历史文化街区保护规划包括下列内容：评估历史文化价值、特点和存在问题；确定保护原则和保护内容；确定保护范围
	《江苏省历史风貌区保护规划编制导则》	明确规划编制的组织、资质、审批、修编和大纲内容等
低效用地再开发	《南京市节地提效保发展实施方案》	推行差别化供地；统一土地出让价格；调整用地结构；扶持科研用地等
	《南京市露采矿山环境治理实施方案》实施细则	将矿山环境治理与生态修复相结合，与土地开发利用相结合，与复垦耕地、增加建设用地指标、矿山土地开发利用、部分宕口用作渣土弃置场相结合
	《市政府办公厅关于深入推进城镇低效用地再开发工作的实施意见（试行）》（宁政办发〔2019〕30 号）	明确低效用地再开发的范围、再开发的主要模式；明确工作程序；设置激励措施
环境整治提升	《南京市背街小巷精细化整治达标基本标准》	分为落实城市管理长效机制、加强门前三包管理、有序户外广告和店招标牌管理、占道经营管理、围墙立面整洁、街巷卫生整治、执法管理到位、拆违控违有力、设绿化完好、停车整齐有序十大类 31 项
	《店招店牌精细化管理使用手册》	对街巷店招标牌的内容、尺寸、色彩等都作了详细设置规范；按严控区和适控区分别管理
	《南京市街道整治导则》	加强建筑物立面管理和色调控制，规范报刊亭、公交候车亭等"城市家具"设置，加强户外广告、门店牌匾设置管理

（6）机制保障

① 激励机制

南京通过制定奖励性政策和激励性手段，形成了较为精细的奖励机制，以民主协商的形式让广大居民参与城市更新的全过程，同时也起到吸引社会资本的作用。在旧城改造和城市更新中，高额的土地成本和项目投资使政府意识到建立公共政策引入非政府投资有利于减轻公共财政负担，同时实现"负外部性"内部化。为了充分尊重权利主体意愿和调动市场积极性，政府改变了过往治理模式中单方制定计划的机制，让权利主体和市场主体参与到计划制定中。通过学习借鉴各地先进经验，以货币化安置、奖励补偿等方式完善当前征收补偿机制，做好居住用地改造政策的创新研究工作；充分发挥街道、社区基层组织作用，加强政策法规的宣讲和治理方案的宣传，深入一线做好群众工作，积极争取群众的理解和支持，科学合理谋划编制居住用地更新改造工作计划；实地调研明确更新改造对象、问题及要求，做好入户调查、征求群众意见、方案选择等前期工作，研究市场化模式，提前做好资金收支平衡方案，本着"适度适宜"的原则确定整治标准，改造重点与民生关切相结合；鼓励和支持国有平台公司包括社会机构参与老旧小区改造整治，创新资金来源渠道，鼓励社会资本参与，做到整治资金多元化，以弥补改造资金缺口和不足。在利益分享上，南京市也改变了以往政府统征统补的模式，逐步探索区域利益共享机制。

② 综合治理机制

近年来，南京建立健全多部门规划协同编制、实施与管理机制。在空间总体规划的引领下，发改、规划、国土等部门协同编制都市圈空间规划、城市控制性规划和土地利用总体规划，以确保各类规划衔接一致，也更易于兼顾好规划的刚性和弹性，形成刚性与弹性相结合的土地利用管控体系。这为实行土地利用精细化管理和差别化管理奠定了基础，提高了规划管理质量和效率，减少了闲置低效用地的产生。同时，因地制宜，坚持"一房一策"要求，对具有历史文化底蕴、具备文旅开发潜力的，最大限度保留其原始面貌，主要做好加固修缮和违建清理等工作，并积极引入文创、民俗等新业态，打造文旅新热点；对修建时间长、房屋结构老化、抵抗自然灾害能力弱、改造价值小的，应拆就拆、不留隐患；对适宜改造的，区分轻重缓急，分年度、分步骤、分类型实施改造，优先解决影响居民基本生活的用水、用电、用气、交通出行及安全隐患等问题；对海绵小区、智慧小区、加装电梯等提升类改造，可根据财政配套能力、小区居民意愿进行针对性改造，建立理念和形式并进的城市更新综合治理体系。

③ 协同合作机制

一方面，顶层设计与基层创新结合。南京积极探索城市更新的总体战略，提出分区分类分级的政策导向，在顶层设计与基层创新的框架下，协调和激发多个部门优势。另一方面，南京通过制定更新规则、明晰角色定位、寻求利益平衡、促进平等协商等方式，形成了"政府—权利主体—市场主体—公众"等多元主体的协同合作机制，并结合城市发展的目标导向，在实践中不断反馈优化政策机制，力图推动形成政府统筹、市场运作与多方参与者互动协同的新格局。此外，在规划制定中将南京放在江苏省乃至长三角区域中，以协同规划理念推动实践，打造出一个协同创新的生态圈，构建配套齐全的创新活力区。

④ 监督反馈机制

南京在规划实施阶段进行严格的管理监督，构建反馈机制，形成长效管理机制，巩固更新成效。在《开展居住类地段城市更新的指导意见》中，着重强调各有关部门要及时收集居住类地段城市更新项目推进过程中的政策制度、矛盾问题、实施成效，做好分析评估和实施总结，并及时优化调整更新模式和政策机制，不断改进和提升城市更新工作质量。同时，完善目标考核机制，将城市更新工作列入市对区精细化管理的考核指标。总之，南京不断反思过去大拆大建的后患和教训，通过反馈机制，充分认识到小规模、渐进式开发、建设区成本控制、增强活力、提升品质才是南京未来城市更新的重点，由此不断创新治理格局。

3.2.3 面临困惑与问题

当前我国城市规划、土地、建筑管理等技术标准、管理制度、法律法规基本上都是适应改革开放后大规模城市快速扩张而建立的，对于存量用地、既有建筑更新改造的制度设计极为缺乏。当城市发展阶段由增量开发进入存量更新后，原来的工作理念、运行方式、实施模式、政策制度等均要及时进行更新和变化。所以，在一定程度上，适应城市更新的制度设计比物质空间设计更为重要。为此，在城市更新过程中，除了物质空间外，还需要对经济、社会、文化、治理、时序等多维度全要素全过程进行整体统筹和综合协调。必须以兼顾公平与效率、以人民为中心为价值取向，以土地集约利用、民生条件改善、环境品质提升、城市功能完善、历史文化传承、产业转型升级、发展活力激发、多元协同治理等更长远、更综合和更全局的发展目标为导向，以"自上而下"与"自下而上"双向驱动和"放管服、创新赋能、社会赋权、市场运作"的新更新模式探索为突破口，面向城市更新工作的现实需要，深入认知存在问题，以期为今后的工作方法和规划路径创新提供参考。

（1）现行产权制度不适应存量更新产权重构需求

城市进入存量更新阶段，城市内部空间需要功能重整和重建，需要因地制宜地针对不同更新对象运用保留、保护、整治、改善、再开发、更新、再生以及复兴等多种方式进行综合性更新改造。其间，用地空间必然涉及产权的重新调整和优化配置。然而，长期以来对产权制度设计的计划经济痕迹过重，而对市场经济的适应性不足。一是土地空间形态调整机制缺失。现实中用地权属边界往往并不规则甚至犬牙交错，进而在城市更新的利益格局重构过程中，受产权约束而难以对用地形态进行局部优化和调整，难以保证零星低效用地规整、道路及公共设施空间落地，缺少执行的规则和依据，还会面临较大的法律风险。例如，新的《土地管理法》允许集体经营性用地入市，可能会带来国有土地和集体土地犬牙交错现象。对此类区域的城市更新则必然产生用地权属边界调整的需求，若采取过去征收的方式则不合时宜，目前尚缺少集体建设用地管理制度的支持。二是与产权重构相适应的管理制度和工作依据缺失。在城市更新中，产权缺失、改变土地使用用途、空间复合利用等现象普遍而客观存在。根据现行规则，不动产登记应以规划许可为前提，以权源合法为原则，要求房地性质一致。但是，目前对缺失相关立项和规划建设、验收手续如何认定，对历史遗留的权属来源材料不全如何认定，对有权属争议如何调处，对违法建设如何认定或认定困难，以及对土地出让金如何补交，对更新改造完成后不变性土地增值收益如何征缴等均缺乏工作依据，具体操作面临一定困难，因此需要完善相关制度配套和政策体系。例如，南京涉及危房改造的更新项目，目前只能遵循"三原"（原地、原面积、原高度）原则翻建，此举解决了相邻关系问题以及原物权登记等问题。但是，按现行《物权法》，若增加配套，则无法解决产权登记问题，不能很好地解决危旧房翻建后的城市环境和功能改善问题。

（2）现行标准规范不适应存量更新改造需求

现阶段南京在城市更新地块城市设计、修建性详细规划、建筑改造设计等物质环境设计方面正积累经验，成功完成一批优秀项目。但是，总体上城市更新相关法律法规和技术标准缺失，而且现行技术标准规范多针对城市新建地区，对于旧区尚未进行全面而深入的研究，在城市更新中难以执行和实施。尤其是适应新建项目而设定的日照、安全、间距、消防、节能、地下管线等技术标准在城市更新改造中不合时宜，亟需建立健全针对存量用地和既有建筑更新改造的技术标准体系。例如，秦淮区越界梦幻城由工业用地（南京工艺装备厂）更新改造为科创园区，类似的旧厂房改造重生项目往往受到资金投入、产权关系等因素影响，土地性质短期内难以改变，进而导致在现行消防、安全等标准和制度下，已改变使用用途的建筑难以进行合理化改造和消防验收。再如，玄武区卫巷老旧小区改造后，尽管片区整体环境品质得到极大提升，但部分住户仍未达到现行日照标准。

（3）现行规划管理制度不适应存量空间管控要求

其一，如何处理好近期更新需求与长期规划控制的关系，是存量空间规划管理的关键。城市规划的公共政策属性主要体现为以较长年限发展管控为根本，重在从中长期有序控制城市功能布局优化调整。而城市更新重在满足近期发展需求，土地用途调整则更多地体现实施性而侧重考虑现状和效益产出。城市更新过程中，需要妥善处理好近期与远期的关系，但是目前控制性详细规划作为社会利益调整的社会契约、公共规则和公共政策，因为缺失综合效益导向下的规划动态调整和更新机制，所以不能充分保障规划的权威性、科学性和实施性。如老城区内小规模更新地块设计方案按照居民意愿多采取就地安置方式，但在建筑高度、间距、日照标准等规划条件约束下难以实施，亟待建立包括基准地价、更新地块评估标准、更新单元划定、公共设施配套、容积率管理等内容的更新空间规划管控体系。

其二，现行批后管理制度不能适应存量更新中建筑功能改变的行为管理。在长达几十年的建筑使用过程中，若需调整建筑用途而应采取的规划管理方式尚待进一步研究。目前，国有土地征收—拆迁—招拍挂的土地管理方式已不能适应存量更新用地的规划管理要求。增量经营性用地必须实施征收、拆迁后才能通过招拍挂方式出让，未来土地使用者和原使用者没有关系，同时净地出让又要求必须拆除地表附着物。不同的是，城市有机更新地块则需要原有权利人参与，故而原权利人发展意愿与规划管控要求是否一致，则攸关实施结果。若土地使用者试图改变用地性质实施更新，而与规划控制要求不一致，则难以实施。一般而言，规划许可的必要条件是立项、土地证、规划用地性质均一致，否则规划不予许可。但是，对于更新地块而言，以上三者之间往往并不一致，进而无法发放规划许可。因此，如何处理规划用途管制权与原权利人的土地发展权的关系，目前法律法规的界定尚不清晰，需进一步明晰城市更新各类主体的权利、义务范围，尤其是面向城市更新规划实施和时序安排，合理界定城市规划警察权、土地发展权、所有权、收益权及相关关系。

（4）现行商业模式不适应存量更新综合效益实现

钱从哪里来，资金如何平衡，是城市更新实施的核心问题，但目前国内对城市更新的经济投入研究尚显不够。部分实施项目由于受资金投入约束，而不得不追求当期就地经济平衡，进而造成"拆一建多"而带来规划失控，空间失序。城市更新不是简单的"拆旧建新"，而要统筹平衡经济产出与社会效益，不能再沿用过去政府主导或地产开发商主导的商业模式，而要深入研究融资渠道多元化、资金来源稳定化、可持续发展的商业模式。尤其是，针对不同类型更新对象的公私社会多方合作投入机制，与各级政府事权相匹配的政府财政投入机制，鼓励市场主体参与的激励机制，鼓励金融产品创新支持的工作机制等均有所缺失。此外，城市更新中如果不采取征收出让方式，而只是使用权人临时改变用途获取收益，则较难通过一次性的土地出让金来实现涨价归公，而应改变为年租金征收模式，需深入研究国家征缴土地增值收益问题，即利用划拨土地出租或临时改变用途获取收益，以及利用出让用地临时改变用途获取更高收益的，对利用国有建设用地取得超额增值收益的行为进行征缴。但是，目前在政策依据、管理程序、资金收支等方面的制度建设尚待加强。此外，如果政府出于公共利益或其他特定原因，而对更新地块进行规划管制时，也应当给予土地权利人合理补偿。

执笔：官卫华（南京市城市规划编制研究中心副主任）

　　　　王昭昭（南京市规划和自然资源局一级调研员）

　　　　何强为（南京市规划和自然资源局副总规划师）

　　　　马刚（南京市规划和自然资源局自然资源开发利用处处长）

　　　　罗海明（南京市规划和自然资源局总体规划处处长）

　　　　苏玲（南京市规划和自然资源局详细规划处处长）

　　　　陈燕平（南京市规划和自然资源局交通市政规划处处长）

　　　　徐步青（江北新区规划和自然资源局副局长）

　　　　陈阳（南京市城市规划编制研究中心副所长）

　　　　蔡竹君（南京市城市规划编制研究中心规划师）

第4章 南京城市更新对象的基本面分析

南京市域土地面积为 6587km^2，地形地貌呈现"六山一水三分田"的总体格局，低山、丘陵、岗地约占市域面积的 60.8%，水域面积占 11%。全域土地面积在国内省会城市和副省级城市中分别处于倒数第二、第三位。2019 年南京市建设用地总量达到 1724.1km^2，土地开发强度已达 26.2%。城市建设用地为 1089.4km^2，其中居住用地 258.7km^2，工业用地 269.3km^2，公共管理与公共服务设施用地 112.5km^2，商业服务设施用地 77.1km^2。总体来看，南京土地面积少、开发强度大、生态环境保护压力较大，土地节约集约利用水平有待提高，城市发展要高度重视城市更新工作，要向"存量空间"要"增量价值"。

4.1 存量空间数据来源及分析方法

为保证南京城市存量用地底图底数的正确性，结合多年城乡规划现状"一张图"基础数据平台，利用地形图数据、三调数据、地籍数据、影像图（2002 年和 2012 年）及网络大数据（截至 2020 年 7 月），通过相互叠加和校核，运用 ArcGIS 数据分析软件，确定存量用地的位置及边界、规模、性质、权属和建筑年代等信息，并深入分析居住用地及工业用地发展现状。在此基础上，通过与市域国土空间规划（土地利用规划）、城镇开发边界、工业保护线等叠加和比较分析，确定南京存量用地供给规模，为科学制定城市更新规划提供可靠依据（图 4-1）。

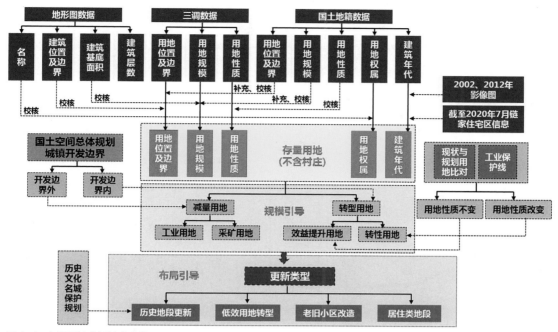

图 4-1 存量用地分析技术路线图

4.2 存量用地分析评估及供给规模

4.2.1 工业用地更新需求

南京是中国近代工业的摇篮，改革开放初期，南京工业主要分布在老城近郊中央门、老虎门、太平门、光华门以及远郊大厂、板桥、甘家巷等 20 个工业区级卫星城。2000 年以前，由于对城市工业发展的空间效益关注不足，只注重量的增加，造成了工业用地布局零散，且部分效益低下、污染严重。21 世纪以来，工业分布按照规划确定的"圈层、组团"空间布局模式，向开发区、高新区集中转移，不断推动产业转型升级和布局优化调整。与此同时，南京市逐步启动主城工业存量低效空间改造升级，重视城市空间品质提升，加快产业转型升级，重点开展江南小化工搬迁。党的十八大以来，重点推进燕子矶、下关滨江、铁北片区、铁心桥—西善桥等地区低效工业用地的再开发。总体来说，除部分已集聚形成规模的工业区外，城区内工业建筑规模较小，分布较为零散。结合 2007、2013、2019 年等年度土地利用现状图对比分析可知，工业用地退出城市中心效果显著，多为居住用地及其他类型用地所替代，零散地块得以整合，工业布局更为集中，成片规模有所增加，主要分布在城区边缘。六合区、浦口区、溧水区与高淳区均已形成颇具规模的工业发展带，工业用地规模增加显著。到 2019 年，南京工业用地面积已达 26925.12hm²，较 2013 年增长 6820.5hm²，但所占城市建设用地比例却有所下降，表明城市工业用地结构调整力度较大（图 4-2），而且今后主城外围的低效工业用地将是存量工业用地更新的主要对象。

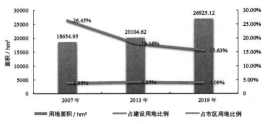

图 4-2　南京市工业用地变化情况

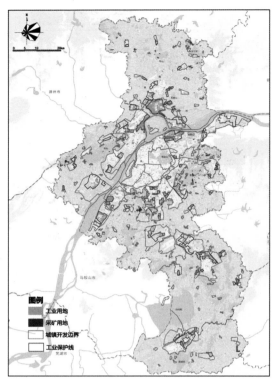

图 4-3　工业采矿用地更新需求空间分析

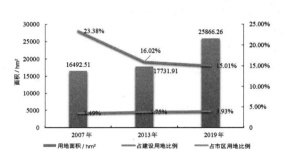

图 4-4　南京市居住用地变化情况

　　根据国土空间规划，城镇开发边界外除村庄、线性工程、重大基础设施、旅游设施及其他点状设施外，其他建设用地均应有序腾退，而且工业保护线是引导工业用地集中布局、保障实体制造空间的底线。为此，必须对工业保护红线内的工业和采矿用地进行保留提升，面积约为 164km²；对于城镇开发边界内和工业保护线外的工业和采矿用地进行转型升级和更新改造，由工业用地转为其他用地，面积约为 80km²；对城镇开发边界和工业保护红线外的工业和采矿用地进行减量处理，从建设用地转变为非建设用地，面积约为 57km²（图 4-3）。

4.2.2　居住用地更新需求

　　南京作为历史文化名城，保留有一定量中华人民共和国成立前的传统居住地段，是存量开发的重点对象之一。改革开放初期，为补足住房历史欠账，解决城市基础设施短缺和返城知青等人员的住房问题，南京市建设了一批标准较低的"临时住房"，一些有条件的企事业单位也在单位空地上插建职工住宅，多为筒子楼单室套，居住拥挤、环境恶劣、缺乏配套，如南湖、五塘、安怀、精灵、锁金、雨花等城市边缘居住区。1990 年代随着住房分配制度的改革，大量商品房住宅区涌现。尽管这个时期的居住建筑已经开始兼顾服务配套及环境质量，但经过多年的变迁，已面临建筑老旧、配套设施不完善、整体风貌

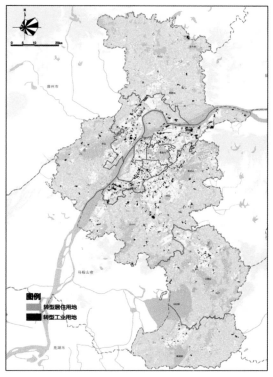

图 4-5　2035 年南京转型居住用地和工业用地空间分布

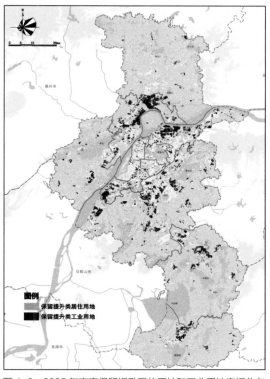

图 4-6　2035 年南京保留提升居住用地和工业用地空间分布

衰败和特色缺失等诸多问题。所以，2000 年以前的住宅建筑和居住小区将是南京存量用地更新的重点对象。结合 2007、2013、2019 年等年度土地利用现状图对比分析可知，到 2019 年，南京居住用地面积已达约 25866.26hm²，总量规模增长较快，但在城市建设用地结构中的比例却有所降低（图 4-4）。空间分布上，居住用地主要分布在中心城区，其中在老城内建筑年代较老的居住用地和建筑较多。

根据国土空间规划，现状为居住用地，而规划为非居住用地的面积约 61km²，为转型居住用地，主要位于老城、浦口区和高淳区；现状和规划均为居住用地的，面积约 28km²，即需要保留提升的居住用地，主要位于主城、溧水和高淳的老城区。

4.2.3 存量空间供给与更新规模分析

综上所述，转型的工业用地和居住用地分别为 80km² 和 61km²，合计约 141km²；保留提升的工业用地和居住用地分别为 164km² 和 28km²，合计约 192km²。可以说，南京需更新改造的工业和居住用地总计约 333km²。所以，今后一定时期内南京存量用地开发潜力较大，特别是对缓解未来用地难的问题具有十分重要的意义。为此，必须精细谋划、精准施策、有序供应、持续更新，稳步推进全市城市更新工作（图 4-5、图 4-6）。

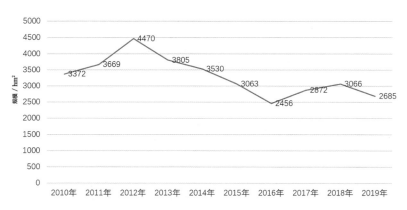

图 4-7   2010—2019 年南京市建设用地供应情况

2019 年南京市存量用地供应占比达到 64%。根据在编的《南京市国土空间总体规划（2019—2035年）》，预计后续存量用地供应比例将逐渐增长，至 2035 年达到 80% 左右。据此，结合近 10 年以来建设用地供应数据进行线性回归分析（图 4-7），并结合国土空间规划实施和城市政府财力，推算得出 2020 至 2035 年间，南京市存量用地更新总量约为 226km^2。其中，可涵盖转型工业用地 80km^2 和居住用地 61km^2，以及保留提升居住用地约 28km^2。除上述之外，为需提升效益的商业、工业等其他用地 57km^2。上述各类用地在城市更新中采取不同的更新改造模式，转型用地以拆除重建为主，保留提升和效益提升的用地则采取"留改拆"的城市有机更新方式。

4.3 存量工业用地分析

4.3.1 总体情况

截至 2019 年，南京存量工业用地面积共 26925.12hm^2，建筑面积约 12497 万 m^2。总体来说，工业用地主要分布在中心城区外围的各类开发园区。其中，建于 1949 年以前的工业用地较少，且空间分布较为零散，大多为具有一定历史保留价值的工业遗产；1950—1966 年间建设的工业用地约为 8.08hm^2，主要分布在栖霞区；1967—1977 年间建设的工业用地约为 194.84hm^2，主要分布在栖霞区和江宁区。南京现有工业用地大部分都是在 1978 年以后建设的，其中 1978—2000 年期间建设的工业用地约为 6241.21hm^2，主要为大型国有企业，单宗地块面积较大，集中分布在长江沿线开发园区（南京经济技术开发区、江宁经济技术开发区、南京新材料产业园、六合经济开发区等）；2001—2011 年期间建设的工业用地较多，达到 14549.35hm^2，主要分布在六合区、栖霞区、雨花台区、江宁区、高淳区和溧水区；2012 年以后新增的工业用地约为 5931.25hm^2，基本在原有分布格局上进行整合、扩张，并且受城市"退二进三"政策影响，主要分布在远离城市中心的区域（图 4-8）。

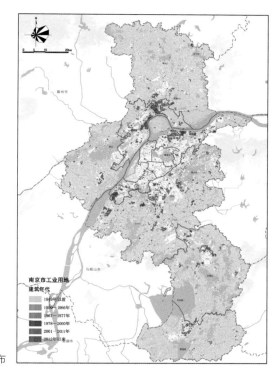

图 4-8　南京市不同年代工业用地空间分布

4.3.2 更新改造方式

按照以减量提质量、以存量促转型的思路，在加快"退二进三"、有效保障城市持续转型升级的同时，进一步推动传统工业改造升级，"退二优二"，不断提高工业用地产出效率。从城市更新角度出发，对今后南京存量工业用地应结合实际需求和国土空间规划实施要求，合理确定更新改造方式。

对于转型工业用地：位处城镇开发边界内、工业保护线以外，需要由工业用地转为其他用地，主要位于江北新区和老城内。此类用地有的是计划经济时期自上而下布局的重点企业工业用地，但目前生产线已老旧而不适应市场需求，土地利用率低下，且与周边地区发展格格不入；有的是集中成片的重污染重工业用地，对城市生态环境影响较大而亟待搬迁整治；有的是老城内零散布局且尚未清退的低效工业用地。为此，可采取政府征收出让方式，推动其向公共管理与公共服务、商业服务业、科研用地和居住用地等转变，进一步完善城市整体功能。

对于保留提升工业用地：可保留工业用地性质并进行产业升级的土地，大部分位于浦口、六合、江宁、溧水等主城外围工业区如两钢两化地区，少量于主城内零星分布。要加强产业规划引导，重点推动人才、技术、资本等资源在园区集聚，加速打造具有竞争力的新兴产业、产业地标和产业创新集群。同时，加大政策支持力度，激励企业自我转型和自我更新，在提升生产效益、降低环境污染的同时，适当引入生产生活服务业，如科技服务、现代物流、信息金融、商务办公等，打造综合型产业园区。例如，落实"一圈、双核、三城、多园"的南京全域创新空间规划要求，在老城内的秦淮、玄武、鼓楼科技硅巷，可不

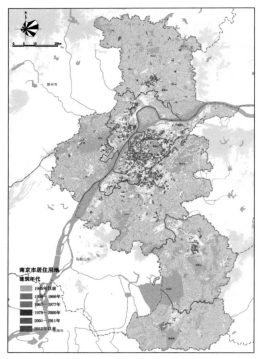

图 4-9 不同建筑年代居住用地空间分布

改变工业用地性质，为科研成果转化、创新发展提供空间载体，促进创新资源高效配置和创新要素集聚，并注重土地混合开发和空间复合利用、完善配套服务设施，促进产城融合、提升空间环境品质、塑造城市特色以及激发城市内生发展动力。

4.4 存量居住用地分析

4.4.1 总体情况

截至 2019 年，南京存量居住用地面积共 25867hm²，居住建筑面积约 44336 万 m²。从建筑年代来看，1949 年以前，南京的居住用地面积约为 31.47hm²，零星分布在秦淮区及其周边；1950—1966 年新增居住用地约为 36.07hm²，零星分布在沿江地区；1967—1977 年居住用地约为 104.58hm²，主要分布在秦淮区；1978—2000 年间快速城市化阶段新增居住用地面积约为 4768.97hm²，主要分布在鼓楼区、玄武区以及秦淮区，浦口与溧水区也有零星块状分布。南京现有居住用地多为改革开放后修建。改革开放初期，为了解决面临的严峻住宅欠账问题，南京居住用地和住宅建筑规模迅猛增加；2001—2011 年新增居住用地面积约为 7846.94hm²，主要分布在江北新区与建邺、栖霞、雨花台、江宁、高淳、溧水等区域，并已经形成集聚规模。2012 年以后居住用地增加了 13078.8hm²，主要分布在建邺、江宁与秦淮区，以及六合、溧水和高淳的中心城区（图 4-9）。经过改革开放 40 多年的发展，南京市民的住房条件从极度短缺发展到了小康水平，1978 年南京城镇居民人均居住面积仅为 5.03m²，发展至今南京城镇居民人均居住面积达到了 36.7m²，40 多年来增长了 7.3 倍。

4.4.2 更新改造方式

2000 年以前的住宅建筑和居住小区是南京存量用地更新的重点对象，存量居住用地共 49.4km²，建筑面积约 7085 万 m²，重在提升住区品质，改善人居环境。以 2000 年为时间节点，可分为几种类型：

一是历史传统居住地段。基本位于老城内，用地面积约 31.47hm²，建筑面积约 30.61 万 m²，主要分布于内秦淮河—明城墙沿线的老城南、明故宫、鼓楼—清凉门历史城区等。坚持"整体保护、局部完善、适度利用"的理念，可采取"留改拆"有机更新方式，根据"产权为基、自下而上、修旧如旧"的原则，在保护传统格局、肌理、尺度和风貌特色的基础上，整治老旧住房、危房；保护修缮各类文物建筑和历史建筑，实现文保建筑、历史建筑的保育、活化利用；改善基础设施和人居环境，引入新业态打造文旅热点，增加公共空间，激发经济文化活力。倡导多主体自愿参加。

二是中华人民共和国成立后至改革开放前的居住用地。用地面积 140.65hm²，建筑面积约 94.5 万 m²，主要分布于秦淮区、江南沿江地区和浦口桥北地区，多为危破老旧住宅、棚户区，简易结构房屋较多、建筑密度较大、使用年限较久、房屋质量较差、建筑安全隐患较多、使用功能不完善、配套设施不齐全。此类用地的更新方式多采取征收拆除重建方式，按照国土空间规划要求进行用地再开发。

三是改革开放至 2000 年的居住用地。用地面积 4768.97hm²，建筑面积约 6960.23 万 m²。主要为快速城镇化阶段建成的老旧多层小区，主要分布于南京老城内以及浦口、六合、高淳、溧水等老城区，鼓励采取"留改拆"的城市更新方式，结合建筑质量、街巷风貌和更新需求，实施保护保留、维修整治、改建加建、拆除重建等多种更新改造措施。对没有规划保留要求但建筑质量尚可的老旧住宅，特别是成片的多层老旧住宅，通过成套化改造或局部改建、扩建、加层，改善和提升居住条件；对危房进行结构加固或翻建，在实现消险的同时改善居住条件。同时，鼓励多方参与，采取多元置换手段，创新资金来源渠道，完善公共服务配套，实现片区整体功能提升和风貌重塑。

执笔：官卫华（南京市城市规划编制研究中心副主任）
　　　陈阳（南京市城市规划编制研究中心副所长）
　　　江璇（南京市城市规划编制研究中心规划师）
　　　孙佳新（南京市城市规划编制研究中心规划师）

第5章　南京城市更新类型与规划策略

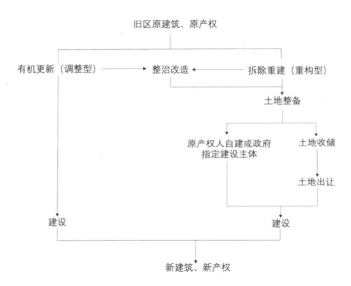

图 5-1　城市更新三种类型的产权调整变化

5.1 城市更新类型的选择

　　广义的城市更新不只是物质空间的更新，还涉及经济振兴、文化传承、社会治理等多元维度。城市更新的过程实际上是一个城市空间功能和产权关系不断调整和重构的过程。基于更新方式，城市更新可以分为拆除重建、有机更新以及前二者兼而有之的整治改造等三种类型（图 5-1）。

　　其中，推倒重建是拆除全部或者大部分原有建筑物，对原有土地和房屋的权属进行合并或调整后，按照一定规则进行重新分配、重新建设并形成新的建筑空间和产权格局的过程，侧重产权结构、土地结构、空间形态等重构重塑和大规模的功能急剧更替，一般采用自上而下的政府主导，强调短期经济

图 5-2　南京市玄武区红山新城工业用地拆除重建

图 5-3　南京铁心桥—西善桥地区拆除重建

利益的实现。例如，南京市玄武区铁北地区红山新城是 1990 年代南京的重点工业片区，位于主城北部。2013 年南京陆续启动区内南汽、华飞等工业企业的整治搬迁，并按照"动迁拆违、治乱整破"的总体要求开展一批城中村、危旧房改造项目，重点按照"产业先导、规划先行"的理念进行地块精准招商，促进片区产业转型升级，植入新兴业态助力城市更新（图 5-2）。再如，铁心桥—西善桥片区地处宁芜铁路货线沿线，是南京早期的城郊工业区，集聚了一批钢铁、矿业等重工业，区内城中村、小产权房、工业用地交错混杂，功能混乱、配套滞后，人居环境不佳。南京通过成片低效用地再开发和环境综合整治，将其打造成为周边软件产业园区服务配套、产城人高度融合的典范区（图 5-3）。

　　相比拆除重建，有机更新则侧重小规模、缓慢渐进式的局部调整和功能与产权的延续，自下而上地由多元主体参与推动。例如，颐和路片区是南京拥有民国公馆建筑最多的历史文化街区，总占地 35 万 m²，片区内建筑陈旧、设施老化、交通拥挤，部分为危旧房、违建房，整体风貌环境不佳。南京综合运用"留改拆"手段进行历史文化建筑保护，保留与整体风貌协调的历史建筑，改造价值一般、质量较差的建筑，结合需求转变使用功能，增加公共空间和配套设施，植入产业创新活力，打造成为全国重要的文化 IP，形成独具特色的民国历史窗口、古都文创中心和国际交往客厅。

　　与前者类似，整治改造也通常维持现状建设和产权格局基本不变，采取修缮或局部改扩建措施，自

图 5-4 南京市玄武区卫巷老旧小区整治改造效果图

下而上与自上而下相结合对建设空间进行更新完善。例如，南京市玄武区卫巷老旧小区 10 幢住宅中 5 幢为危房，其余多层房屋结构尚可、外观陈旧。通过"留改拆"结合，保留原有肌理修缮风貌，部分拆除重建就近安置，利用阁楼设计增加采光和使用面积（图 5-4）。

综上所述，拆除重建式城市更新在"拆迁—土地整备—收储—出让—建设"过程中，依照现行征收政策和标准规范，实施操作路径相对清晰，可操作性也较强，但有机更新和整治改造类城市更新项目的实施，则由于缺乏统一的政策依据和标准规范，普遍实行"一地一策"，大大影响实施成效。因此，适应新时代，为积极探寻城市更新创新路径，应充分认知国内外城市更新发展的客观规律，并结合南京地方各类更新对象实际情况和城市发展功能提升的现实需要，确定更新改造的类型，具体分为拆除重建、整治改造、有机更新和整合提升等四类。

5.1.1 拆除重建

拆除地块原有建筑及构筑物，通过土地招拍挂重新进行土地开发，产权发生转移，彻底改变老旧风貌，整体提升片区的空间、功能、文化品质，使之符合当下的城市需求。更新对象主要是房屋安全鉴定等级不高、历史文化价值不明显以及成片非历史地段的棚户区、危旧房等。

5.1.2 整治改造

采用"留改拆"的形式，对地块内的建筑、构筑物进行部分保留、部分拆除、部分改建、适当加建等方式相结合的综合改造，完善片区公共服务设施配套、进行市政精细化改造、开展道路综合整治提升等。更新对象主要为居住小区（多层住宅）与棚户区、城中村、危旧房以及非成套化住宅建筑、历史建筑混合的地段。

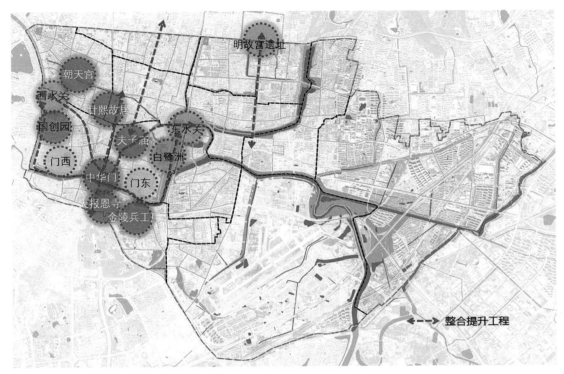

图 5-5　南京市秦淮区整合提升工程空间分布图

5.1.3　有机更新

在不进行大规模拆除改建的前提下，根据"产权为基、自下而上、渐进式更新"的原则，从风貌着手、从细节出发，以小尺度建筑群为单元，通过环境、基建、文化氛围的改善，达到造福民生和激活文化的效果。具体包含两类：一是老旧小区微更新，主要针对整体风貌和基础设施较差的多层住宅和非成套住宅，重点进行道路街巷环境整治、公共活动空间环境提升、综合管廊改造升级和基础设施改善提质等更新内容。二是历史地段有机更新，重点针对历史文化街区、历史风貌区、一般历史地段，以及文保单位、历史建筑和工业遗产等资源，在保护的基础上活化利用，还原和展示历史文化遗存、展现特色文化记忆。

5.1.4　整合提升

即"更新的再更新"，以已更新地块为着力点，进一步提升更新品质和成效，并寻求创新途径，进行"连点成片"的空间、功能、文化串联，以实现从"旧城改造"到"老城保护"再到"全域更新"的综合效应跃升。通过借鉴国际国内一流更新项目经验，重点对山体、城墙、水系、重要历史轴线周边等已更新地段进行潜力挖掘、品质提升和活力再造，以重要的公共空间、廊道串联现有景观节点和文化遗产，强化片区功能整体升级、人居环境改善、历史文化传承和城市特色彰显（图 5-5）。

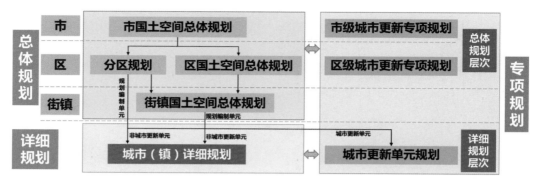

图 5-6　南京城市更新专项规划体系

5.2 城市更新规划策略

5.2.1 规划先行，重构城市更新专项规划体系

　　南京城市更新规划应突出四个核心原则。第一，坚持公共利益优先的价值导向。以规范化、标准化城市更新规划编制为目标，构建研究深入、管控有度的更新单元规划内容体系，高标准、高要求明确城市空间设计、产品设计、使用需求等研究内容，优先保障公共利益需求，提高新时代下城市空间对新经济的适应性，促进城市发展模式和空间供给创新。第二，坚持共享共建共治的工作准则。根据城市更新实践，明晰产权、保障权益是规划实施的核心，应充分尊重相关权利人的合法权益，激发社会发展活力，有效实现公众、权利人、参与城市更新的其他主体等各方利益的平衡。第三，坚持多元包容发展的目标导向。适应城市创新发展需求，利用好城市更新工具促进城市功能吐故纳新和空间品质提升，同时重视保护好南京城市发展的历史记忆，推进活化文化遗产与历史风貌片区融入城市发展，保护城市肌理和特色风貌，树立文化自信。第四，坚持绿色低碳发展的基本方向。强化贯彻新发展理念的自觉性和主动性，节约集约利用土地，提升土地承载力。鼓励节能减排，改善生态环境，促进低碳绿色更新，建设生态文明。遵循以上基本原则，立足国土空间规划科学编制和有序实施，加强系统思维、整体思维和底线思维，重构城市更新专项规划体系，面向新路径创造，不断拓展与之相适应的规划内容和管控体系、创新其政策法规体系和技术标准体系。今后，基于国土空间规划总体架构，南京城市更新专项规划主要分为两个层次，包括总体规划层次和详细规划层次。其中，总体规划层次又分为市、区两级，市级城市更新专项规划应依据市国土空间总体规划进行编制，重点是制定全市城市更新发展目标及策略，明确市域范围内需要实施城市更新的重点区域，以及在近期建设规划及年度实施计划中确定城市更新项目类型、规模、位置以及实施时序，并制定专项规划指引；区级城市更新专项规划则重点将市级城市更新专项规划要求进行分解落实，并契合各区发展诉求，划定更新单元，并制定规划引导要求。详细规划层次的城市更新单元规划则是进一步落实区级城市更新专项规划内容和要求，对所划定的各城市更新单元的目标定位、更新模式、开发建设指标、公共配套设施、道路交通、市政工程等方面作出统筹安排，并提出城市更新规划实施的项目计划（图 5-6）。

5.2.2 规范运行，健全城市更新技术标准体系

在政府、市场、社会、规划师等多元主体推动下的城市更新改造中，增量规划的技术手段已远远不能适应，需要存量规划技术方法的创新，更需要相应法规政策和技术标准的创新，需要在用地边界调整、建筑间距退让、道路建设、公园绿地兼容、消防技术等方面突破和创新，以有效指导城市更新项目建设。一是用地边界调整上，"边角地""夹心地""插花地"等可与周边更新地块合并，统筹更新改造，进而相邻用地可适当合并拆分。二是适当增加建筑开发量。为消除安全隐患、完善建筑功能，可允许旧建筑通过加装电梯、连廊、楼梯、停车设施等附属设施，适当增加建筑面积；允许居住建筑加建厨房、卫生间等基本生活设施，增加相应比例的建筑面积；允许工业、仓库及市场用房根据改建后使用层高要求在现状建筑高度内隔层改造，增加相应建筑面积；允许旧建筑通过改建、翻建提供公共服务设施、公共空间，增加相应奖励建筑面积。三是适当放宽建筑间距退让要求。在满足消防要求的前提下，零星拆建范围内建筑与范围外建筑之间的建筑间距在更新前不符合现有标准的，改造时不得再减小原建筑间距；零星拆建范围内建筑之间的建筑间距不得低于现有标准的90%；住宅建筑底层转变为非居住用途的，计算建筑间距时可以将底层高度扣除，但不再折减。四是放宽道路建设标准。对于确有需要且有实施可能性的道路，经相关部门同意后可放宽坡度、宽度等技术标准，按实际情况实施。五是可允许绿地兼容的功能性使用。允许在现有规划公园绿地中经论证有保留价值的风貌建筑，可予以保留并转变为与公园相适应的公共服务及商业服务功能。六是适当突破消防技术标准。城市更新项目确难按照有关消防技术标准执行的，可由更新管理机构会同消防主管部门协商制定相应的消防安全措施，作为行政许可的依据。

5.2.3 法制健全，完善城市更新法规政策体系

相较于过去的"旧城改造"，新时期的城市更新理念、内涵和方式均发生了重大转变，从单纯追求经济效益向兼顾社会、环境和文化等综合效益转变，从单纯的拆除重建向"留改拆"更新改造转变，从自上而下的统一实施向上下双向互动的公私合作、协商共治转变。因此，建立健全与之相匹配的城市更新政策和制度体系非常关键，其必然是各类政策制度的综合集成，涉及城市更新工作的方方面面（图5-7）。既要抓好城市层面城市更新总体政策纲领的顶层设计，同时也要重点突破，试点探索，实现分类型更新协同并进、全过程规范化程序管控、多部门专项政策协同、各关键环节技术创新、上下联动实施有序。

5.2.4 强化实施，创新多元化商业运作模式

（1）完善多元化主体协作机制

可持续的城市更新要按照"政府引导、市场运作、多元参与、协同治理"的原则，建立多元化主体

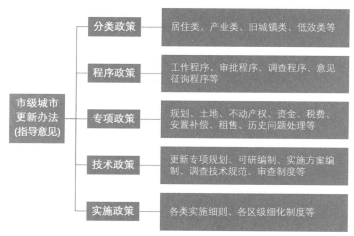

图 5-7 南京市市级城市更新办法（指导意见）政策构成示意图

诉求渠道通畅、利益协商与协调平衡、经济投入渠道多样、产出效益稳定持续的工作机制和运行模式。其一，对于工业用地，鼓励原土地使用权人自主再开发，允许设立全资子公司、联合体、项目公司作为新的用地主体进行再开发。加大政府主导再开发实施力度，再开发后土地用途为商品住宅的，或原土地使用权人有开发意愿但没有开发能力的项目，可由市、区政府依法收回或收购土地使用权进行招拍挂，涉及历史建筑、工业遗存保护的项目，可以采取带保护方案公开招拍挂、定向挂牌、组合出让等差别化土地供应方式。引导市场主体参与再开发，允许市场主体收购相邻多宗地块，申请集中连片改造开发。其二，对于居住用地，实施主体可以包括物业权利人（或经法定程序授权或委托的物业权利人代表）、政府指定的国有平台公司、物业权利人及其代表与国有公司的联合体等情况。改变过去政府自上而下、"大包大揽式"的城市更新，在相关权利人和实施主体达成一致的前提下，采用自愿参与的方式，自下而上向政府申请开展城市更新。居民、市场和政府三方关系中，政府角色从出资者、参与者变为规则制定者和实施监督者，出资和参与的角色均由市场主体承担，居民变为自愿参与更新者。如此，不仅能有效降低因征收导致的基层矛盾，而且能够撬动市场资本、发挥居民主观能动性，实现居民居住条件改善、城市环境质量提升、市场主体开发获益的多赢局面。

（2）扩大多渠道投入来源

改变单纯政府投入的方式，加快开拓新的资金来源渠道，涉及自筹经费、市场投入、贷款融资、政策性专项经费投入等多种方式。其一，对于工业用地，建设成本一般由市场主体自主承担，为鼓励利用低效产业用地发展新产业、提高土地利用效率，应设计相关激励政策。例如，兴办文化创意、科技研发、健康养老、工业旅游、众创空间、生产性服务业、"互联网 +"等新业态项目，可享受按原用途使用 5 年免收土地年租金的过渡期政策，过渡期满再按照协议出让方式办理手续。鼓励增加工业容积率，对符合相关规划、不改变用途的现有工业用地，通过厂房加层、老厂改造、内部整理等途径提高土地利用率和增加容积率的，不再增收土地价款。其二，对于居住用地，拓宽经费来源渠道，可以是原土地、房屋权属人自筹的改造经费，或是市场主体投入的资金，部分项目可以借助协议或划拨方式取得土地以降低拿地成本，或是借助国家政策性信贷资金作为启动经费，再通过更新项目增加部分面积销售及开发收益支付贷款；或是来源于国家各类专项资金，例如住宅专项维修资金、旧改棚改专项资金、公共服务配套和文保专项资金等。

5.2.5　组织保障，实现城市更新治理体系现代化

构建一套科学系统的城市更新组织管理体系是有效推进城市更新的重要保障。广州、深圳等城市已经建立了较为成熟的城市更新专业化管理机构，南京也亟待完善专业部门管理机构，主要包括：一是加强顶层设计，创新城市更新管理体制。要探索建立市民、专家、智囊团队共同参与、科学决策的工作机制，辅助决策者谋划研判；要建立高效的指挥中枢，负责整体统筹协调，明确职责分工。在市规划和自然资源主管部门管理架构下，可筹备组建城市更新和土地整备局（副局级），整合原市土地储备中心、市土地整理和集体土地征收管理中心、市土地矿产市场管理中心等事业单位职能，由市规划资源局统一管理。其主要负责制定城市更新、土地整备和土地出让编制工作、工作方案、实施细则、技术规范，完成更新项目的验收等。采取自上而下的垂直管理模式，市级城市更新管理机构负责规划及政策统筹，各区级政府负责组织实施，并积极发挥街道办事处、居委会等基层组织在城市更新实施中的主体作用。厘清与房产局、发改委、交通运输局、文化和旅游局等部门间的权责关系，建立多部门协同工作机制，共同支持城市更新工作。二是改进考核考评方式，实施城市更新项目全过程的精细化管理。对直接负责推进城市更新项目的各级政府和相关职能部门，进一步完善目标考核机制，将推进情况纳入年度绩效考核范围，实施定期检查考核，加大督查检查力度。对城市更新项目的参建方，要引入专业质量监督机构，对项目开展全过程实施全面监督，包括对项目招标投标、项目设计、施工质量、工程竣工验收等环节的监管。同时，引入市民代表和第三方评估机构，对项目实施成效进行测评，提出意见建议。通过全方位监督管理，促使项目建设各方切实提高工程质量责任意识，达到项目预期成效。三是创新工作制度，建立统筹协调平台。城市更新可以实行"分类评估＋分区指引＋年度计划＋实施方案"的工作制度，遵循"政府引导、市场运作、多方参与、利益共享、公平公开"的原则，依法合规地推进实施。建设城市更新综合运行信息化平台，加强对城市更新工作的统筹协调、监管监督、综合评价，推行城市更新工作的"一网统管"。

5.3　城市更新分区规划指引

为充分发挥规划科学引领城市更新的龙头作用，在对存量空间基本格局进行分析的基础上，围绕今后存量更新改造需要和空间供给要求，在南京中心城区内划定 12 个城市更新重点区域，并采取差别化的更新方式和规划引导，以此保障全市城市更新有序推进和相关更新项目的有效实施（图 5-8）。

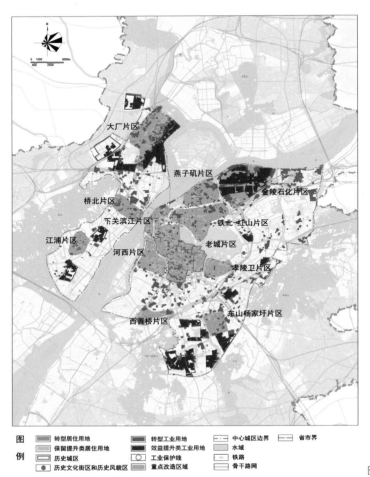

图
例

转型居住用地	转型工业用地	中心城区边界	省市界
保留提升类居住用地	效益提升类工业用地	水域	
历史城区	工业保护线	铁路	
历史文化街区和历史风貌区	重点改造区域	骨干路网	

图 5-8　中心城区城市更新规划图

5.3.1 老城片区

重点围绕历史地段和保留提升居住用地更新改造。该片区历史文化底蕴深厚，是彰显南京古都特色的核心片区，也是居住类用地的主要分布区域，集中了大片老旧小区，同时存在诸多老旧、零散、小规模工业，因此更新改造的类型最多、难度最大，应作为城市更新工作的重点片区。对于历史地段，采取有机更新方式，并重视重要历史轴线、城墙水系沿线的整合提升。对于历史地段内居住用地，以保留提升为主，秉承应保尽保的理念，保持历史的真实性，生活的延续性，保留街区传统居住功能及原有建筑风貌特色，通过立面出新、拆除违法建筑、环境改造等方式，提高人居环境；对具备文旅开发潜力的建筑进行重点保护修缮，最大限度保留其原始面貌，主要做好加固修缮和违建清理等工作，以展现街区文化特色。对于历史地段内具有保留价值的工业遗产，通过保留整治和功能置换等措施，引导其承担文化体育、商业服务等功能，探索历史资源保护与利用相结合的发展模式，实现综合效益提升；对其余工业用地进行转型升级，依托城市硅巷的建设，重点发展都市轻工业及具有高科技含量、高附加值、低污染的新产业，利用创新产业及人才集聚重新激发老城活力。针对历史地段外的保留提升类居住用地，需要保障基本居住条件和居住安全，完善其公共服务设施，营造干净、整洁、平安、有序的居住环境。

5.3.2 下关滨江片区、河西片区、孝陵卫片区和东山杨家圩片区

重点针对转型和保留提升居住用地更新改造。在保留主体居住功能的基础上，根据实际情况进行整治改造，完善小区内道路、供电、供气、绿化、照明、消防设施等基础配套设施；改造提升与小区直接相关相邻的道路、雨污分流、停车库、充电桩、垃圾分类箱等市政基础设施，修缮改造小区内建筑立面、规整管线，有条件的居住建筑可加装电梯；结合智慧社区建设，构建涵盖公共教育、医疗卫生、公共文化体育、养老服务、残疾人服务等方面的基本公共服务设施建设；完善快递服务、早餐店、理发店、社区食堂、生鲜蔬菜店、生活超市等生活配套设施。对于因历史遗留问题无法达到现行标准的设施，需完善相应管理保障措施，加强后期维护保养，实现居住区功能的完善及居住品质的提升。

5.3.3 桥北片区和江浦片区

针对转型用地拆除重建和保留提升居住用地整治改造。实施"留改拆"更新方式，将地方政府"财政投入"模式转变为"自我造血"模式，采取整治改造、拆除重建等差别化更新手段。对建筑结构和质量基本可以满足当前居住要求的，在不改变建筑主体和使用功能的情况下，对市政基础设施、公共服务设施、生活配套设施等进行改善，消除片区安全隐患，改善建筑外观和生活环境；针对建筑质量尚可、使用功能不完善、配套设施不齐全的建筑，可以采取功能改变的更新方式，保留建筑物的原主体结构，改变部分或者全部建筑物的使用功能；针对片区内存在的布局散乱、建筑密度大、使用年限久、房屋质量差、建筑安全隐患多的危破老旧居住片区，结合现状采取拆除重建手段，应拆尽拆，不留隐患。因地制宜地采取差异化手段，最终达到片区更新与居住品质提升的目的。

5.3.4 大厂片区和金陵石化片区

重点围绕效益提升老工业区整治改造。根据工业和信息化部 2018 年发布的《坚决打好工业和通信业污染防治攻坚战三年行动计划》对长江经济带产业结构的要求，南京应尽快推动金陵石化、大厂片区及其周边重化工业的改造升级工作。通过"腾笼换鸟"淘汰高污染、高能耗、低绩效产业，鼓励企业向价值链高端升级。老工业区周边的居住用地多为配套的职工宿舍，年代久远、质量较差，基础设施陈旧，对于该类用地，以产城融合为重点，对部分工业用地进行功能重构，植入办公、研发、休闲等功能，补充完善基础设施配套，提高生活质量，提供就业机会，留住原住民，吸引外来人员定居，实现以产促城、以城兴产。其中，对于大厂片区，要依托周边高校，搭建政产学研合作平台，推动科技成果转化，加快

新材料、智能制造业等产业集聚；扩充辖区招商资源，采取政企合作的方式，开放创业生态平台，并引入高效益、经济带动能力强的总部经济企业，形成大厂创新创业高地；结合现有工业遗产类历史风貌区保护，打造独具大厂特色的工业文明小镇，加快文旅产业融合，提升经济发展潜能。对于金陵石化片区，要依托新港高新技术产业园和仙林大学城资源，鼓励发展战略性新兴产业，打造沿江产业转型带。

5.3.5 燕子矶片区、铁北—红山片区和西善桥片区

围绕转型工业用地拆除重建。通过地区整体连片开发，进一步优化城市空间布局，盘活存量低效用地，推动产业结构升级，促进土地资源节约集约利用。通过综合分析现状建筑质量、建成环境、开发强度、周边交通、市政设施等情况，对工业片区内混杂的居住用地采取差别化更新措施，对成片的城中村、危旧房进行拆迁改造，对合法的保障房、商品房及符合规划的小产权房片区进行织补提升，打造产业、城市、人高度融合的典范区。对于燕子矶片区，对原化工污染企业进行关停、搬迁，通过"砸笼换绿"，进行综合整治和生态修复，建设滨江生态宜居新城。对于铁北—红山片区，引导原有企业向桥北、浦口等地转移，依托交通枢纽及周边自然资源，重点发展科技金融、商务商贸、文旅体验三大主导产业，打造国际数码港、综合性国际商务区、新经济产业园。对于西善桥片区，对片区内城中村混合用地成片开发建设，推进产业转型升级，重点布局软件和信息服务业、物流业、产业金融等。

5.4 小结

2016 年联合国第三次住房和城市可持续发展大会通过了《新城市议程》，指明了未来城市发展的方向。回顾西方从早期的城市重建、振兴、更新、再开发、再生到城市复兴，理论基础已从物质决定论的形体主义思想转向协同理论、自组织等人本主义思想，政策导向从大规模贫民窟清理转向社区振兴和城市整体功能提升，规划工具从单纯的物质环境改善规划转向社会经济和物质环境相统筹的综合性更新规划，工作方法从外科手术式推倒重建转向小规模、分时序、谨慎渐进式改善，运作模式从政府主导转向公、私、社区多方合作。所以，新时期的城市更新越来越体现为一项综合性、全局性、政策性和战略性很强的社会系统工程，涉及社会、经济、文化、环境、技术、空间和时间等多个维度综合集成。

党的十八大提出中国特色新型城镇化战略，标志着我国城镇化进程从数量增长向质量发展、从外延扩张向内涵提升的重大转变。党的十九大提出我国社会主要矛盾已经转化为人民日益增长的美好生活需要和不平衡不充分的发展之间的矛盾。从中央城镇化工作会议，到中央城市工作会议，再到中央出台的棚户区改造、老工业搬迁改造、老旧小区改造等系列政策，正指引国内各地开展多样化的城市更新实践探索，例如以大事件带动的城市绿色低碳和成片转型，以文化创意产业培育和产业升级为动力的老工业区再开发，以历史文化资源保护和活化利用为导向的历史地段更新改造，以改善民生为基调的棚户区和城中村改造等。所以，在当前国家生态文明建设和治理体系现代化的总体框架下，城市更新更应面向高质量发展、高品质生活、高水平治理，兼顾效率与公平，建立政府、市场和社会紧密协作，纵向与横向

相结合，自上而下与自下而上双向运行的开放体系。

当城市发展阶段由增量开发进入存量更新后，原来的工作理念、运行方式、实施模式、政策制度等均要进行更新和变化。一定程度上，适应城市更新的制度设计比物质空间设计更为重要。然而，当前城市更新工作中，客观存在现行产权制度不适应存量更新产权重构需求、现行标准规范不适应存量更新改造需求、现行规划管理制度不适应存量空间管控要求、现行商业模式不适应存量更新综合效益实现等诸多难题尚待破解。经过改革开放 40 多年来的实践，南京在城市更新工作方面做出了众多有益的探索。在充分认知国内外城市更新发展客观规律的基础上，结合地方各类更新对象的实际情况和城市发展功能提升的现实需要，南京创新性地提出拆除重建、整治改造、有机更新和整合提升等四种城市更新类型，进一步拓展了我国城市更新的定义、内涵和方式，并在空间上进行落实和明确分区规划指引，提出在规划重构、标准体系、法制完善、实施操作、组织保障等方面的策略建议，为今后我国城市更新路径创新奠定了良好的基础，形成了城市更新的"南京实践"和"南京样本"，得到了社会各界的广泛赞誉。然而，面对盘根错节的利益关系、复杂多变的市场环境，现阶段南京城市更新工作机遇与挑战并存，尚需在国家立法保障强化、配套政策深化完善、标准依据规范健全、更新分类细化实施、土地制度改革创新、社会经济高效激励、商业开发模式再造等方面进一步深化研究，走出特色城市更新和城市内生发展的创新之路。

执笔：官卫华（南京市城市规划编制研究中心副主任）
　　　聂晶（南京市规划和自然资源局综合计划处处长）
　　　郑晓华（南京市城市规划编制研究中心主任）
　　　陈阳（南京市城市规划编制研究中心副所长）
　　　江璇（南京市城市规划编制研究中心规划师）
　　　杨梦丽（南京市城市规划编制研究中心规划师）

下篇　实践篇

第6章   历史地段有机更新

6.1 秦淮区小西湖城南传统民居历史地段微更新

6.1.1 不断探索保护更新的老城南

作为南京古都文化的起点，老城南地区有丰厚的历史遗存，蕴含着绵延不绝的文化基因，展示出了独具特色的市井风貌，承载着深厚的"老南京记忆"；但危旧房、棚户区集中，面临着城市发展、特色塑造和民生改善等多道难题，一直是社会的关注焦点和城市规划建设的探索前沿。

"七五""八五"期间，以注重传统建筑单体符号传承的夫子庙复建为主要内容的秦淮风光带建设被列为南京一号工程，拉开了老城南保护更新1.0版的序幕。

"九五"和"十五"快速城市化期间，主干路网和阵列式住宅小区大量建设，导致老城南的居住形态、原有肌理和周边空间组织发生了较大变化。2002年20位当地专家集体呼吁，提出建设符合历史文化名城特色的古城区。

在改善民生、拉动内需的"十一五"期间，大规模的"双拆"（拆除违法建筑、拆迁危破房屋）引发了2006年的社会舆论争议和2009年的社会讨论事件。专家们呼吁鼓励居民按保护规划实施自我改造更新。在上级督查和媒体舆论下，大拆大建项目按下"中止键"，并开始主动反思和管理制度调适。

"十二五"期间，南京确立了"政府主导、慎用市场、整体保护、积极创造"的老城南保护规划方针，《南京老城南历史城区保护规划与城市设计》获市政府批准，出台进一步彰显古都风貌提升老城品质的若干规定，严格控制建筑高度和城市风貌肌理。并逐步在原先已拆土地上"镶牙式"织补老城南特色风貌，诞生了注重传统街巷肌理尺度再生的老城南保护更新2.0版，典型案例如当前网红打卡点南京老门东街区。

"十三五"期间，老城南从宏观层面进一步展现丰富而厚重的文化底蕴，成为秦淮最具特色的区域和最独特的品牌。规划提出建设老城南"城景一体、主客共享"的全域旅游发展区；同时从微观角度，深刻认识到院落产权边界乃是传统街巷肌理传承的关键基因，因此继续探索基于原产权关系的老城南传统民居保护更新3.0版，将大油坊巷历史风貌区（以下简称小西湖）作为微更新试点。

图 6-1　小西湖现状实景图

　　小西湖地段是老城南规模较大的传统民居集中区之一，以其为更新探索试点旨在更加突出风貌完整
性和生活延续性，让人民群众在老街区、老房子共享全面小康成果，使老城保护、民生改善和街区复兴
有机结合、相辅相成，也为南京传统民居类地段更新改造探索新路径、打造新标杆（图 6-1）。

6.1.2　厚重历史与现状衰败：怎样的小西湖

　　明清时期，老城南内秦淮河两岸逐渐发展成南京民居、商业、手工业的集中区，位于老城南门东地
区的小西湖地段成为重要的居住区，有明初江南首富沈万三（故居）、明代戏曲作家徐霖（快园）、明
退隐官员及文人姚元白（市隐园）、太平天国天王洪秀全侍卫长傅尧成（故居）、近代中国美术片创始
人万氏兄弟等名人居住于此。《南京地名录》这样记载徐霖的快园："南起马道街，北端向东折至箍桶巷，
古时有塘，环境优美如杭州西湖，得名'小西湖'。"随着时代的变化，快园已然不在，但小西湖的地
名却保留至今，甚至成为网红 IP。

　　小西湖地段现状占地约 4.69 万 m²，当你第一次踏进这里，就会被那些古老的地名所吸引，如马道街、
箍桶巷、朱雀里、西湖里、堆草巷、大油坊巷、小西湖；这里小巷狭窄，纵横交错，曲折拐弯，宛如迷
宫；传统街巷蜿蜒曲折，串联各个文物建筑、历史建筑，是老城南地区较为完整地保留明清风貌特征的
历史地段之一，《南京历史文化名城保护规划》将其确定为历史风貌区。然而，随着时光的变迁，现状
物质空间衰败不堪（图 6-2），公房、私房在院落内混居，违章插建其中，建筑多为 1 ~ 2 层，市政公
用设施严重不足，涉及居民约 810 户 2700 人，工企单位 25 家，人口密集，人均居住面积不足 10m²，
半数以上为低收入人群，生活水平低下。1957 年，7 岁的陈鸿荣随父母搬到了小西湖堆草巷 31 号，小
小的院子先后住进了整整 5 户人家，25 口人，没有独立卫生间，5 户人家共用一个厨房，各家把杂物放
在公共通道，经常发生争吵，邻里关系紧张。现已近 70 岁的老陈说故土难离，在这里生活了大半辈子，
不愿意从熟悉的地方搬走。如何既留住老城南风味，又改善这里的居住条件，并积极融入整个老城南地区，
这是摆在决策者面前的现实难题。

图 6-2   小西湖地段更新启动前影像图

6.1.3 彷徨与信心：积极的探索

经报市政府批准，2015 年原南京市规划部门会同秦淮区政府联合发起在宁高校开展规划设计研究志愿者活动，经过多轮居民参与讨论、专家咨询论证、部门意见征询，历经五年多，直到 2020 年 1 月，"三规"（保护与再生规划、风貌区保护规划、控制性详细规划图则）才按程序通过市政府批准。

在规划编制、论证和报批过程中，部分公、私房屋产权人、使用人从希望"数人头"拆迁安置，转变为彷徨观望参与；项目实施平台主体南京历史城区保护建设集团（以下简称"历保集团"）面对民生责任、拆迁成本及考核压力、工作惯性，从继续拆迁征收，不理解不主动，到停止拆迁征收，主动配合；规划设计人（设计团队、规划等部门）面对理想与现实、规范与规则、知识更新需要，从激情满满到疑惑反思再到重拾信心。大部分参与者逐渐认识到产权关系（产权边界、房屋、权利人）是历史地段有机更新的关键要素，复杂的产权关系（空间混合、代间叠加）是地段衰败的原因，将复杂的产权关系理顺，明确更新的权责，是实现有机更新的钥匙（图 6-3）。

最终，小西湖保护更新方式确定为"自上而下、自下而上"相结合的政府更新、合作更新和自我更新三类，结合产权关系整理，以"院落和幢"为单位，实行公房腾退（货币、异地保障房或就近租赁关

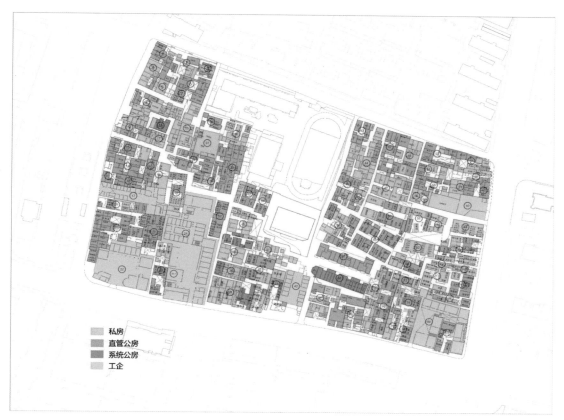

私房
直管公房
系统公房
工企

图 6-3　小西湖地段更新启动前产权调查图

系平移安置）、私房自我更新或腾迁（收购或出租）、厂企房征收搬迁更新操作路径。摒弃了数十年惯用的"大拆大建""推倒重建"的粗放式改造模式，优化了近年来采取的"留下要保护的、拆掉没价值的、搬走原有居民"的镶牙式更新方式。充分尊重民意，共商共建，让百姓自主选择迁与留，腾出空间（截至 2020 年底，已腾出约 48 个院落），疏减人口，为改善基础设施、居住条件和植入新业态创造条件。私房产权人可自愿选择货币补偿或保障房安置，也可根据规划方案对自有房屋进行修缮加固、翻建、改扩建；公房承租人既可选择货币补偿或保障房安置，也可选择就近重新确立租赁关系。这种探索，通过南京市规划资源局、秦淮区人民政府等四部门联合制定《老城南小西湖历史地段微更新规划方案实施管理指导意见》进行政策明确和固化。

正如实施主体历保集团董事长范宁所言："小西湖保护更新的过程，其实也是思考、探索、创新、实践的过程。"小西湖更新探索，尝试在整体风貌传承的同时，突出土地、产权关系全生命周期管理机制建设，因地制宜，一院一策，协议一点，更新一点，共享共赢，共荣共生，实现各类资源价值提质增效，逐渐衍生多元价值，逐步塑造城市特色。

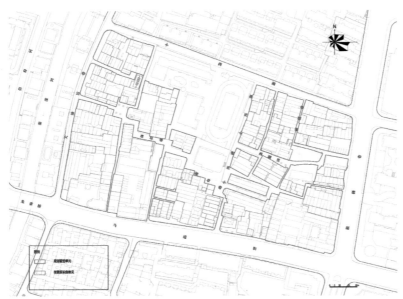

图 6-4 小西湖地段更新分级管控单元图

6.1.4 依法依规与共商共建：微更新的做法

（1）分级管控单元

小西湖微更新实践面临历史风貌区保护和民生改善的双重任务，作为一种复杂的空间设计和社会实践活动，保护与再生设计不仅是物质空间问题，同时还涉及不同角色的立场和权益。在规划部门牵头协调下，创新性提出了配合前期整理进程的动态规划、配合规划管控的微更新图则以及符合产权人意愿的设计策略，探索历史地段空间再生的新路径。通过入户调研和查档方式，设计单位对小西湖的房屋产权进行详细调查，明确小西湖地段公房、私房分布情况，组织 12 个小组入户和居民进行沟通交流，摸底了解居民的搬迁意愿，并及时动态调整规划成果。设计单位负责人韩冬青教授介绍说："我们在类型学地图基础上，以红线表示产权地块，标注每一户居民的产权人姓名，并结合地块产权与征收结果建立了二级地块体系。"对于规划确定的 15 个规划管控单元（图 6-4），基于现状 216 个产权地块按照面向产权单元实施更新的原则进行整合，确定了 127 个微更新实施单元并编制图则，更新实施单元图则由边界类型（山墙／院墙、檐墙、活力界面）、交通流线（机动车流线、步行流线、出入口）、开敞空间和庭院（广场、绿地、庭院）、市政设施（接入方式和接入点、技术要求）、公共设施（公厕、垃圾箱）等五方面内容构成，为各个实施单元的保护和更新工作提供具体的控制和引导要求，五方平台也可根据图则内容对设计方案和施工过程进行监督和指导。

（2）共商平台，有序更新

小西湖微更新通过建立共商平台的策略保障有序更新。首先，明确牵头实施主体：由区人民政府指定区国资平台为实施主体（不以就地平衡为考核内容），该实施主体负责前期规划设计、土地及房屋整理、

图 6-5　小西湖堆草巷 33 号共享院"公共"空间

资金筹措、异址（平移）公房建设、运营管理及市政公用配套设施建设。私房产权人根据批准的单元图则进行更新。其次，建立社区规划师制度：由牵头实施主体会同市规划资源部门联合面向社会聘任具有古建、建筑、规划、文物等相关专业背景、热爱社区营建工作的社区设计师，具体负责更新实施单元方案设计指导、方案协商及报批组织、方案实施现场监督等工作。最后，构建五方协商平台：建立由规划资源和建设等职能部门、所属街道和社区居委会、相邻产权人及居民代表、微更新申请人、相关技术专家组成的五方协商平台，负责审核更新申请、更新方案和竣工验收。

马道街 39 号的许老先生夫妻先人在清光绪年间在此地购买房产，看到小西湖现在的变化，主动找到实施主体历保集团，提出租赁更新的想法，历保集团带着社区设计师和规划管理人员，入户与老许夫妻沟通，确定保持"前店后住"的院落格局和生活状态，"前店"返租，由历保集团负责修缮、经营，"后住"由老许根据微更新流程自发改造，改善居住条件和通风采光。

（3）分类用地使用

分产权整理后，本项目建立了适用于城市更新的土地流转制度。涉及规划社区服务、文化展示、教育、异址（平移）公房等公共服务设施用地的，由实施主体按程序立项、公示、报批后实施。涉及规划住宅、商业等经营性用地，具备公开出让条件的，以院落或幢为单位，带保留建筑更新图则进行公开土地招拍挂，以具体资金支持保护更新探索，原国资实施平台同等条件下优先考虑；涉及娱乐康体用地的，可按程序带保留建筑更新图则协议出让给实施单位；涉及实施主体收购的房屋及附属用地，可直接进行产权关系变更；涉及建筑面积、建筑使用性质改变的，应根据批准的更新规划，按程序报批后完善土地手续（图 6-5）。

图 6-6　共享院改造前

图 6-7　共享院改造后

（4）创新实施微管廊等公共服务设施

针对小西湖地段公共设施"残、破、缺"，规划设计结合土地整理腾退的零散空间，适当增设社区服务、体育锻炼、街角绿地等便民配套。基于街巷空间保护的要求，部门协同，创新采用"微型管廊"综合布线方式，将电力通信、给水排水、燃气、消防等市政管道集成入廊，在螺蛳壳里用"绣花"的功夫，将各种市政管线整齐有序地集成于地下，彻底实现了雨污分流，改变了积淹水状况，通过管廊增加了消防设施功能的延伸，极大地提升了片区安全，让居民生活得更有尊严。

项目结合 1920 年代航拍图水面范围，在"快园"历史考据的基础上，综合用地的交通组织、历史要素和功能安排，打造了一处具有历史氛围、供社区居民活动并可作为社区景观标识的公共空间。规划初期，社区设计师拟在位于街区核心街巷拐角处设计公共空间，但狭窄的街巷难寻一处完整的空间，除非征收周边院子的土地。设计师在现场发现封闭围墙的堆草巷 33 号临街正好有一处后院菜地，进门一看：有一棵 60 多年的枇杷树、一幢 80 多年的老房、一棵百年的石榴树，还有一对常年居住于此的刘光纪老夫妻。经多轮沟通协商，在保持原住民生活状态、院落格局的前提下，历保集团负责帮助居民重修镂空围墙、出新院落景观；作为回报，现居于此房的产权人刘光纪定时打开院落对外开放，与游客、与居民和谐共生（图 6-6、图 6-7）。如今，老房、老院、老人天天笑迎八方来客，同时街区也多了一处温暖的共享"公共"空间，刘光纪说："开放后既不改变产权，也不会影响我们原有的生活，片区整体环境和品质提升了，我们住得更舒心。"

（5）成本共担，住房改善

小西湖微更新鼓励私房更新房屋优化户型，完善厨房、卫生间等必备设施功能（图 6-8、图 6-9）。优化户型导致面积增加的，不得超过规划条件确定的建筑面积上限（含地下建筑面积），且应遵循以下原则：原产权建筑面积在 45m² 以内的，可较原产权建筑面积增加 15%～20%；原产权建筑面积在 45～60m² 的，可较原产权建筑面积增加 10%～15%；原产权建筑面积在 60m² 以上的，可较原产权建筑面积增加 10% 以内。增加的建筑面积须按竣工时点同地段同性质二手房屋评估价的一定比例补缴土地

图 6-8　住房改造前　　　　　　　　　　　　　　图 6-9　住房改造后

出让金后，办理不动产登记，涉及房屋性质改变且需补缴土地出让金差价的，需全额补缴。产权人无其他住房且生活困难的，可暂缓缴纳，并在不动产登记时予以注记，待房屋上市交易或出租登记时补缴。

私房的翻建费用由产权人自行承担，其中：经具备资质机构专业鉴定，属于 C、D 级危房的，建筑面积增加 5% 以内（含）的部分，翻建费用由市、区财政予以补助，C 级危房翻建费用按照市、区财政和产权人 2：2：6 的比例分摊，D 级危房翻建费用按照市、区财政和产权人 3：3：4 的比例分摊。

（6）共生院，平移安置公房

社区设计师及实施平台对于选择留下的居民采取租赁使用、合作经营或帮助改善户型设计等方式实现更新，这一过程中，形成了共生院、共享院等院落空间，给地段增加了新特色、新亮点。堆草巷 31 号陈鸿荣家改善设计时，向社区设计师提出阁楼、台阶之间距离不能高于 20cm 等具体想法都得到了实现，原本发霉剥落的墙壁、乱成一团的私拉电线、斑驳腐朽的地板都已消失不见，取而代之的是光洁的墙壁和现代简约的装潢，家用水、电、气直接接入门前政府统一实施的微管廊预留接口，卫生间干湿分离。同一个小院里另外四户老邻居搬走了三户，腾出来的三间房改造成了小西湖片区社区设计师的工作室和文创空间。这种别出心裁的"共生院落"，让原住民与工作室、文创店在同一屋檐下，共做好邻居。

据了解，小西湖地段在籍约 810 户住民，目前保留了一半。当冬日暖阳照进老陈家的窗子，老陈所说的"幸福感"就这样弥漫开来："搬回来后我们心情更好了，会腾出精力来多多参加公益活动，使小西湖越来越美。"堆草巷 26 号三层公房建筑腾退后，按现有建筑格局，进行结构加固，改造原 1～3 层并增建第四层，适当增加居住面积及机电设备用房，形成 25～60m² 、水电气齐全的现代公房户型，作为小西湖地段内公房居民的就近安置点，公房承租人居住条件得到明显改善。

（7）植入新业态、活出新姿态

在老城区的主城地段，小西湖拥有着不可再生的文化资源、不可复制的烟火气息、无比优越的地理位置。"要留住原住民，让小西湖延续'生活态'，融入新业态，让老街区'活'出新姿态。小西湖作

图6-10 小西湖地段更新一期植入新业态分布图

了很好的试验，'小规模、小尺度、渐进式'，这样的城市更新模式很有价值和生命力。"秦淮区投资促进局局长吴杰表示，"建筑更新后的利用，就是对建筑最好的保护。"

马道街29号被改造为一座临街咖啡屋，整体风格保持历史感又兼具时尚气息，红砖墙面、木质院门、阳光房、老梧桐、小露台，极具文艺范的小院子已经成了网红打卡地，当时将这栋私人两层小楼租赁给历保集团的是95岁的屋主李彩凤，家族四代人在这里生活成长，这位老人对老屋充满了感情，当看到房屋结构没有变，外墙青砖也得以保留，尤其是木质楼梯还加上了一层玻璃隔板，老人很满意。在充分尊重民意的基础上，小西湖片区业态涵盖文化展馆、非遗工坊、文创零售、民宿餐饮、休闲娱乐，并融合"夜宿""夜食""夜娱"等业态，丰富夜间精神文化生活，拟引进24小时书屋、网红店铺、主题民宿、共享办公等多元功能（图6-10），并与原住民生活相互协调，推动老城区逐渐焕发新活力，让街区居民有更多更实在的获得感、幸福感。

至2021年，一大波项目已经入驻。比如，基于万氏兄弟的动漫文脉资源，结合小西湖万氏故居（中国美术片创始人）建筑，联合上海美术电影制片厂，正在打造"大闹天宫艺术馆"；与腾讯互娱合作打造的南京欢乐茶馆已经开业，以喝茶、打牌、看戏为核心展示市井娱乐文化；书籍设计师、艺术家朱赢椿老师及艺术跨界人士设计打造的虫文馆，将自然教育与艺术生活美妙结合，吸引越来越多的游客；"我是迷"推理馆带来年轻人喜爱的沉浸式实景推理游戏；马道街41—47号在修缮历史建筑、展示三官堂遗址的基础上引进的精品酒店花间堂即将开业。以文化为基础，以品牌为抓手，激发潜力和活力，小西湖逐步散发出特有的气质。在小西湖，你可以去参观一个展、倾听一场戏、表演一出剧、欣赏一种工艺……体验绝无仅有的老城南生活气息。

　　小西湖保留下来的原住民是小西湖的记忆所在，街区中每天穿行的人们，用真实的生活状态讲述着小西湖的情感故事。通过老城南整体规划和全域旅游建设，小西湖不断加强与夫子庙、老门东、内秦淮河及门西地区的融合，形成特色鲜明的 IP，积极融入南京城南"城景一体、主客共享"的全国全域旅游示范区，为整个老城南保护更新树立了榜样，增添了活力，提升了信心。

6.1.5　结语

　　小西湖地段微更新，探索"小尺度、渐进式"的居住类历史地段老城更新模式，以改善民生、延续本地生活和历史风貌保护为目标，以点带面，按照尺度层级定义保护与更新策略，尝试在整体风貌传承的同时，突出土地、产权关系全生命周期管理机制的建设，实现各类资源价值提质增效，衍生多元价值，塑造城市特色，使之成为我国传统民居片区再生的典型案例。

　　小西湖地段微更新中的"自下而上"四个字弥足珍贵。江苏省设计大师、东南大学建筑设计研究院院长韩冬青从业时间很久，却是第一次参与这样的"反向操作"。"高校设计专家、管理人员和志愿者团队合作，走进百姓家门一起看现场、谈方案、出谋划策，最终确定了自我更新、有机更新、持续更新的实施路径"。

　　长期跟踪老城南更新的著名文史作家薛冰感触很深，十年前南京启动旧城改造，老城南一片"拆"声。"建设性破坏发生在街巷，根子在人心，缺乏足够的文化自信。我很高兴，小西湖决定留下原住民和烟火气，弥补了老门东的遗憾。"

　　对此，历保集团董事长范宁认为："'绣花式'的微更新改造，与其说是一种折中，不如说是一种智慧的传递，它需要改造者在很长的时间里，用耐心、韧性、智力不断寻找与不同利益主体共赢的平衡点。"对于小西湖未来的生活，范宁这样畅想到："未来的小西湖，将是充满欢声笑语、幸福和谐的美好社区。"

　　南京市规划和自然资源局党组书记、局长叶斌认为："党的十八大以来，南京明确提倡城市更新模式转变为'留改拆'，'留'字放在首位，意味着城市更新模式的转变。为城市留住文脉、留住风貌、留住记忆成为首要目标，路径上从连片化、政府主导转变为常态化、小规模、政府引导、社会多元参与模式。实践证明，小西湖微更新方式有利于城市历史文化遗产保护、有利于城市特色塑造、有利于社会各界多元参与、有利于发挥经济社会综合效益。"

　　小西湖微更新是南京这几年来坚定实践"人民满意的社会主义现代化典范城市"发展愿景的一个精彩缩影，更是南京历史文化名城保护工作转型升级的标志、城市区域治理的成功典范。近年来，该更新项目得到了国家和社会各界的广泛关注，但更新才初见成效，还有很多的难题需要面对、很长的道路需要去探索。

　　执笔：吕晓宁（南京市规划和自然资源局总规划师）
　　　　　李建波（南京市规划和自然资源局秦淮分局局长）

图 6-11 老门东现状实景图

6.2 秦淮区老门东片区保护与复兴

6.2.1 城南老城区概况

　　南京是世界著名的历史文化名城，其延绵 2500 年的建城史，累计 450 年、十个朝代的建都史，孕育了丰厚的文化积淀和独特的人文景观，留下了众多弥足珍贵的文化资源。南京城发端于城南秦淮河畔，后历经东吴、魏晋、南北朝、唐、宋、明、清几个朝代，城南地区始终是南京历史上人口最密集、经济最发达、文化最繁盛的地区（图 6-11）。

　　随着南京城市现代化的快速发展、城市功能的不断调整、经济结构的不断转型，老城南地区的活力日渐衰退，布局混乱、房屋破旧、居住拥挤、交通不便、公共设施短缺，与老城的悠久历史、深厚文化形成强烈的反差，出现老城的通病，即"人口密度高、危房险房比例高、居住品质低、居民收入低、配套基础设施水平低"，人均居住面积不足 10m²，已远远不能适应城市经济社会的发展，并危及历史文化的保护和传承。为了切实改善群众的居住条件、保护历史文化资源，让老城南焕发活力和生机，实现历史复兴，对城南老城区进行保护与改造迫在眉睫。

6.2.2 城南老城区保护历程

　　2010 年，市委、市政府提出"整体保护、有机更新；政府主导、慎用市场"的十六字城南老城区保护方针，同时要求要怀着"对历史敬畏、对文化崇尚、对先人感恩"的态度，做到"应保尽保、能保

图 6-12 片区改造前

图 6-13 片区改造后

则保"。根据"整体规划，分类分片实施"的原则对老城南门东地区进行规划与实施。

依据《南京历史文化名城保护规划》《南京市历史文化名城保护条例》，为加快对城南老城区历史文化的保护与复兴的推进力度，市政府成立了南京城南历史文化保护与复兴指挥部，统筹老城南门东片区保护与复兴项目。

2010 年，原南京市规划局公开征集老城南历史城区保护方案，最终确定具有成都宽窄巷、福州三坊七巷等历史街区成功设计经验的清华大学张杰教授领衔承担编制《南京老城南历史城区保护规划与城市设计》（以下简称《城市设计》）。2010 年 11 月 6 日由住房和城乡建设部城乡规划司主持召开了国内历史、古建、文物等领域 7 位著名专家参加的专家评审会，11 月 13 日又在南京由南京市规划委员会办公室主持召开了规划、建筑、历史、文化等领域 9 位专家参加的专家咨询会。两次会议的专家均对方案提出的保护思路表示高度认可和肯定。2010 年 12 月—2011 年 1 月该设计方案进行了为期 1 个月的社会公示。2011 年 6 月，经南京市人民政府批复，将《城市设计》作为老城南保护更新的依据。

门东历史街区保护与复兴工程总占地面积约 15 万 m²，2008 年启动搬迁，共搬迁居民约 4000 户，总投资约 50 亿元。建成后的门东历史街区总建筑面积约 14 万 m²（其中，地上建筑面积约 7.8 万 m²，地下建筑面积约 6.2 万 m²），工程将保留省级文保单位一处（蒋寿山故居），约 1170m²；保留历史建筑 34 处，约 9427.81m²。改造建设中严格遵循十六字保护方针，使整个门东街区逐步体现了古都金陵特有的"山水城林"城市特色。门东历史街区整体风貌已形成，街巷肌理得以恢复，配套设施逐步完善。如今的门东，既修缮了省文保单位沈万三故居、蒋寿山故居、傅善祥故居、上江考棚等重要历史文化点，复建了骏惠书屋、问渠茶馆等代表秦淮市井文化特色的古建筑，还在三条营、边营等街巷，修复、修建了一批极具特色的古民居院落群，同时恢复了原有的青石板、青砖路（图 6-12、图 6-13）。

街区以市委市政府对老城保护与复兴提出的"保护历史文化街区、打造文化创意基地、凸显历史文化内涵、实现功能定位转换"要求为指导，在保护传承好文化原真性的同时，充分凸显文化展示、艺术创作、旅游观光、休闲体验等功能。业态分为民居酒店、精致餐饮、精品零售、休闲娱乐、艺文展演、民俗工艺、设计师工作室等几大类别。未来将蜕变成为南京国民休闲基地、民俗体验基地、文创企业交流基地，让年轻人品味时尚、老年人体验怀旧、外国人感知金陵。

图 6-14   传统老建筑改造前

图 6-15   传统老建筑改造后

6.2.3 城南老城区保护方式

2011 年初，南京城南历史文化保护与复兴指挥部正式启动对门东历史城区的保护与复兴工作。逐步展开试点，从点、线、面几个方面出发，经过调研，通过分类梳理、评价、定位各类历史文化资源，梳理出 1 处文物古迹（省级文保单位）、46 处传统老建筑、8 处文化资源。按照上位规划要求对整体肌理、文物、传统老建筑、传统街巷、老树、古井等历史遗存进行了定点定位保护，积极做到"全面保护、能保则保"。

（1）对"点"的保护

① 对文物的保护

文保单位共计 1 处，约 1170m²，即省级文物保护单位"蒋百万故居"。针对其建筑风格、现状特点，本项目委托南京大学编制了文物修缮设计方案，并经过了省、市文物局的批准。对该处组织实施文物的保护和修缮，符合法律法规。

② 对传统老建筑的保护

门东老城区内传统老建筑共计 46 处，约 12428.81m²，占该地块总面积的 8%。在保护与修复的过程中，严格按照《南京市历史文化名城保护条例（2010 年）》和上位规划的要求，对所有传统老建筑进行了详细的测绘和相应的安全鉴定。根据建筑现状及房屋安全鉴定的结果，本项目委托南京大学建筑与城市规划学院进行了修缮方案设计（图 6-14、图 6-15）。

③ 对非传统老建筑的保护和利用

对地段内的非传统老建筑以及与门东老城区传统风貌冲突的建筑，严格按照规划要求进行了拆除更新和改造再利用。在具体工作上，还对多幢现代建筑进行了保留改造再利用，包括原色织厂内的 3 栋多层建筑，及剪子巷 44 号、边营 17 号、三条营 29-1 号等 3 处多层建筑，共计约 14047m²，较好地保留了街区的多元风貌建筑，保护了城市建设发展历史的连续性、多样性特征。

图 6-16　三条营改造前　　　　　　　　　　　图 6-17　三条营改造后

④ 对原有古井和大树的保护

全部保留和保护了地段内的原有古井和大树，包括古井 8 处、古树 16 处。

（2）对"线"的保护

① 对街巷肌理的保护

在规划实施中，严格按照规划保护了片区内的全部历史街巷，如三条营、中营、边营、陶家巷等，以上街巷均按照原位置、原线位及街巷的传统界面特征进行保护。在整体肌理上，按照规划要求，恢复被拓宽了的箍桶巷割裂的街区肌理，将原有 30m 宽的道路缩窄为 13m，两侧恢复传统建筑形式的风貌，最大限度地保护了门东老城区的传统肌理（图 6-16、图 6-17）。

② 基础设施的提升改善

针对门东的改造需求，进行地下综合管网敷设，包括自来水、强电、燃气、消防、弱电、监控及照明亮化，实现杆线下地。降低外围街巷高程，彻底解决汛期的雨水倒灌问题。配备、增加消防设施，设置小型消防站，加强片区的火灾隐患预防和应急能力。

（3）对"面"的保护

严格按照《城市设计》对城南老城区进行整体风貌保护，坚持系统保护建筑单体与整体风貌特色，构建历史建筑展示空间，培育特色风貌的多样性，形成多元化的、风格协调的老城南整体风貌。

6.2.4　社会效益

门东地处古都金陵之南，积淀了上千年的历史，承载着浓浓的老南京味道。街区发掘文化资源，创新形式和载体，以"文化 +"的方式打造文化精品（图 6-18、图 6-19），展现门东文化魅力，实现文化形象，提升街区文化影响力。

图6-18　德云社南京分社

图6-19　老门东先锋书店

街区既充分运用文化素材，统筹规划和设置文化墙、非遗老字号市集等，把有形、无形的文化遗产保护好、传承好，打造成门东特色文化名片，又基于街区运营多年积累的汉声、上海美术电影制片厂、中国建筑等文化资源，创新导入，强化人文交流和对外宣传，助力文化创意升级。

门东的青砖墙面为丰富门东文化内容提供了载体，以开放式博物馆为理念，利用墙面空间，邀请名人名家设计，以其对门东的情感认知，打造与建筑和谐共生的文化墙景观，既能展现门东的历史文化沉淀与改造发展经验成果，又能让市民游客在门东可逛、可知、可赏，打破千街一面的形象。

（1）门东发展历程墙

门东街区保护复兴历经多年，过程中的珍贵记忆、动人故事，是门东这片土地上"最鲜活""最动人"的历史，门东发展历程墙将这些历史生动化地展现给世人，让来门东的市民游客产生共鸣。

（2）街巷典故墙

街巷是门东发展的见证者，每一条街巷都有着自己的故事，通过改变单纯以文字标识牌介绍的现状，街巷典故墙借助互动声光装置，打造"可对话的建筑"，让街巷讲述历史。

（3）童谣故事墙

选取"城门城门几丈高"等朗朗上口、有地域特色的童谣，配以儿时的游戏场景，打造形象卡通、互动趣味、色彩丰富的童谣故事墙，唤起儿时记忆。

（4）金陵诗词墙

金陵诗词墙节选有代表性、有意境、脍炙人口的诗作，结合花卉景观，场景化展示诗词意境，提升文化氛围。

图 6-20 老门东文化墙

图 6-21 老门东老字号

（5）老字号文化墙

作为首批江苏省老字号集聚街区，门东街区的发展离不开老字号的支持，老字号文化墙挖掘老字号发展历程，展示店名、牌号、手艺、商品等内容，融入光影，充分展现老字号的保护与发展（图 6-20、图 6-21）。

历史街区作为城市文化的重要载体，承载着城市的过去、现在，演绎着未来，是一种动态的城市遗产，记录着城市的历史记忆，为城市的发展提供深厚的文化积淀与源源不绝的文化滋养。门东历史街区 2013 年正式对外开放，累计接待游客量超 6000 万人次，举办各类高品质文化活动超千场，历经多年的发展，成为南京具有代表性及消费活力的街区之一。

未来，门东街区将围绕南京建设引领性国家创新型城市的目标，推进历史文化传承与现代商业文明跨界融合，诠释金陵文脉的创新与蝶变，建设智慧街区，打造新消费体验场景，辐射带动周边升级，成为促进城市消费升级的"发动机"和创新型城市的重要载体。

执笔：范宁（南京市历史城区保护建设集团董事长）

黄洁（南京市历史城区保护建设集团副总经理）

李建波（南京市规划和自然资源局秦淮分局局长）

图 6-22　百子亭规划效果图

图 6-23　民国南京航拍照片（1929 年）

图 6-24　南京地图（1933 年）

图 6-25　南京地图（1937 年）

6.3　玄武区百子亭历史风貌区历史资源保护与利用

6.3.1　百子亭地区的前世今生

　　百子亭路位于玄武门街道洞庭路南侧，南起傅厚岗，北至玄武门，清《同治上江两县志》图载，"此处曾有百子亭、息息亭两座亭子，后成街巷"。民间相传百子亭内有送子观音，古为百家求子之地，故名百子亭，街巷也因此得名。百子亭古为南京城郊，明清之际成为屯军之所，近现代发展成为住宅群落（图 6-22～图 6-25）。

图 6-26　1930 年代《首都计划》中的 6 个南京城市功能片区
图片来源：南京市房产局档案馆

　　南京是近代中国第一个按照国际标准，采用综合分区规划的城市。1930 年代，百子亭地区在《首都计划》中被规划为第一住宅区（图 6-26），位置上紧邻作为市级行政区的傅厚岗地区，凭借区域上的优势与政府扶持，百子亭逐渐成为当时文化精英、社会名流与政府要员的聚居之地（表 6-1）。多位名人以购地自建模式在此建造私宅（图 6-27），包括著名画家徐悲鸿、傅抱石，民国要员桂永清、段锡朋等，形成了"和而不同"的"新式"住宅群。这些建筑是当时中国有为之士们实践其梦想的舞台，更是中国近现代建筑史中不可忽视的华美段落。

百子亭的名人住宅分布　　　　　　　　　　　　　　　　表 6-1

地址	人物	籍贯	留学经历	职务
中央路 52-1 号	陈洴澡	江西赣州	留学法、德，生物医药学硕士	教育局局长
傅厚岗 16 号	段锡朋	江西永新	留学美、英、德、法，历史学博士	教育部次长，中央大学代理校长
傅厚岗 10 号	原敏兴	广东	—	教育部任职
傅厚岗 12 号	郭有守	四川资中	留学法国，经济学 / 文学博士	—
傅厚岗 6 号	傅抱石	江西南昌	—	画家、中央大学教授
傅厚岗 4 号	徐悲鸿	江苏宜兴	留学法国	画家、中央大学教授
百子亭 7 号	王仲廉	江苏徐州	—	国民革命军长
百子亭 17 号	廖运泽	安徽凤台	—	国民党国防部中将部员
傅厚岗 14 号	杨公达	四川长寿	留学法国，法学博士	立法委员、联合国同志会常务理事
百子亭 19 号	桂永清	江西贵溪	—	海军总司令
百子亭 5 号	黄季弼	广东佛山	—	国民革命军少将、军委会处长

图 6-27 民国老照片——徐悲鸿住宅

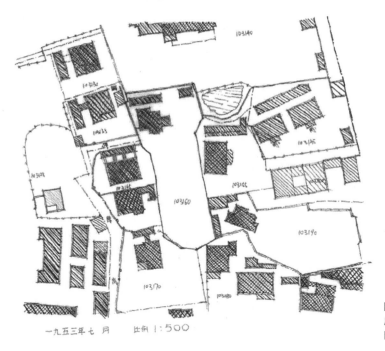

图 6-28 百子亭历史风貌区 1953 年
房地产总平面图
图片来源：南京市房产局档案馆

　　抗战时期，大部分住宅被日军和日侨所占据，房屋得以保留。1945 年到 1950 年代，建筑格局保持良好，街巷院落完整清晰（图 6-28）。1960 年代到 1980 年代，因城市发展、人口膨胀，加建和插建住房日益增多，原有街巷、院落等开敞空间被消解，大量后期搭建影响了历史建筑的本体安全，加建的大体量多层住宅楼也破坏了百子亭的原有风貌。

　　1990 年代到 2010 年代风貌区基础设施趋于陈旧，地区功能逐渐走向落寞，在城市更新改造过程中，地块内的老旧建筑基本拆迁完毕，作为法定保护对象的历史遗存和近代住宅基本保护完好，并启动了抢救性修缮工作（图 6-29～图 6-32），仍能较集中地展示民国遗风余韵。

图 6-29 修缮前的傅厚岗 6 号（傅抱石故居）

图 6-30 修缮前的傅厚岗 10 号（原敏兴故居）

图 6-31 修缮前的百子亭 7 号（王
仲廉旧居）

图 6-32 修缮前的傅厚岗 4 号（徐悲鸿故居）

6.3.2 历史保护下的更新探索

百子亭历史风貌区位于南京老城中部，东至百子亭路、南至傅厚岗路、西至中央路，占地面积 2.74hm²（图 6-33）。该片区是南京近代城市居住区的典型代表之一。区别于颐和路近代住宅区与梅园新村近代住宅区，其平面布局较为自由，是现存近代城市住宅区中传统风貌保存比较完整的地区（图 6-34～图 6-36）。

2012 年以来，南京市进入有机更新、积极创新的城市发展新阶段。依据《南京历史文化名城保护规划（2010—2020 年）》，百子亭片区内 11 栋民国住宅被列入保护名录，其中市级文物保护单位 3 处，包括傅厚岗 4 号（徐悲鸿故居）、傅厚岗 6 号（傅抱石故居）、百子亭 19 号（桂永清故居）；不可移动文物（区级文保单位）8 处，包括百子亭 5 号、7 号、17 号，傅厚岗 10 号、12 号、14 号、16 号，以及中央路 52-1 号；历史建筑 1 处，为傅厚岗 14 号附属建筑。片区中的历史建筑承载了独特的历史人文记忆及城市空间特征，如何通过规划手段平衡利用与保护的关系，激活历史文化资源，在保留地区人文特色的前提下，转换历史建筑原有居住功能，赋予其崭新多元的产业价值，打造丰富完整的城市形象界面，南京市开展了多方面的积极探索工作。

图 6-34 百子亭 1940 年航拍

图 6-33 百子亭位置

图 6-35 颐和路 1940 年航拍

图 6-36 梅园新村 1940 年航拍

（1）更新思路的转变

城市更新需要有新的思路，不仅仅是从物质空间、经济与社会的角度，而更应从长远的发展及特色文脉延续的角度展开，以提高城市竞争力，并体现城市文化的特色性。2012 年，南京市实行"留改拆"的城市更新模式，注重保护和利用历史文化资源，并且对其进行"现代化"改造。百子亭片区毗邻玄武门地铁站、南京城市重要主干道中央路，紧邻南京重要商圈湖南路，以及重点历史文化景观玄武湖、明城墙。鉴于该片区的区位优势以及深厚的历史文化背景，百子亭城市更新不仅可以改善当地居民的生活环境，形成风貌连续而统一的景观廊道，还能与周边商圈联动发展，成为链接各片区的发展廊道，同时还能为环玄武湖文化自然风光带增色。为此，玄武区于 2012 年着手启动百子亭片区征收与拆迁工作，累计征收房屋面积约 2.3 万 m²，投入资金约 7.4 亿元，范围包括百子亭历史风貌区与百子亭北侧地块，并率先针对百子亭片区进行多轮建筑容量和方案设计研究。

2015 年，南京市规划局提出，百子亭北侧地块应与百子亭历史风貌区"统一规划、全盘开发"，需合理组织地块内业态，全面分析保护建筑与居住、商业、空间、交通、景观环境之间的关系，形成统一的城市空间形态。为此，南京市规划局会同专家组织多轮会议研究，结合百子亭的区位特点、地块特性，

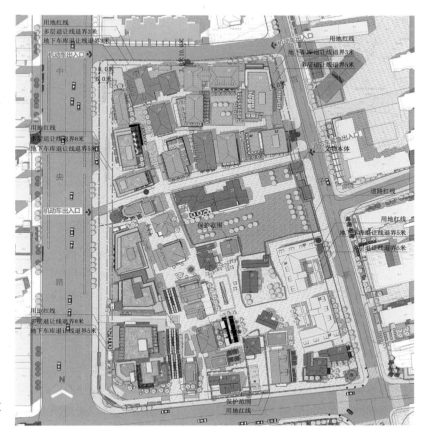

图6-37 百子亭历史风貌区
保护规划及周边地区城市设计

并研究了国内外众多案例，为百子亭的保护与更新寻找合适的思路。经过激烈的研究讨论，认为上海新天地的基础条件与百子亭较为接近，同时，其分级保护的模式也较适于百子亭地区，故最终选择参考新天地的成功模式，提出片区整体打造、文化与旅游功能串联的发展思路。

2018年，在综合各设计方案优点和专家意见后，《南京市百子亭历史风貌区保护规划与周边地区城市设计》通过评审（图6-37），自此"百子亭天地"诞生。规划确定了"南京民国时期重要近现代风貌展示区、南京重要的文化艺术创意区、具有南京特色、功能复合的时尚休闲街区"的发展定位，并明确了保护措施、资源展示、空间布局、高度分区等要求。

（2）历史与现代的交融

百子亭历史风貌区历史资源的保护与利用不局限于风貌区的独立更新，而是将风貌区北侧面积约0.89万 m² 的商办用地，以及西侧占地约0.46万 m² 的中央路小学地块纳入"百子亭天地"总体规划。百子亭天地将分两期建设，一期分为南、北两区，建筑体量达4.9万 m²，二期则计划建设成为约2万 m² 的商业体。一期南区的规划以保留的民国建筑为基底，嵌入4栋风格、色彩与保留建筑协调统一的商业

图 6-38　修缮后的百子亭天地（2020 年 5 月摄）

载体。一期北区则建设全新的现代建筑，采用大面积玻璃幕墙外立面，以形成南北新旧对话、交相辉映的态势（图 6-38）。

对百子亭历史风貌区的更新改造，无疑是玄武区发展的机遇，却也面临着城市更新中的巨大挑战，为平衡历史文化资源的保护与利用，百子亭历史风貌区采取了以下措施。

① 措施一：嵌入功能空间，新旧碰撞

百子亭历史风貌区的更新改造，既不是拆旧建新的"地毯式改造"，也并非整旧如故的"历史文化保护"，而是采取了相对折中的第三种形式，即利用空间的嵌入，实现功能的转换。空间的嵌入，一是通过改造建筑内部布置，增添必要的生活设施，将其从原本以居住为主要功能的住宅区，改造成以公共活动为主的历史文化街区；二是新增构筑物和插建新建筑，引入与历史建筑不同功能的空间，并严格控制其体量和外观，严格控制建筑高度，与毗邻的明城墙形成连续的景观界面；三是采用新材料、新形式，区分"新"与"旧"，形成硬朗几何构型与传统建筑形态、玻璃幕墙与传统砖石之间的对比，让不同时期的建筑有机共生，给人具有时间厚度的空间体验（图 6-39、图 6-40）。

② 措施二：新旧建筑围合，重塑巷弄

通过研究百子亭片区的文献资料，梳理文化脉络和空间形态的演变过程，结合场地现状，从历史影像中寻找原有空间肌理，并反映在新旧建筑的关系中。利用历史建筑与现代建筑的错位关系，重塑历史巷弄空间，既形成以人为本的步行交通系统，又创造出商业可利用的灰色空间，满足大流量的人群聚集、休憩、疏散的多元需求。通过精准设计入口广场与历史建筑的对位关系，形成视线通廊，将人流导入街区。步行街区利用南京地区的特色建筑材料，以砖、瓦、石材等作为景观元素，与历史建筑相呼应，营造历史氛围。风貌区中心保留的开敞空间，参照历史上的聚落活动的中心辐射特点，围绕中心广场和街道组织活动，成为开放的城市客厅，针对不同人群，定期举办周末集市、音乐会、露天放映等活动，重塑街区活力。

③ 措施三：修缮历史建筑，新旧协调

更新过程中拆除了与街区整体景观不协调的附属房屋，恢复建筑主立面历史原状。仔细剥除 20 世

图 6-39　修缮中的百子亭（2020 年 5 月摄）

图 6-40　新旧建筑的"碰撞"（2020 年 5 月摄）

纪八九十年代流行的瓷砖，按照历史照片调制灰黄色涂料粉刷墙面，并留出部分青砖墙体，收集废旧青砖黑瓦用于历史建筑修补；门、窗等则按原式样、原材料重新加工定制；严格保留各建筑的特色部分（如百子亭 7 号富有西式风情的爱奥尼柱式），恢复历史建筑的原有风貌（图 6-41～图 6-43）。为更好地利用历史建筑，主立面之外设置"可逆"的附属构筑物，以玻璃幕墙和铜色漆面的钢为主要材料，既与周边的历史建筑相协调，又具有足够的辨识度，不与文物本体混淆。

④ 措施四：注入多元业态，焕活联动

百子亭历史风貌区的业态将延续片区的文艺氛围，成立艺术展览中心，辅以少量轻餐饮及创意市集，

图 6-41　依据史料复原民国时期的砖

图 6-42　用传统窗户支架复原民国时期的窗户

图 6-43　傅抱石、徐悲鸿故居保留的独特的阁楼舷窗、屋顶结构

进一步丰富周边核心商圈业态。从项目自身运营层面看，百子亭天地采用管理者与经营者分离、只租不卖的运营模式，严格筛选引入商户，保证业态合理、丰富、高品质，形成集展示、设计、餐饮于一体的民国历史文化体验街区。多元化的消费选择将有效延长游客停留时间，并促进整个地区的整体性消费。在宏观层面上，百子亭天地将引发空间串联机制，打通湖南路商圈、鼓楼商圈、新街口商圈的空间路径，发挥集聚作用，产生规模效应。同时，联动玄武湖、明城墙等重要景点，丰富明城墙文化旅游轴线和玄武门段旅游资源，与门东、门西城墙内侧段形成东西呼应，与长江路文化旅游集聚区形成南北呼应。百子亭的兴起将带动片区发展，促进周边土地的价值增长，与周边商圈、经济带形成联动，成为南京经济文化发展名片。

6.3.3　结语

2020 年国庆期间，百子亭片区作为第四届玄武国际城市休闲旅游节的主会场，在社交媒体上引起了广泛关注，迅速成为网红打卡地，吸引了大批游客的到来和点赞。从片区改造到后期运营，百子亭承接历史、面向时代，开启了玄武区城市更新的崭新篇章。在这个过程中，我们也总结了一些城市更新工作中的经验。

一是保护利用，活化更新。南京民国建筑的历史、艺术价值在中国占有重要地位，然而，随着城市建设进程的加快，很多散落在各处的民国建筑已破败不堪。百子亭历史风貌区中众多民国建筑亟需保护、开发、利用。更新工作在"修旧如故、活化更新"理念下，以修复并保护历史建筑为前提，提升文保建筑硬件基础和综合配套，吸引高端品牌和业态进驻，将百子亭天地打造成为南京市有品质、有格调、彰显城市文化和古都魅力的标志性新文化地标。

二是优化功能，释放活力。百子亭更新项目以提升体验感为目标，打造高品质公共空间，更好地满足市民和游客的观光、旅游、休闲、文化等各类需求。百子亭天地拟引入旅游文创、精品书店、潮流餐饮等复合业态，重塑多元活力。改造后的百子亭天地将成为互联时代极具代表性的、承载历史文化记忆的南京城市文化客厅。

三是注入动能，提质增效。百子亭片区位于多板块主轴线之间，地理位置优越，具备提质增效潜力。而与之相对的是，板块周边缺少与市民需求相匹配的休闲、商业空间。百子亭天地项目挖掘文化、旅游和商业元素，为低效载体导入文旅业态，优化配套设施，打造为多类别、多层次的文旅消费场所，提供多功能、多业态的消费服务和体验式、场景式的消费空间，增强老城区的综合服务能力。

四是政府引导，调动市场。百子亭更新项目参考从上海新天地兴起的"政企合作"旧城更新模式，将国际视野与整体城市规划相结合，借助企业独到的开发经验，充分细致地判断历史文化资源价值，进行项目设计和发展策划。在保留百子亭历史文化特色的同时，利用其文化影响力，实现其经济价值，建设能彰显南京城历史文化风貌的精品工程。通过现代手法展示历史、宣传文化，激发地区活力，促进社会物质文明与精神文明共同发展。

城市更新是动态的更新，既涉及物质性的更新，也涉及非物质性的更新，要将消极的城市空间转换为积极的城市空间，更重要的是思想和生活方式、城市管理模式的更新。吴良镛先生指出，从理论上讲，面对建设与保护的矛盾局面，关键是寻求将保护和建设结合起来的理论方法。"积极保护、整体创造"的观念，就是将遗产保护与建设发展统一起来。不仅保护文化遗产、文物建筑本身，而且在文化遗产周边设定缓冲区和保护区，对保护区内发展中的新建筑，我们必须使它遵从建设的新秩序。城市在不断发展，城市更新的主体、方式、技术条件等都在发生变化，只有通过不断实践、开拓进取、勇于创新，才能寻找到最合适的城市更新之路，百子亭的探索仍在继续。

执笔：刘光治（南京市规划和自然资源局玄武分局局长）

李海沅（南京玄武城市建设集团有限公司董事长、总经理）

第 7 章   城镇低效用地再开发

图 7-1   幕燕滨江现状实景图

7.1 栖霞区燕子矶老工业基地改造提升

如果把城市比作一个生动的有机体，那么其生命就是不断更新、持续激发出新活力的过程，并在不同的历史阶段呈现出不同的特点。南京燕子矶地区作为曾经的老工业基地，在新时期深入践行习近平总书记新发展理念和生态文明思想，探索出一条以生态优先、规划引领、产业升级和完善配套为特色，协同推进老工业基地绿色转型发展的城市更新道路（图 7-1）。

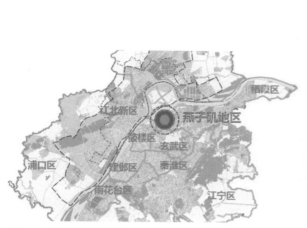

图 7-2　燕子矶地区区位图

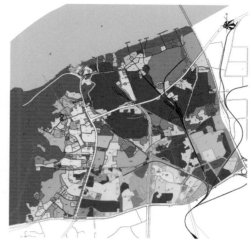

图 7-3　燕子矶改造前土地利用现状图

7.1.1　历史上的燕子矶地区

燕子矶地区位于南京主城东北部，栖霞区范围内，北邻长江，西靠幕府山，南至栖霞大道，东到二桥高速，总面积近 20km² （图 7-2），自古便是南京重要的军事要地，也是现在南京主城与南京都市圈连接的门户。燕子矶因"万里长江第一矶"而享誉，因其形似燕子展翅，三面悬于长江之上而得名，燕矶夕照更被列为"金陵四十八景"之一，是历代文人墨客甚至帝王的挥毫赋诗之地，拥有丰富的历史文化资源。乾隆皇帝六下江南，五登燕子矶，并留下御题和诗作。

自民国以来，燕子矶因其独特的交通和区位优势，成为民族工业发祥地，中华人民共和国成立后这里成为"工业重镇""化工基地"，主要涉及化学、机械、电力等行业。在鼎盛时期，燕子矶拥有各类企业 404 家，其中小化工、电力、橡胶等企业 100 多家，大中型化工企业 15 家，创造了多项"中国第一"的骄人业绩，曾为南京甚至是全国经济建设发展作出重要贡献（图 7-3）。

7.1.2　面临的问题和新时代发展要求

（1）生态环境污染

伴随着城市的发展，燕子矶作为工业基地面临着各种问题。除大型化工厂外，众多小化工企业因生产设备差、工艺技术简单、环保要求不达标，导致土壤、水体和空气污染问题日益严重（图 7-4）。地区内河道由于长期污水直排变得黑臭无比，水体颜色一天能变化五六次，周边居民无奈地将其称为"五彩河"（图 7-5）。此外，化工厂排出的污染气体导致燕子矶地区空气中长久弥漫着刺鼻的酸味，对人体健康危害非常大。因燕子矶位于南京主城区的上风向，超标排放的污染物对全市的空气质量和生态环境均造成严重影响（图 7-6）。

图 7-4　燕子矶企业旧貌

图 7-5　原水体污染

图 7-6　原空气污染

（2）长江岸线开发过度

长久以来，为了配合化工企业生产，长江岸线聚集了大量化工码头、仓储运输、建材砂厂等设施，岸线过度开发利用，破坏了长江生态，并对城市生活用水安全形成威胁。

（3）城市配套缺失、风貌破败

由于城市规模快速扩张，曾经远离居民区的化工厂基地逐渐与城市连接起来，城市用地与村镇用地犬牙交错，居住和配套等用地与污染较大的工业、仓储用地交错混杂，居民生活环境恶劣，配套设施亟缺。此外，因地区内燃气公司、变电站等大型市政设施、高压线走廊、铁路专用线穿插其中，城乡风貌亟待改善。

（4）文化历史资源被忽视淹没

燕子矶地区大量的人文历史景观和文物古迹被各种企业包围，市民难以进入或游览观赏，其风采

图 7-7　徐家村失考墓碑图

也渐渐淡去（图 7-7）。在市民心中，明代徐渭笔下"青山如美人，楼观即衮妆"的燕子矶画面已渐行渐远。

　　进入新的历史发展阶段后，尤其是党的十八大以来，经济社会发展更加强调"创新、协调、绿色、开放、共享"的新发展理念。同时，习近平总书记指出，发展要始终坚持人民至上、以人民为中心，不断满足人民对美好生活的向往和追求。燕子矶地区承载的功能已不符合新时代经济、社会发展以及提升人民幸福感、获得感的要求，需要对其开展全面、深入、持久的城市更新。

7.1.3　全面开展燕子矶城市更新

　　南京市委、市政府坚决贯彻生态文明思想和新发展理念，决定将燕子矶地区作为全市产业结构调整和"三高两低"（高污染、高耗能、高排放、低效益、低产出）企业整治的起点。南京市政府发布《关于对燕子矶地区化工生产企业进行综合整治的通告》，要求地区内化工企业全面停产，并成立了化工整治和新城建设的专门机构——南京市江南小化工集中整治工作现场指挥部（以下简称"指挥部"），进而拉开了全市新一轮城市更新的序幕。燕子矶正在进行一场华丽的"蝶变"。

（1）高标准编制规划，引领城市更新

　　在组织化工企业搬迁的同时，面对即将释放出的城市空间，市政府和规划部门非常重视发挥规划对城市更新的引领作用。根据《南京市城市总体规划（2007—2020 年）》，燕子矶地区是南京区域中心城市功能的集中承载地，现代都市区功能的核心区，重点发展现代服务业和高新技术产业。

　　2010 年市规划部门根据总体规划组织编制了《燕子矶新城区控制性详细规划》（图 7-8），在规划目标上明确燕子矶新城区要以新一轮城市建设与发展为契机，做强、做大、做优、做美，成为南京转型发展的示范区、创新发展的实验区、跨越发展的先行区，全面融入南京主城，促进南京中心城市功能

图 7-8　燕子矶新城控规图

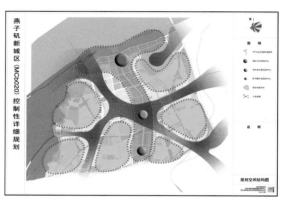

图 7-9　燕子矶新城空间结构图

更新和提升。新城要积极实现"两个转变目标",即:综合服务、转型发展,从城市边缘区转变为南京北部新城区;环境优美、职住平衡,从老工业基地转变为滨江人居之佳地。在功能定位上,燕子矶新城将作为南京重要的、极具大江风貌特色的文化休闲旅游基地和以文化、旅游、休闲、商业为主的公共服务中心。在空间结构上,要充分利用当地的地理、区位优势和人文特色,依托长江、幕府山两道生态界面,通过城市设计等手法,将诸多资源有机融入再开发进程之中,形成"一带、三心、六片区、多廊道"的历史山水格局与现代城市景观有机融合的空间布局结构(图 7-9)。

　　"一带"即 T 字形公共服务设施带:在燕子矶滨江至栖霞大道的经五路沿线形成服务辐射整个城市北部区域的公共服务设施带。"三心"即滨江综合服务中心、明外郭文化活动中心、经五路生活服务中心。"六片区"即六个综合发展片区:结合保留的居住用地,组织形成六个大型的综合发展片区,将居住、社区服务、科研、研发产业培育等有机组织起来,以保证职住相对平衡发展。"多廊道"即多条绿色廊道:依托规划区内以明外郭为主的历史人文资源,由公园绿地、河流水系、道路绿化以及幕府山滨江带延伸而来的绿带,形成多条绿色廊道。

(2)城市生态修复更新

　　习近平总书记强调,良好的生态环境是人和社会持续发展的根本基础。环境保护和治理要以解决损害群众健康的突出环境问题为重点,坚持预防为主、综合治理,强化水、大气、土壤等污染防治,着力推进重点流域和区域水污染防治,以及重点行业和重点区域大气污染治理。

　　① 土壤修复

　　燕子矶原化工企业搬走后,原来用地土壤中残留的工业污染物成为土地开发利用的巨大威胁,原来南京市民谈到燕子矶时脑海中很容易想到"毒地",这考验着燕子矶城市更新建设者的历史责任和治理智慧。化工企业关停搬迁后,燕子矶地区共有 4800 亩(320 万 m²)退役场地需要整治、修复。规划部门根据用地性质,严格要求指挥部在土地前期整理和供地环节执行国家、省市相关法律法规,在土地开发中遵循"不达标、不使用"的原则。指挥部先后投入约 8 亿元,完成了南京化工厂、钟山化工厂、锦

图 7-10　北十里长沟西支现状

湖轮胎厂等 43 家企业、约 3500 亩（约 233 万 m²）土壤及地下水的场地调查、综合治理，剩余部分地块土壤修复工作正在全力推进之中。至 2021 年，燕子矶地区土壤修复治理已成为全省典范，被列为南京市"土壤污染治理与修复试点区"、江苏省"土壤污染综合防治先行区"，并得到了生态环境部和省委、省政府的充分肯定。

② 水污染治理

为了还市民一个山清水秀的环境，全市开启上下以铁腕治污的霹雳行动，对燕子矶地区北十里长沟西支、中支、东支等因长期化工生产导致严重污染的入江河道（总长约 11.2 km）进行治理。南京市领导担任河长，每月现场办公督战推进。指挥部根据规划部门划定的河道蓝线，以入江河道及全域水系治理为重点，累计投入 10 多亿元，实施集控源、截污、清淤、治堤、水体修复、生态重建、环境监管于一体的系统治理。其中，北十里长沟西支全长 4.6km，曾经两岸汇集五六十家生产企业，沿线棚户区私搭乱建，废水直排入河，水质黑臭、淤积严重。经过科学论证，指挥部、水务、环保、规划等部门联合制定了水环境整治与防洪排涝相结合、标本兼治、河道岸线利用的整治计划。该工程于 2016 年启动，对沿线 60 万 m² 小化工企业、城中村危旧房进行拆迁改造，拆除 4.1 万 m² 违法建筑。对于退让河道蓝线释放出的空间，共恢复沿线绿化植被 7 万多 m²，建设 5.3 万 m² 游园绿地，双向共铺设 5.8km 休闲绿道，打造供市民健身娱乐的城市绿色空间（图 7-10）。2018 年，作为省级入江支流重点考核断面，北十里长沟西支彻底消除劣 V 类水体，实现稳定达标。

③长江岸线生态修复

为彻底改变长江岸线脏乱差的状况，保护好燕子矶水源地，规划资源部门联合指挥部、水务等单位，根据《长江岸线保护和开发利用总体规划》，严格落实习近平总书记"共抓大保护，不搞大开发"的指示，以及"要下决心把长江沿岸有污染的企业都搬出去，企业搬迁要做到人清、设备清、垃圾清、土地清，彻底根除长江污染隐患"的具体要求，全面启动长江岸线综合治理，先后累计投入约 45 亿元，完成 110 家砂场和码头、78 家工矿企业的关停拆除，恢复植被 160 万 m²。通过整治，生产岸线现已全部转变为生态岸线，幕燕滨江风光带、燕子矶滨江公园已建成并对外开放，至 2021 年已成为市民休闲游憩的好去处（图 7-11、图 7-12）。

图 7-11　幕燕城市客厅

图 7-12　燕子矶滨江公园

（3）城市产业升级更新

为了燕子矶地区城市空间"腾笼换鸟"，首先需要对该片区内产业进行提前考虑，并针对实际情况分类施策。早在 2004 年，南京市政府即颁布了《南京化工产业布局规划》，明确了全市化工企业向化工园集中，其他园区禁止建设化工项目的原则。2005 年，市政府又出台《关于加快推进主城区工业布局调整工作的意见》，提出"将高耗能、污染物排放量大且不易就地治理、扰民严重以及不符合城市总体规划和生态环保要求的企业搬出主城区"等要求。2006 年，南京再一次重拳出击，先后搬迁了南京化工厂、南京化纤厂等一批污染大户，关闭了 266 家落后小化工企业。2010 年，在前期工作的基础上，南京市委出台"一号文件"，将燕子矶地区化工企业搬迁列为年度十大重点民生工程。政府一方面对高耗能、高污染、低产出的小企业直接关停；另一方面，对规模企业进行技术改造，并集中到化工园区。同时，为了激励企业搬迁，对于"退城入园"的化工企业给予土地、税收等优惠政策，助力长远高效发展。

在淘汰落后产能的同时，规划、发改、招商等部门按照绿色发展理念，指导新城指挥部推进产城融合，努力引进、培植符合地区功能定位、产业规划的新型业态。根据规划，在燕子矶 T 形商办产业轴带上已引入总投资约 350 亿元的宝能商办综合体项目（图 7-13）。前海人寿江苏分公司将落户栖霞，成为区内首个保险金融机构区域总部。同时，华润万象天地（图 7-14）、新华海滨江商务区项目、燕子矶文化旅游古镇等重大项目正在如火如荼建设，计划打造一批商办综合体、区域总部、品质酒店以及高品质街区，即将成为南京东北部高质量发展新的增长极。在大型商业综合体、写字楼、小区物业管理等领域，未来将新增约 5 万个就业岗位，并为拆迁户中无业、下岗人员提供市场分流工作，燕子矶新城已开启了从"工业主导"向"服务业主导"的华丽转身。

（4）市民居住品质提升更新

原来的燕子矶地区不仅是化工生产企业集聚区，同时也是南京城北城中村、危旧房和棚户区集中地，居民生活环境非常恶劣。据统计，原来在此的住户约 1.4 万户，建筑面积约 150 万 m^2（图 7-15）。为

图 7-13　宝能商办综合体

图 7-14　华润万象汇

图 7-15　原棚户区改造布局图

图 7-16 燕子矶拆迁安置房

图 7-17 燕子矶商品房

改善居民居住环境，规划部门把城中村棚户区作为城市更新的重要抓手，根据规划划定改造范围，并由指挥部分期进行改造。截至 2018 年底，政府累计投入 130 亿元，完成 105 万 m^2 棚户区的拆迁改造。到"十四五"末，将全面完成燕子矶地区的拆迁改造任务，该地区环境面貌会发生根本改变。在实施城中村棚户区整治的基础上，政府先后高标准建成约 102 万 m^2 安置房小区，对 2 万拆迁居民实施就地安置（图 7-16）。此外，商业房地产开发也是新城更新的重要举措之一，至 2021 年，地区内已有万科、招商、融创、电建、华润、华发、宝能、仁恒等国内外知名房地产开发企业在此落子建设，为市场供应了大量高品质住宅（图 7-17）。

（5）公共设施配套更新建设

根据规划，未来该地区内规划人口约 30 万人。面对新城建设，在规划编制和建设实施过程中坚持

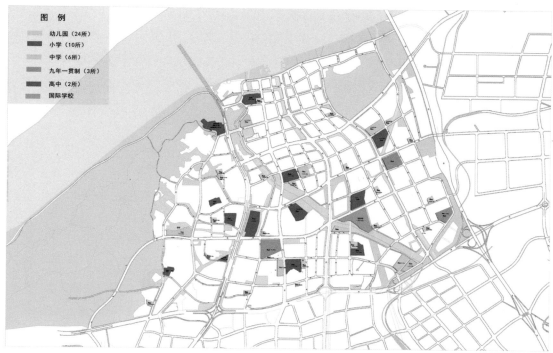

图 7-18 教育布局图

一张蓝图绘到底、生产生活配套优先原则。

在交通方面，依据上位规划和 TOD 理念引导综合开发，除常规公交出行外，新城范围内地铁 1 号线北延、6 号线和 7 号线相继开工建设，和燕路过江通道将于 2023 年建成通车，将大大提升新城对外交通连接的便利性。在教育方面，新城将建设 46 所中小学、幼儿园和国际学校，打造城北"基础教育新高地"（图 7-18）。至 2021 年，南京外国语学校仙林外校燕子矶校区、南师附中九年一贯制学校、南师附中高中部、南京晓庄小学等一批优质学校建成或在建，原南京化纤厂厂房更新改造为国际学校。在医疗卫生方面，除各级社区中心配建的社区卫生服务站、社区医院外，指挥部已与江苏省人民医院签订合作协议，计划建设江苏省人民医院燕子矶院区。在体育文化方面，至 2021 年，该地区正在建设新城体育馆，同时对燕子矶新城范围内明外郭、寒桥等历史文化资源进行保护修缮、利用和展示，既保留了文化记忆，也为市民提供了开敞休闲空间。在社区便利配套方面，新城范围内 8 个社区中心规划建设、招商运营正在统筹推进中，可满足市民基本公共服务需求。

7.1.4 城市更新成就及经验总结

燕子矶地区城市更新在空间结构、功能定位、具体实施等方面都严格遵循规划要求，并已初步达到当初规划目标要求。至 2021 年，地区内住房、商业、办公、教育、医疗、文体、社区等生产和生活以及各项配套设施已全面建设并取得成效。燕子矶新城已成为天蓝地净、山绿水清、人文历史丰富的宜居新城，现在各行各业的市场主体积极主动到燕子矶投资建设，广大市民也愿意到燕子矶置业、生活。原来饱受污染之苦的当地居民生活水平也有很大改善，群众的获得感、幸福感也得到明显提升。燕子矶地区城市更新得到了相关专家学者、南京市民的高度赞赏。近年来，党和国家领导人以及江苏省委、省政府主要领导在先后考察时都给予充分肯定和鼓励。

（1）将生态环保放在压倒性位置

面对新城建设的最大难题——土壤和水体污染，本着为市民健康和子孙后代负责的长远考虑，不惜近期花费高昂成本，花大力气进行治理，为后续建设实施扫除了担忧和隐患。

（2）规划引领、各部门联动

燕子矶地区城市更新的成功除规划资源部门牵头引领外，还离不开指挥部、发改、生态环境、住建、水务、文物以及属地街道等各个部门相互配合、联合推进和保障，部门联动也是下一步深入开展工作的基础。

（3）产业和配套政策先行

为了顺利让企业"退城入园"，政府在战略层面制定了工业布局规划并出台相关配套优惠措施，助力产业升级换代，为保障新城建设空间奠定了基础。同时，市政府给予"土地出让金 22% 市级刚性计提部分中 15% 予以返还"的优惠政策，为城市更新提供财政支持。

（4）一张蓝图绘到底

在高标准编制了城市规划后，具体实施过程中，面对各种现实矛盾和难题，市区政府、指挥部各部门主体始终坚持住了规划初衷，在产业引进、生态修复、住房和各项配套建设等方面，始终站在历史责任的高度，共同将一张蓝图绘到底，实施高标准建设。

（5）以人民为中心

规划资源部门每年开展公众开放日活动，宣传新城规划建设情况。对于规划修编和具体项目依法进行社会公示，保障市民知情权并接收公众的意见、建议。此外，每年市、区两级"两会"中，对于人大建议和政协提案进行认真研究，并在建设过程中作为重要参考。

7.1.5 未来建设重点

接下来，对于燕子矶地区的城市更新工作，规划资源管理部门在前期工作的基础上，将着力推进以

下几个方面:

一是增量更新和存量更新、大尺度更新和小尺度微更新并重。对于新区建设要进一步完善人性化和满足日常生活需求,不仅要好看而且要好用。对于因粗放发展而功能缺失的旧区要进行"城市双修",重点关注微型尺度更新,完善生态修补和功能补充。

二是提高公共服务水平。以建设一批高品质、高水平公共建筑设施为抓手,以精品工程建设为目标,进一步完善公共配套设施,提升人民幸福感。同时,以经五路 T 形商业轴带以及燕子矶古镇建设为重点,继续加强产业转型。

三是加强城市开放空间建设。通过社区公园绿地点状空间、道路街头绿地与河道滨水线性空间、幕燕风貌区等城市客厅面状空间为要素,共同构成开放空间骨架,继续深入打造市民休闲空间。

四是加强城市防灾体系和"韧性城市"建设。2020 年蔓延全球的新冠疫情不断考验着城市的适应力和恢复力。在接下来的燕子矶城市更新中,将更注重应急医疗设施的前瞻性布局,考虑交通和基础设施的接入条件,并做好"留白空间"和"备份设施"建设。

执笔:朱小明(南京市规划和自然资源局栖霞分局)

图 7-19   两桥片区城市设计效果图

7.2 铁心桥—西善桥片区更新改造

7.2.1 从"城郊工业区"到"发展塌陷区"

铁心桥—西善桥片区(以下简称"两桥"片区)地处宁芜铁路货运线沿线,是南京早期的城郊工业区,集聚了梅山矿业、第二钢铁、梅山化工等传统重化工企业。历经长期蔓延发展,片区内形成城中村、小产权房、工矿用地和保障房用地交错混杂的局面,功能混乱、整体面貌破败、配套匮乏、人居环境不佳。伴随宏观经济发展,片区内企业逐步衰落,沿铁路工业功能逐渐消退,城市功能亟待更新,人民生活品质亟待改善。在周边河西鱼嘴地区、南站新城、板桥新城、软件谷等板块迅速崛起的背景下,"两桥"片区成为南京主城的发展塌陷区,城市更新势在必行(图 7-19)。

雨花台区深刻认识到"两桥"片区更新改造的必要性和迫切性,坚持以人民为中心,全力推动片区更新改造,积极对上争取。2013 年 12 月,"两桥"片区被纳入南京市 2013—2017 年棚户区(危旧房)改造项目和全省 2013—2017 年棚户区(危旧房)改造规划。在此背景下,雨花台区政府立即响应省、市政府号召,启动"两桥"片区城市更新工作,以棚户区改造为契机,充分挖掘区内低效土

图 7-20　"两桥"改造前低效用地分布图

地资源，为南京市、雨花台区存量空间建设管理与功能品质提升提供了难得的空间，探索了可行的路径（图 7-20）。

　　"两桥"片区是雨花台区纳入棚户区改造任务中规模最大（约 20km²）、产权关系最复杂、最靠近主城区的一个项目，涉及户数超过 5000 户、人口规模约 15 万人。对于如此复杂、庞大的片区更新和棚户区改造试点，属地政府必须在其中发挥主导作用。随之而来的一系列问题是："财务上是否可行，不可行的话政府大概要投入多少？功能上如何提升？交通如何解决？要改的地方太多，从哪里入手？要改的规模太大，如何组织？"属地政府作为片区更新的操盘手和运营方，对每一个关键问题都要有更加明晰的答案和价值判断，才能开展接下来的一盘棋工作。

7.2.2　策划规划先行，应需定制改造一体化咨询框架和内容

　　面对杂乱如麻的现状以及更新实施过程中各种悬而未决的问题，雨花台区政府及中国（南京）软件谷管委会陆续开展了《铁心桥—西善桥片区城市更新改造实施规划》《铁心桥—西善桥片区控制性详细规划（修编）》《铁心桥—西善桥片区"十三五"规划研究》《南京两桥地区城市更新项目产城融合多

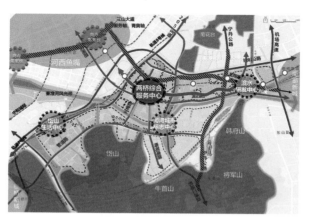

图 7-21 两桥区位关系图

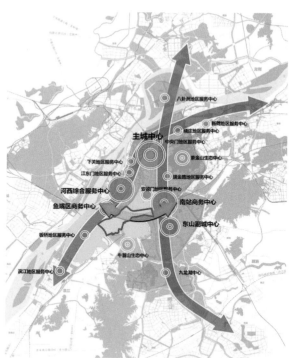

图 7-22 两桥更新空间结构图

规一体化实施手册》，以及中心片区城市设计、局部控规单元调整修编等规划和咨询的编制，从点、片、面上有针对性地解决问题。在后续实施过程中，深度开展发展投资、产业定位、城市设计、综合交通、景观设计、绿色智慧等六大专项的策划和规划，根据阶段需求定制不同时期改造的咨询框架和内容，指导具体的实施行动落地。

（1）策划规划先行，明确改造提升目标——从改造深水区到更新典范区

片区城市更新启动之初，雨花台区没有按照常规控规调整思路解决法定规划问题，而是基于更新策划和更新运营的思路，委托具有丰富城市更新经验的设计单位先期开展了更新实施规划。通过更新实施规划，对片区更新开发前期发展策划和研判，并从经济可行角度评估上一轮控规，发现经济上难以实现平衡，因此作出在更新策略和空间布局上都要进行调整优化的判断（图 7-21、图 7-22）。

城市更新的策划任务主要是根据相关规划和政策文件精神，对城市更新片区的目标定位、更新模式、土地利用、开发建设指标、公共配套设施、道路交通、市政工程、城市设计、利益平衡以及分期实施等方面作出安排和指引，明确地区更新实施的各项规划要求、协调各方利益、落实城市更新目标和责任。雨花台区在前期策划即改造更新实施规划中就牢牢抓住片区作为雨花台区地理中心、东西承接南部新城和河西鱼嘴的区位优势，充分挖掘内部低效潜力空间，凸显内部生态、历史、人文资源价值，借助全区软件产业缺乏配套的现实问题，提出打造雨花城市新中心的设想，因势利导提升地区整体价值。

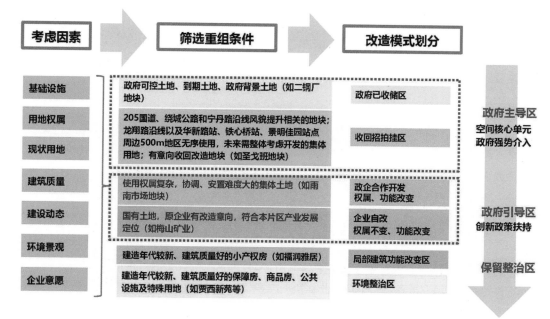

图 7-23　划定政府行为

（2）分区分类施策，明确政府行为等高线和投入重点

在开展城市更新前，"两桥"片区现状建设用地约 15.15km²，现状建筑总量达 1044 万 m²，其中旧厂房约 133 万 m²、小产权房约 125 万 m²、城中村约 48 万 m²、保障房约 450 万 m²、其他建筑约 288 万 m²。片区面临拆迁规模大、产权复杂，涉及产业、民生等一系列问题，政府在更新中需要有所为而有所不为，把有限的资源投入凸显价值之处（图 7-23）。

在开展具体实施工作前，雨花台区对"两桥"片区的"家底"开展全面梳理和评估，结合低效用地和棚改等相关政策深入研判，选择了"因地施策、拆补结合"的策略，提出对成片的城中村、危旧房、旧工矿企业片区进行拆迁改造，对合法的保障房、商品房及符合规划的小产权房片区进行织补提升。

在更新策略指导下，通过综合分析现状建筑质量、建成环境、开发强度、土地收储、周边交通、市政设施等情况，对不同建筑进行打分，测算不同地块的改造成本，评估更新难易度。结合南京土地收储及招拍挂制度，将整个片区划分为保留整治区、更新区和生态修复区。其中，更新改造区约 854hm²，分为两桥更新区、平台收储区和企业自改区；保留整治区约 630hm²，主要为岱山保障房片区、福润雅居、贾西经济适用房、七彩新城、春江新城、景明佳园、梅山生活区等已建成的保障房及建筑质量较好的多层及高层小产权房屋；生态修复区主要为岱山、秦淮新河沿线和需恢复生态绿色空间的廊道区域等。不同改造分区的划定，实质上是在空间上划定"政府行为等高线"（图 7-24），明确政府需强有力介入的重点在哪里，遵循市场规律引导企业和市场资本参与的空间在哪里，形成自上而下的优先干预手段。政府的有限资源侧重供给环境底线、基础设施、公益设施、产业空间等重要载体的建设。

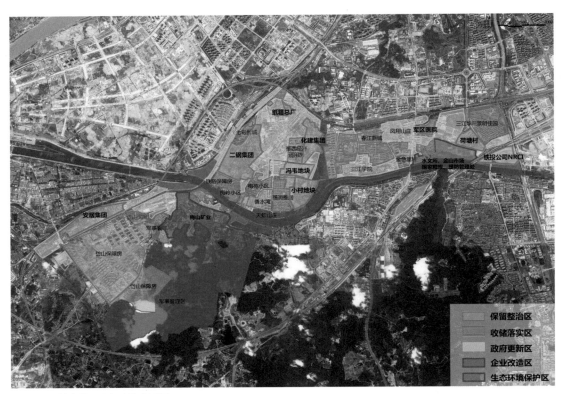

图 7-24　等高线和更新改造分区图

创新并具有一定弹性的改造政策分区摆脱了传统的政府大包大揽的模式,一方面充分保障了各方利益,使得各方更容易达成共识,降低了更新改造的难度;另一方面充分调动了各方资源,激活了企业和市场的活力,形成政府为主导、企业和市场资本多方参与的格局。

(3)通过财务分析比选空间方案和滚动实施计划

本项目在面向实施操作的更新方案编制过程中,开展微观层面的拆赔比例分析,以明确地块操作层面的经济可行性;开展全区域、全周期的财务分析,比选和确定用地更新方案、地块开发指标等,保障项目在局部和整体、近期和远期、政府和企业各方面都具有实施更新的可行性。

规划在传统静态蓝图编制内容的基础上,引入动态更新的行动计划内容。结合地块改造难易度及不同时期更新动力、更新目标和资金平衡要求,制定近、中、远期滚动式改造计划和项目包设计(图7-25);针对不同改造时序的项目包,提出土地拆迁、收储、出让及资金收益和滚动等内容。规划提出分七期完成"两桥"片区城市更新。一期同时启动西善桥和铁心桥两片建设,推动龙翔路东西两端和205国道沿线、龙西路以北段更新改造;二期推动西善桥龙翔路南北两侧地区和铁心桥凤翔山庄周边更新改造;三期推动西善桥龙西路沿线及周边和铁心桥宁丹路沿线更新改造;四期启动圣戈班玻璃厂及周边地块更新建设,同时推进西善桥龙西路南侧的205国道沿线地块更新改造,打通龙翔路;五期推动西善桥机场二通道沿

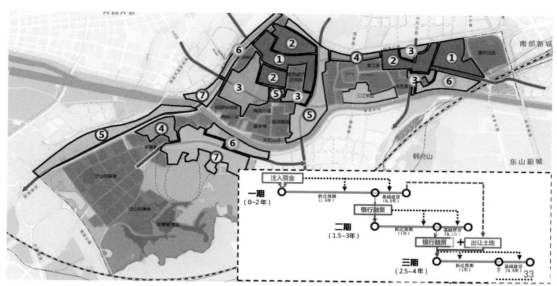

图 7-25 滚动分期开发及测算示意图

线地块和岱山片区 205 国道沿线地块更新改造；六期推动岱山片区秦淮河南岸地块和铁心桥企业自改区更新改造；七期推动梅山矿业政企合作区更新改造。

（4）规划"组合拳"助推地区高品质建设

法定规划通过后，区政府统筹雨花台区、软件谷力量成立更新公司，全力以赴推进龙翔大道、二钢集团、梅化集团改造及机场二通道建设，为"两桥"片区更新拉开框架。在紧锣密鼓推进土地征拆和安置的同时，为打造高品质片区，更新公司还引入多家机构开展绿色智慧城市、产业发展、城市设计、景观设计、城市综合交通和开发投资等方面的咨询研究，形成开发导则，确保控详高质量落地实施，把"两桥"片区打造成为中国城市更新典范、南京绿色智慧谷、雨花城市新中心（表 7-1）。

"两桥"地区规划情况 表 7-1

规划类型	数量	名称	核心内容
法定规划	8 项以上	中央商务区调整 岱山公园用地调整 岱山部队用地调整 三级医院地块调整（NJZCf030-04） 南京国际足球小镇控制性详细规划修编 《南京铁心桥—西善桥片区控制性详细规划修编》 NJNBc021-03、NJZCf030-05、NJZCf030-06、 NJZCf030-07 规划管理单元图则技术深化 《铁心桥—西善桥片区控制性详细规划（修编）》 NJZCf030—11、12、13、14 规划管理单元图则修改 雨花台区高新区控制性详细规划及城市设计整合	对实施过程中遇到的局部地区、局部地块进行优化调整，保障项目落地实施以及主要的公服配套选址落地

规划类型	数量	名称	核心内容
规划研究及城市设计	5	两桥片区二钢厂宿舍地块城市设计 二钢厂城市设计 岱山公园周边地区规划研究 南京市秦淮新河百里风光带（两桥段）规划研究 龙翔启动区城市设计	对重点地区、出让地块开展规划研究及城市设计，对用地和形态提出优化和高品质要求
交通规划	2	城市综合交通开发规划 中运量交通专题研究	进行交通需求模型模拟，明确交通走廊和分配，细化街道、停车、慢行和交通接驳等内容
产业咨询	1	产业发展和服务功能分析及实施建议	提出产业发展定位和功能建议，提出招商导则和产业资源名单，明确实施步骤以及起步区招商策略
景观规划	1	城市重点区域景观规划及概念设计	根据最新理念搭建宏观、中观景观构架，微观层面重点对秦淮新河、龙翔片区的重点公园提出概念设计方案以及提出景观设计的导则和指引
开发实施	3	两桥地区"十三五"规划研究 发展及投资方案 绿色智慧城市开发实施	对不同产品进行市场调研和分析，优化地区业态，提出分析开发和土地出让方案并进行经济测算

例如，景观设计围绕绿色海绵城市的理念，构建了中观发展框架，提出不同类型绿地公园的空间设计策略和活动策划，形成山地公园、休闲公园、街头公园和郊野绿地等不同类型的控制导则和指引，并根据导则和指引开展了秦淮新河、二桥城市公园等重要地区的初步景观方案设计。

对近期实施过程中引进的重点项目，尤其是产业、公服配套等涉及民生的工程，开展城市规划的实时修编和完善，保障项目用地需求和落地实施。对中、远期需开展的重点更新地区或地块，开展精细化的城市设计或策划，指导后续的建设及土地整理和更新计划。例如：对涉及铁矿工业遗产、塌陷区以及秦淮新河风情带等多要素叠加的岱山公园周边地区，开展总体定位策划和制定精细化土地整理策略，以此完善工业遗产的保护利用和后续用地开发的关系（图7-26）。对二钢厂地块开展详细城市设计，对后续的建设风貌和管控提出更高的要求。

（5）政府主导的"大兵团"作战模式实现高效推进

开局就是决战，起步就是冲刺。在"政府主导、多方参与"的总体思路下，两桥更新采用"大兵团"作战模式，从成立两桥更新指挥部开始，就从全区统筹调配具有拆迁、建设、交通和土地运作等经验的优秀干部进驻指挥部办公，指挥部由区委区政府主要领导担任总指挥、区委常委和分管区谷领导担任副总指挥、区谷部门及属地街道领导任指挥部成员，坚持目标导向，集中攻坚克难。2014年4月，根据市、区政府要求，雨花区国资投资管理有限公司和南京软件谷资产管理有限公司等注资30亿元组建南京国开雨花城市更新发展有限公司（以下简称"雨花更新公司"，2019年12月更名为南京雨花新城发展有

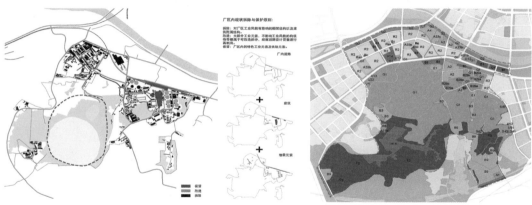

图 7-26　岱山周边地区策划优化方案

限公司），作为"两桥"片区改造的功能平台。

在具体实施更新过程中，以雨花更新公司、市土储中心、软件谷为首的政府主体各司其职、各有重点，通过建立高位统筹的组织架构、健全高效的联动工作机制，积极推动"两桥"片区更新工作的顺利开展。雨花更新公司负责"两桥"地区更新的资金筹措、具体的拆迁改造、城市基础设施建设和配套设施建设等工作；市、区土储中心主要负责土地的收储和有节奏的土地运作和入市；软件谷主要负责片区规划的编制、管理和实施监督。同时，雨花台区将征收拆迁、基础设施、公共配套、土地出让等项目完成情况和固定投资额、外资等经济指标纳入区经济和社会发展目标考评内容，充分调动和发挥各部门、街道的积极性。

除此以外，市、区政府主体还积极推动梅山矿业、粮库地块等片区内企业参与企业自有地块更新，协助企业开展自改更新，争取相关政策，提升企业地块价值，保障企业利益，调动企业积极性，为两桥更新实施奠定坚实的组织基础。

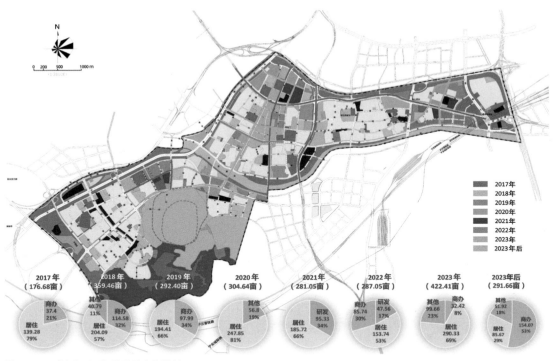

图 7-27 "实施手册"的进阶实施计划

（6）运营时代的行动纲领和进阶计划

传统或小地块的城市更新往往在法定规划批复后，就按照一张蓝图干到底。两桥地区规模大、更新周期长，在坚持一张蓝图干到底的同时，也必须制定具体的行动纲领和计划，并不断根据发展形势、阶段成效和最终目标进行动态修正和优化。

通过"十三五"规划转化为行动纲领。2016 年是"十三五"的开局之年，也是两桥控规修编获南京市政府批复之年。作为实施主体的雨花更新公司主动出击，在控规一张蓝图的基础上主动作为，组织开展《铁心桥—西善桥片区"十三五"规划研究》。根据市、区发展要求和公司资金情况，规划明确了五年内的更新实施策略和目标，制定了具体行动计划，包括基础设施建设、危旧房改造、环境提升、公共配套建设、土地征拆出让等一系列行动计划和项目库，以此作为企业实施更新行动的纲领性文件，并落实反馈到具体的人力、财力和物力等资源调配中。

编制实施手册，制定进阶计划。2018 年，雨花更新公司组织编制了《南京两桥地区城市更新项目产城融合多规一体化实施手册》（图 7-27），开展发展及投资方案专题研究，进一步将开发实施计划延伸到"十四五"中期。开发实施计划结合市场分析和产业招商，提前修正和优化更新行动计划及投资估算，扎实推进每一个五年行动，咬定目标不偏移、不走样。

总的来说，"两桥"片区的更新无论是在规划编制层面，还是在具体的实施计划和行动层面，都做到了财力、组织、时间和空间维度的有机结合，这是城市更新面向运营时代和具体实施行动的典范。

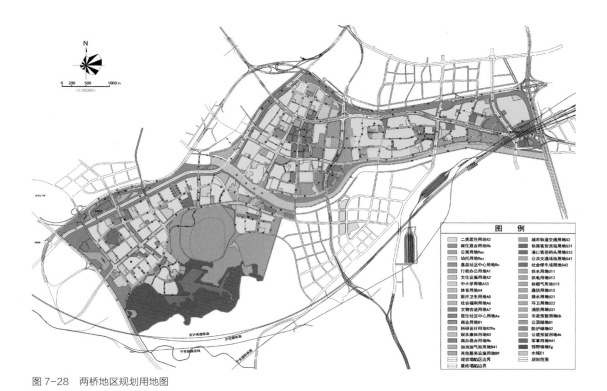

图 7-28 两桥地区规划用地图

7.2.3 从"发展塌陷区"到"雨花城市新中心"

借助雨花台区地理中心的区位优势,"两桥"片区坚持更新可行、高效服务、生态低碳的发展策略,以"产—城—人"多元融合为目标,形成区域东西联动、南北融合之势,在打通区域山水生态格局的基础上,打造"一带三轴、一核多组团"的空间结构。保留现状建筑质量和环境较好的地区,重点对旧厂矿、旧城、旧村地区开展更新改造,提升片区产业、商业、人居水平,完善教育、医疗、交通、市政公用、生态智慧等设施,打造中国城市更新典范区(图 7-28)。

至 2021 年,"两桥"片区更新已经全面启动,将继续重点打造以下几个核心节点及片区。

(1)雨花城市新中心

对梅山化工、纸箱厂、梅化集团等企业实施征拆更新,打通东西向的龙翔路贯通河西鱼嘴地区,以宁和城际轨道线华新路站为依托,规划改造成集时尚消费、商务研发办公、高端酒店公寓于一体的地区级综合服务中心。重点引导以轨道站为核心的综合开发,形成片区的独特形象,塑造适宜步行的小尺度街区,倡导混合功能用地以激发和集聚活力;通过城市中心公园设置智慧运营中枢,进行海绵城市和智慧城市建设(图 7-29)。

图 7-29　雨花城市新中心规划图

图 7-30　河湾标志中心规划效果图

（2）河湾标志中心

改造冯韦、小村地块，充分依托秦淮新河风情带的自然滨水景观，在机场二通道和秦淮新河交界处形成河湾标志中心。沿机场二通道设置南北向带状城市公园，滨水规划设置时尚消费、商务办公、星级酒店及滨水商业相结合的特色功能片区，为周边居民提供文化休闲、健身游憩和滨水体验的活力地区，打造具有滨河风光特色的城市门户和地标（图 7-30）。

（3）滨水研发中心

依托宁和城际轨道线铁心桥站与景明佳园站，利用秦淮新河良好的景观资源，鼓励站点周边的水文所、铁心桥粮库、河道管理处等企业实施更新，打造集软件研发、商务办公、商业娱乐于一体的滨水研发中心。滨河布置创新共享研发区，连续的建筑综合体布局方式使得各研发办公室能共享公共服务平台；为软件谷的研发企业提供多样的办公及服务功能，形成高铁和秦淮新河沿线的门户节点（图 7-31）。

图 7-31　滨水研发中心规划效果图

图 7-32　岱山生活中心圣戈班地块建设效果和实施建设照片

（4）岱山生活中心

结合圣戈班玻璃厂及周边地块的更新改造，适度引入产业和生活配套功能，为周边的保障房片区提供完善的社区、交通、商业等设施，形成具有社区服务中心功能的综合性宜居社区（图 7-32）。

7.2.4　实施成效：不忘初心，稳步前行

在区委、区政府的正确领导下，在区相关部门和所在街道的大力支持下，"两桥"片区已完成圣戈班片区、龙翔北片区、中央商务区、徐工片区等四大片区及一些零星地块的拆迁工作，建成机场二通道、龙翔大道等骨干道路，开展中华中学、龙翔路初中等公共配套建设（图 7-33），基本完成圣戈班地块土地运作。5 年来的更新行动重点聚焦在补短板、拉框架上，城市面貌得到初步改变。

（1）大力实施土地征拆与居民安置

至 2021 年，"两桥"地区共启动征收拆迁约 229 万 m²，累计完成约 223 万 m²，共拆出土地 4815 亩（约 321 万 m²），启动征地 4371 亩（约 315 万 m²），完成征地 3255 亩（约 217 万 m²）；累计安置拆迁群众 2786 户，完成马家店保障房 BC 地块、二钢厂宿舍等安置房建设 4314 套（面积超过 60 万 m²），为后续基础设施建设和土地运作奠定了坚实基础。

图 7-33　相关规划、建设及实景照片
（a）机场二通道实景照片；（b）龙翔路实景照片；（c）中华中学雨花校区规划照片；（d）中华中学雨花校区建设照片

（2）着力补齐基础设施与公服配套短板

通过实施更新，"两桥"片区共开工建设道路 36 条，总里程约 38km，加速构建"内通外联"的交通体系。建成龙翔路、机场二通道中段等骨干道路和骨干道路与绕城公路、秦淮新河的联通跨越节点；建成 17 条道路，总里程约 15.3km。2021 年，"两桥"片区计划继续建设 19 条道路，总里程约 23km。与此同时，两桥片区还建成铁心桥社区卫生服务中心，引入中华中学（雨花校区）、省妇幼总部整体搬迁落户等优质项目，着力补齐公服、医疗、教育等民生短板。

（3）加快土地入市反哺更新

"两桥"片区在城市更新中，积极加快土地入市，以土地收益反哺更新，保障更新滚动实施。自成立以来，已挂牌出让 7 幅地块，共计 356.2 亩（约 23.7 万 m^2），完成建设项目超过 80 万 m^2，为软件谷及周边提供了大量人才居住、商办、科研办公配套，完善了居住、商业功能。

（4）不忘初心，稳步前行

通过高标准的规划编制、大力度的征地拆迁、高质量的基础配套和公共服务医疗设施建设，"两桥"片区已进入全面更新提升品质的"快车道"。

　　回顾过去，受限于精力和资金，"两桥"片区的拆迁集中于开发用地、道路等必须拆迁的项目和村庄等较容易拆迁的项目，建设也集中于已拆迁地块。对于难啃的骨头比如 205 沿线、宁丹路沿线的拆迁尚未开展，城市形象还未根本改变；二钢宿舍区、老八栋等老旧小区改造速度需要进一步加快，许多民生问题仍待解决。同时，片区产业空间在更新实施过程中受到一定程度的侵蚀，当前已出让的产业用地可建设规模仅 29 万 m^2，相较最初的规划产业建筑空间 400 万～ 600 万 m^2 有很大的差距，已引进的产业类型与此前规划的产业定位亦有一定的偏差。引导企业自改区域仍需进一步加大力度，加快进度，激活动力。

　　展望未来，我们对"两桥"片区更新改造充满希望。我们相信，在创新更新改造模式的积极探索下，在一张蓝图干到底、坚持以人民为中心的初心下，在市、区的齐心协力下，"两桥"片区将加快推进龙翔中心、滨河中心的实施，展现岱山片区工业遗产和秦淮新河的更大魅力，内部的设施将更加完善，绿色生态环境将更加宜人，城市功能将更加完善，人民的生活将更加美好，把片区打造为中国城市更新典范、南京绿色智慧谷、雨花城市新中心的愿景一定能实现！

作者：王卓娃（深圳市蕾奥规划设计咨询股份有限公司副总规划师）
　　　袁天燚（南京市软件谷规划建设部副部长）

图 7-34　秦淮硅巷现状实景图

7.3　秦淮硅巷

7.3.1　序言

　　老城，一直是城市的中心地段，人口密集，开发程度高，功能配套齐全。随着城市的发展，工厂历经岁月的洗礼，因各种原因逐步从老城区迁出，产业发展空间割裂、品质下降、活力不足等问题逐渐显现。如何在城市空间中利用好"闲置"的老厂房，如何在新发展阶段再现活力，如何将老城转变为区域发展的原动力，在空间与文化塑造的同时，实现经济的持续性增长，是城市再生规划的命题，更是摆在社会各界面前的一道命题。

7.3.2　基本情况

　　近年来，南京市认真贯彻落实习近平总书记关于创新工作的重要指示精神，在秦淮、玄武、鼓楼等中心城区启动城市硅巷建设，大力发展硅巷经济（图 7-34）。"硅巷"是现代创新创业载体的一种形态，有别于"硅谷"，它没有固定边界，区别于传统意义上的科技园区，其特点是位于城市中心，是以存量空间更新为主的创新科技产业集聚街区，并以此为基础实现现代科技、新兴产业、创新人才、金融资本、先进管理等要素的高度汇聚。"硅巷"起源于纽约曼哈顿，"纽约硅巷"集聚了从曼哈顿下城区到特里贝卡区等地的移动信息技术企业群，已成为纽约经济增长的重要引擎。

专栏 7-1：硅巷的起源及发展

硅巷这个概念最早来源于美国东海岸的纽约，诞生于 1990 年代中期，当时创新型企业开始向纽约城市中心聚集，它不像硅谷那样，有明显的边界。截至 2018 年 12 月，纽约硅巷内已有 7000 多个初创公司，32 万多名高科技从业者，初创公司市值 710 亿美元。

硅谷以斯坦福大学等为依托，以高技术的中小公司群为基础，融科学、技术、生产为一体，成为美国高新技术的摇篮，世界各国高科技聚集区的代名词。硅巷则借助互联网科技兴起，在中心城区打造嵌入式、都市里、无边界的智力密集型园区，集聚创新全要素，成为美国发展最快的信息技术中心地带。硅巷的特点是位于城市中心，是以存量空间更新为主的创新科技产业集聚新模式，高度汇聚现代科技、新兴产业、创新人才、金融资本、先进管理等要素。

专栏 7-2：硅巷经济的基本特征

在产业上，运用互联网技术来为商业、时尚、传媒及公共服务等领域提供解决方案；

在空间上，通过现有的老写字楼、老厂房改造、棚户区改造释放出来的空间，打造无边界的园区；

在配套设施上，发挥老城的商业文化魅力，提供多样化的服务，包括文化娱乐设施、公共社交场所、特色休闲餐饮等，打造高品质的城市社区生活方式；

从硅谷到硅巷的转变，实质上是从城市郊区开发新土地回到老城区进行老旧载体升级的过程，是新经济发展背景下的新型城市更新模式。

截至 2021 年，南京市通过机制优化、资源整合、平台搭建、载体升级，着力构建"一环三区四轴多点"的硅巷发展布局，推动创新载体与高校院所、城市空间有效融合，有力支撑了引领性国家创新城市建设的良好趋势（图 7-35）。

老城创新、旧城复兴的秦淮"头雁"奋飞并带起"雁阵效应"。秦淮区东部区域创新资源丰富、人才优势明显，在以中山东路、龙蟠中路、月牙湖和秦淮河围合的范围内，集聚了南京航空航天大学、中国电子科技集团第 55 研究所、中国航天科工集团第 8511 所、国防科技大学第 63 所、中国人民解放军第 5311 工厂、金城集团、宏光空降设备厂等一批大学、大院、大所、大企。但高校、大院、大所、大企之间的互动交流不足，存在资源割裂、力量分散等现象。面对这一现实，秦淮区学习借鉴美国纽约、波士顿等地的"硅巷"发展经验以及国内北、上、广、深等地的实践，并与辖区内高校院所企业反复沟通协商，于 2018 年 9 月，由白下高新区负责具体实施，在全市率先起航城市硅巷建设。通过对区域优

图 7-35　南京城市硅巷整体布局

质资源的整合规划，紧贴城市原有肌理，对现有老旧载体实施更新改造，嵌入式地构建创新空间，进而在寻常巷陌中吸引、容纳更多的创新创业者，使得一批重大产业项目相继落地、一批创新生态项目快速推进、一批城市功能提升项目初见实效、一批创新成果加速孵化，探索出一条以城市社区存量空间更新为主的科技创新产业集聚新模式，延伸了秦淮区科教资源丰富、创新能力强的"长板"，弥补了白下高新区空间载体资源不足的"短板"，为全市其他区域"老城区焕发新活力，小区域做出大文章"积累了经验，成为南京百万硅巷发源地、先行区、标杆区。

秦淮硅巷建设规划分为核心区、拓展区和协同区三大片区。其中：核心区位于秦淮区东部，以中山东路、龙蟠中路、月牙湖和秦淮河围合，规划面积约 4.3km^2；拓展区位于秦淮区南部，西起晨光 1865 创意产业园，沿原红花机场油库运输铁路线向东南延伸至大明路，规划面积约 2.2km^2；协同区位于秦淮区西部，东至凤游寺街，西南至现有集庆门城墙，北至金双强小区，规划面积约 0.1km^2。

7.3.3　发展历程

自 2018 年 9 月启动建设以来，秦淮硅巷发展历程可以概括为以下三个阶段，即"搭建空间载体，营造发展环境"的起航起步阶段、"大招商招大商，夯实产业基础"的规模扩展阶段，以及"完善市政功能，塑造硅巷品牌"的品质提升阶段。

图 7-36　秦淮硅巷·国际创新广场　　　　　　图 7-37　秦淮硅巷·国际创新广场书吧

（1）启航起步阶段：搭建空间载体，营造发展环境

立足推动"两落地、一融合"纵深发展，2019 年 4 月，秦淮区委会同南航、55 所、金城集团等驻区单位党组织共同成立秦淮硅巷党建联盟与工作推进委员会，通过共商、共享、共建、共管机制保障了思想的统一、行动的同向，将党组织的政治优势转化为秦淮硅巷的发展胜势；2020 年 1 月，秦淮区委以白下高新区体制机制改革为契机，将原园区服务处与金陵智造创新带工作处合并组建为秦淮硅巷部，全力助推秦淮硅巷实现新发展。

秦淮硅巷坚持把做优做强创新载体放在突出位置，持续深化有机更新，突出历史文化优势，提档升级创意东八区等现有社会园区；高质量打造紫云智慧广场、青年创新港等科创载体，释放出新的创新空间；利用"老厂房 +"模式，对 5311 厂等存量旧建筑集中实施改造建设，重点打造秦淮硅巷·国际创新广场，逐渐形成"新建一批、提升一批、启动一批、储备一批"的创新载体梯次供给模式；按照市场发展趋势和需求，精心遴选市场运作主体，通过独立出资、与政府或科创载体产权单位共同投资等多种方式，优化硅巷载体的运营管理；秦淮硅巷·国际创新广场的运营根据市委一号文件精神，搭建了市场化的运营平台——南京秦淮硅巷科创园有限公司，由海创智谷孵化器占比 80%，科创集团占比 20% 组建，作为贯穿硅巷核心区发展的全生命周期运营服务商，通过导入产业，引进高端创新资源，形成集聚效应，突破传统盈利模式，充当企业发展的合伙人，与企业共同成长，来实现硅巷经济、产业的可持续发展，把硅巷核心区建设成为秦淮科技创新的中央创新区。

秦淮硅巷·国际创新广场由 5311 厂存量旧建筑、信息软件大厦、航空发展大厦（建设中）组成，总建筑面积约 11.9 万 m²。项目分为两期工程实施：一期工程由 5311 厂原基建楼、信息软件大厦等建筑组成，建筑面积 5.1 万 m²；二期工程由光学车间、航空发展大厦等建筑组成，建筑面积 6.8 万 m²。至 2021 年，一期工程已建设完成，投入正式运营。秦淮硅巷·国际创新广场主要围绕"三区一中心"即孵化区、办公区、配套区和公共平台中心的空间布局，实现提升功能、优化配套、创新生态的目标（图 7-36、图 7-37）。在建设过程中，始终坚持项目推进与产业集聚并举，该项目获"中国装饰设计奖"（"CBDA 设计奖"）。

秦淮硅巷·国际创新广场充分利用秦淮区内丰富的院所高校研发、产业资源，立足产学研融合，连接海内外创新人才资源，同时建设一批企业服务平台；通过"技术研发、技术转移、衍生孵化"等方式，着力孵化一批有自主研发能力的科技企业，转化院所高校有市场价值的科技成果，实现激发创新活力、建设区域创新生态的目标。随着南航秦淮创新湾区建设的不断推进，南航"校友企业家联盟"落地国际创新广场，南京德广信息科技有限公司（数据可视化／智慧大屏）等南航校友关联企业项目相继落地，形成了校地联合聚力、创新资源集聚、创新活力迸发的良好局面。

同时，秦淮区非常重视老校区综合资源利用，鼓励学校利用老校区科研资源和空间载体，通过校地共建、校企合作、学校自建等方式，积极打造大学科技园、孵化器，促进校地融合发展。南工院金蝶大学科技园作为秦淮硅巷区域创新发展的重要社会园区，围绕打造高品质的功能复合空间，集聚高层次人才及技术、资本、信息等多元创新要素，有效促进校企资源融合共享，打造人才培养、科学研究、社会服务、文化传承创新和国际教育合作的重要载体和科技型中小企业孵化平台。

作为秦淮硅巷特色园区的代表，为打造应用技术转化基地，构建政校企合作平台，实现企业发展与学校学科建设的良性互动，秦淮硅巷与园区充分发挥南工院优势资源帮助入园企业开展科研项目申报与研发，支持师生创新创业，出台鼓励政策，构建新型孵化模式，先后被认定为"高等学校学生科技创业实习实训基地""江苏省省级众创空间""江苏省大学生创业示范基地""江苏省省级大学科技园""南京市科技企业孵化器""南京市现代服务业集聚区""南京市小企业创业基地"。2017年，获批国务院"第二批大众创业万众创新示范基地"，成为全国首个也是唯一以高职院校为依托建设的"国家双创示范基地"。2021年1月，园区被科技部认定为"国家级科技企业孵化器"。至2021年，共有在园企业150余家，产业集聚度80.2%，吸纳科技型人才4500余人，企业员工大专及以上学历高达96%。

（2）规模扩张阶段：大招商招大商，夯实产业基础

"扬帆创新正当时，砥砺秦淮谱新篇"，秦淮硅巷创新发展大会的召开，掀起了"大招商、招大商"的热潮，推动了各类项目加速汇聚。投资额50亿元的OPPO南京研发总部项目、投资额10亿元的中航金城集团国家级无人机产业基地项目以及联通物联网总部项目、55所中电芯谷高频研究院、光泽科技区域总部项目等相继签约；制定引进各类投资基金措施，壮大科技创新、产业发展资本支持。项目的落户，为硅巷构建多元化、多层次、多渠道的科技投融资服务体系注入了不竭动力。

（3）品质提升阶段：完善市政功能，塑造硅巷品牌

秦淮硅巷将提升全域品质内涵、塑造品牌形象作为整个区域工作的重中之重。

一是抓市政功能完善，完善城市形象。以城市有机更新为路径，高水平推进大光路、瑞金路、解放路等主次干道、背街小巷、老旧小区建设修复和综合整治，重点打造了东西玉带河、明御河以及明城墙沿线三条景观风光带。二是举办系列节庆，塑造硅巷品牌。成功举办了"秦淮硅巷·物联网·三创大赛""南京航空航天大学秦淮硅巷大学科技园发展峰会暨校友企业家联盟成立仪式""硅谷·南京创新创业大赛""秦淮硅巷创新发展大会""航空航天与人工智能高峰论坛""第三届无人机系统

标准发展与应用国际论坛暨第一届秦淮硅巷国际创新创业大赛""第一届秦淮硅巷创新成果展"等活动，发布了《南京航空航天大学秦淮硅巷大学科技园建设规划》，以会议论坛集聚人气、扩大社会影响，塑造硅巷品牌形象。

总的来说，两年多来，秦淮区始终把城市硅巷建设作为转型发展走深走实的重要抓手，摆在全区工作的重要位置，科学谋划、高效推进，走出了一条特色引领、合作共赢、富有成效的秦淮硅巷发展道路。秦淮硅巷聚焦"秦淮硅巷＋"创新发展格局，以建设南京航空航天大学秦淮硅巷大学科技园、金陵科技学院秦淮硅巷大学科技园、南航秦淮创新湾区为基础，在机制上先行先试、产业上特色彰显、形态上研发密集、情感上校友回归，促进区域"原始创新—成果转化—产业集聚"的链式发展，打造科技体制改革的先行区、政产学研协同的标志区、高新技术产业的集聚区；在龙头企业的带动下，以商引商，产业链上下游企业不断集聚，产业集群效应日益显现，2019 年底区域产值超 258 亿元，2020 年底区域产值超 300 亿元，增幅超 16.3%，通过引育丰疆智能、未来物联、数兑科技等一批创业新锐、新兴力量，不断扩容硅巷"人才圈"，持续打造人才的"圆梦地"；按照城市硅巷考核体系和秦淮硅巷高质量发展两个维度，开展《城市硅巷的功能特征、投融资模式、运行机制及发展对策建议研究》《秦淮硅巷高质量建设发展综合评价体系（试行）——南京城市硅巷建设发展指导标准研究》课题攻关，筑实硅巷建设发展的理论基础，通过不断探索，力求最终找到真正符合秦淮区的硅巷发展模式；以"秦淮硅巷国际创新创业大赛"为代表的一场场创新活动不断提升秦淮硅巷品牌知名度与美誉度，以"1+X"公共服务中心、"智慧园区"平台等为核心的创新生态建设初具规模，以创新创业为特质，兼顾商务、休闲、文化等功能的特色复合空间正在形成。秦淮硅巷在 2020 年南京城市硅巷绩效考核中位列第一。

7.3.4　基本经验

依托秦淮区东部区域丰富的创新资源、明显的人才优势，不断深化"老城更新，老城创新"的发展理念，通过老城区规划改造，多点联动，激发秦淮区创新创业活力，打造全市首个"硅巷"模式，在弘扬文化、搭建载体、招引项目、促进创新以及优化机制等方面积累了"秦淮经验"，为南京市推进硅巷建设、加快高质量发展提供了"秦淮样板"。

（1）创新回归，建造硅巷之"前提"

秦淮区是老南京的核心区，寸土寸金，开发建设空间极其有限，但科教资源、人才资源丰富，秦淮区政府、白下高新区政府突破园区思维、城墙意识，借鉴发达国家经验，敢于"吃螃蟹"，打破瓶颈、率先破局，为秦淮老城区和白下高新区的发展打破了天花板，率先在南京乃至全省走出一条依托区域丰富的大院大所大企资源"改造老厂房、盘活老校区"的创新发展之路。通过创新引资模式、搭建创新载体、释放创新空间、招引创新资源、营造创新生态，走出了一条"政府参与、平台支撑、市场化运作"的创新发展路径，为南京市乃至江苏省"改造老厂房、盘活创新资源"树立了样板，为老城区"焕发生机＋科技创新"积累了经验。

图 7-38　秦淮硅巷青年创新港

（2）弘扬文化，塑造硅巷之"灵魂"

秦淮区是古都金陵的起源，南京的文化摇篮，秦淮文化是金陵文化的重要组成部分，辖区内拥有瞻园、夫子庙、江南贡院、白鹭洲、中华门、老门东、大报恩寺遗址公园等历史文化资源、地标文物，历史文化底蕴深厚。秦淮硅巷建设过程中，不搞大拆大建，而是围绕明御河、御道街、明城墙沿线进行"微更新"，深度挖掘人文内涵，在保留街区风貌的同时融入文化表达与现代元素，将历史文化、地标文物等完美纳入，让历史"活"起来，让文化"动"起来，营造历史与现代融合的空间氛围，使得硅巷建设与历史文化相呼应、创新文化与传统文化相支撑。既保留了历史文化原貌，又充实了现代经济内涵，"文化＋科技""文化＋创业"的优势得以彰显（图 7-38）。

（3）搭建载体，夯实硅巷之"平台"

产业园集聚区是知识创新、人才汇聚、制度创新的策源地，是孵化技术、培育企业、塑造产业链、构建价值链的重要平台。秦淮硅巷建设中，始终把搭建创新创业载体作为硅巷建设的重要抓手，常抓不懈。

分阶段对南工院金蝶大学科技园、中山坊、创意东八区等社会园区进行更新改造，扩大载体承载能力，提升载体品质；集中对国际创新广场、55 所、第一机床厂、5311 厂、门西片区等旧厂房进行改造出新（图 7-39～图 7-46）。以此释放原有社会园区存量载体、改造企业生产主体搬出主城区后的闲置载体、整合院校原有老旧科创载体，形成了"新建、提升、储备"的创新载体梯次供给模式，硅巷科创载体面积逐步扩大，为硅巷高质量发展提供了充裕的平台。

...

图 7-39　5311 厂存量旧建筑

图 7-40　5311 厂改造后的现代化办公场所

图 7-41　原纺织车间

图 7-42　现纺织车间

图 7-43　原南京印染厂厂房

图 7-44　现丰疆科技（互联网）

图 7-45　原南京印染厂中轴线

图 7-46　原南京印染厂中轴线改造后

（4）招引项目，把握硅巷之"根本"

项目是经济发展的源泉，企业是经济发展的根本。硅巷发展过程中，始终把招引大项目、新型研发机构、优质企业作为硅巷发展的根本，大招商、招大商，创新招商方式，构建招商引资工作共创、成果共享、责任共担的良性机制。围绕硅巷产业发展重点，制定招引央企、知名民企、院校（所）目录。瞄定重点目标企业、科研团队，开展深入对接，做到"项目与人挂钩、人与项目捆绑"，并实施动态调整。瞄准行业龙头企业，绘制"招商地图"，强化精准招商，对不同产业领域"量身定制"招商项目。实施靶向出击，集中精力开展重特大项目招引，对硅巷急需引进的引领性项目，实行"一事一议""一企一策"。充分发挥南航高校院所和重点企业"校友经济""关联经济"作用，深入推进科技招商，放眼全球"移植大树"，厚植"科创森林"。2020南京创新周分场活动南京航空航天大学秦淮硅巷大学科技园发展峰会暨校友企业家联盟成立仪式上，会聚五湖四海的南航校友与秦淮硅巷相关领域顶级创新资源，38家校友企业入驻，这个集科技创新、成果转化、高新技术产业发展、创新创业人才培育于一体的产业高地集聚产业上下游优势资源，带动秦淮硅巷全域科创载体的关联产业高速发展，全面提升区域创新生态品质和城市创新动力。

（5）融合创新，构筑硅巷之"核心"

创新是产业竞争力的来源，也是硅巷建设的"核心"，在硅巷建设中始终把激发创新作为推动硅巷建设的重中之重。发挥科教资源辐射带动作用，利用南京航空航天大学、南京理工大学、国防科技大学第63所等特色优势，鼓励高校院所人才团队走出"象牙塔"、走进"创新工场"，构建"产城融合、军民融合、创业孵化、投资驱动、国际交流"于一体的创新生态链。建立优质新型研发机构，支持55所等研发能力强的龙头企业和跨国公司，利用自身平台资源优势，通过新建培育和升级改造等形式高水平建设硅巷新型研发机构。以"共聚创新功能，共建秦淮硅巷"为主题的第一届秦淮硅巷创新成果展中，金城集团科协、中航金城无人系统有限公司组织混合动力无人机、系留无人机、混合翼无人机等多款工业级无人机产品参展并喜获"最佳组织奖""最佳人气奖""特别贡献奖"三项奖励。重视科技成果转化，完善产学研一体化机制，推动科技创新和市场需求有机衔接，加大研发成果在商业和应用方面的投入，有效对接市场，以"秦淮—南航创新湾区"作为融合发展新起点，加强产学研协同创新，在机构组建、校友资源集聚、人才互派挂职等领域，与大院大所大企开展更为深入的合作，加速打通科技成果转化的"最后一米"。提供创新的投融资支持，强化政府产业引导基金的杠杆作用，大力发展各类种子资金、创投基金、天使基金，扶持孵化项目、助力初创企业、建设新型研发机构，构建多元化、多层次、多渠道的科技投融资服务体系。

（6）优化机制，筑优硅巷之"生态"

体制机制是经济发展的润滑剂，也是硅巷高质量发展的应有生态。成立之初，硅巷就把优化体制机制作为做好各项工作的第一要务。致力于打破院墙隔阂，融通区内外资源，积极构建开放式合作平台，探索形成高效的合作互利机制，推动创新资源共享共用、创新主体紧密联结、创新要素顺畅流动，广泛

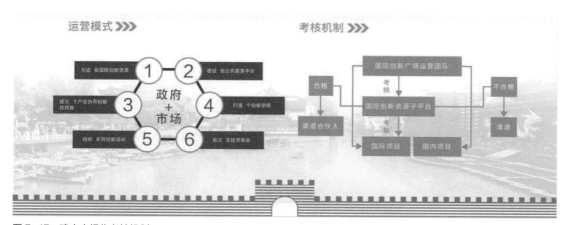

图 7-47　建立市场化考核机制

汇聚各方面创新资源。革新企业项目入驻退出机制，突出产业导向，灵活采用"租赁入驻 + 股权入驻"的模式，签订对赌条款，根据目标完成情况确定建立和清退政策，按项目约定常态化监督管理，加速形成"产业项目集群 + 服务平台 + 商业配套"的完整载体业态。完善"项目吹哨、部门报到"机制，统筹推进载体建设改造等项目（图 7-47）。

（7）深化服务，提升硅巷之"内涵"

打造特色服务环境，全力推进"1+X"公共服务中心秦淮硅巷分中心、"智慧园区"平台建设，提供精准、高效服务；加快落实"宁聚行动"，常态化收集企业招聘需求，对接高校，为企业提供更多高水平人才支撑；深化秦淮硅巷形象识别系统建设，加快实施智慧照明生态应用场景，提出"产业上下游、生活上下楼"概念，会同 5311 厂，围绕"住"下硬功夫，重点打造人才公寓、胶囊咖啡、健身房，完善和提高"衣、食、行"等配套设施，为人才提供一个"有温度"的 24 小时硅巷社区，让人才在感受秦淮硅巷创新热度的同时感受硅巷温度，实现城市形象与发展内涵品质双提升。

执笔：张志英（南京市白下高新区秦淮硅巷部副部长）

图 7-48　鼓楼硅巷实景图——环南艺文化创意产业园一期

7.4　鼓楼硅巷

7.4.1　背景概况

作为鼓楼区经济转型发展的主要路径，鼓楼硅巷的建设围绕筑高品质"巢"、引高素质"凤"这一目标，坚持"全域创新、开放融合、空间再造"的战略定位。通过成立硅巷建设专办，积极对接梳理高校院所资源，推动空间优化、要素集聚、能级提升，在"硅巷"建设中打造标杆、探索新路径，构建"无边界"园区，有力助推南京引领性国家创新城市建设。在鼓楼区科教资源丰富、高端人才集聚、文化历史积淀深厚的优势基础上，构建"一圈引领、双轴辐射、多点支撑"的总体空间布局。其中，环南艺文化创意产业园是虎踞路"文创产业轴"上的重点片区（图 7-48）。

环南艺文化创意产业园位于古城墙边、秦淮河畔，北起模范中路、南至汉中门大街、东起虎踞路、西至外秦淮河，面积约为 1.91km²。2016 年，在《南京市创意文化产业空间布局和功能区发展规划》中，环南艺文化创意产业园被确定为南京 12 个重点发展的文创产业功能区之一，重点展示文化艺术资源，培育新兴文化业态，孵化文化创意人才，促进文化创意与相关产业融合发展。

环南艺文化创意产业园特色资源丰富，园区融合石头城、清凉山与清凉寺、秦淮河、明城墙与城门、民国建筑等城市级历史文化特色要素，同时汇集了南京艺术学院、江苏省国画院等省内艺术资源。其中，南京艺术学院作为全国六大综合艺校之一，在美术学、设计学、戏剧与影视学、音乐与舞蹈学等方面极具优势，并在建设和发展过程中，逐渐容纳并代表了南京在文化艺术发展上的先锋性、当代性与国际性，可衍生的文创产业类型十分广泛；江苏省国画院是全国三大画院之一，是新中国历史上最著名画派之一

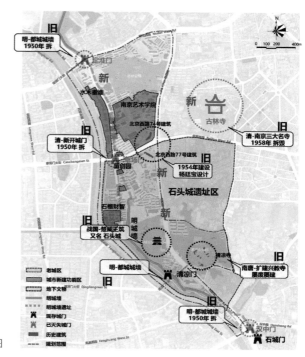

图 7-49　环南艺文化创意产业园特色资源分析图

的"新金陵画派（江南山水）"的发源地，是中国书画传播和教育普及中心（图 7-49）。可以说环南艺文化创意产业园的特色资源带来了创新发展与历史文化的强烈碰撞，成就了古都历史沉淀与当代先锋艺术共融的文化创意产业园区。

7.4.2　工作思路

在全面梳理环南艺文化创意产业园资源特色、深入解读上位规划的基础上，结合文创产业与空间的发展趋势，确定以南京艺术学院、江苏省国画院为中心，打造蕴含艺术与创意特质的艺术创意产业街区。通过编制《南京环南艺文化创意产业功能区规划及城市设计》《南京水木秦淮艺术公园设计方案》等多层次的空间策划与城市更新方案，确定严遵历史、严保公共、强拓文创的三大总体原则，实现环南艺文化创意产业园的创新发展，并提出以下规划策略。

（1）精准定位促发展

"环南艺"功能区地处南京城市文脉交汇处，集聚了文化创意产业创新发展所需的高端要素，是鼓楼区、南京市文化创意产业发展的核心区域。在"环南艺"功能区内初步形成了门类较全，颇具特色的文化创意产业发展格局。主要涵盖南京艺术学院、江苏省国画院、江苏第二师范学院、水木秦淮文化产业园、石榴财智中心文化产业基地、南京留学生文化创业孵化园、乐创 81 文化产业园、南京

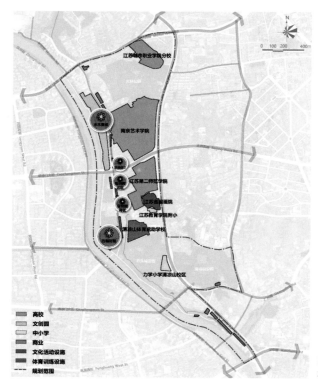

图 7-50 环南艺文化创意产业园现状空间载体分析图

艺术学院文化创意产业园、南艺后街艺术设计体验街区等 10 个空间载体,构成了"1+8+1"的发展格局(图 7-50)。其中,两个"1"分别是南京艺术学院和江苏省国画院,"8"是重点建设发展 8 个文化创意产业园、街区。此外,"环南艺"功能区还包含江苏工美艺术精品馆、魏紫熙纪念馆、李剑晨纪念馆、国防园军兵种馆、江苏科技馆、石头城公园、石头城遗迹等文化设施载体,为文化创意产业的发展提供了良好环境。

在识别环南艺文化创意产业园优势产业资源的基础上,依据上位规划,确定"城市记忆、文化品鉴、艺术享受、创意空间、人文消费"的总体定位。依托南艺及江苏省国画院建设中最有发展潜力、最有增值效益、最有传播价值、最有比较优势的学科,形成"产—学—研"一体、"产—展—销"结合的产业链条,构建工艺美术、文化艺术教育与传播、文化创意设计、戏剧影视、文化艺术信息化、文化休闲娱乐等六大主导产业(图 7-51),提供融资、展示、创业交流、专业孵化、创业培训、创业媒体、创业会客厅等功能,搭建产业服务平台。

(2)开放链接促多样

在产业定位的基础上,构建"一轴一带、多点布局"的产业结构(图 7-52),"一轴"为文化艺术公共服务轴,重点依托虎踞路,串联重要的城市公共建筑,成为城市级的公共服务平台轴带;"一带"为文创产业服务平台带,重点结合六大主导产业,植入公共交流、教育孵化、戏剧影视、文创展示、文

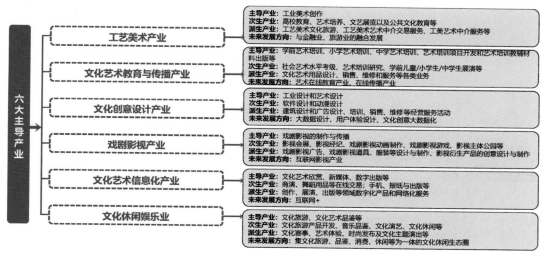

图 7-51　六大主导产业分析图

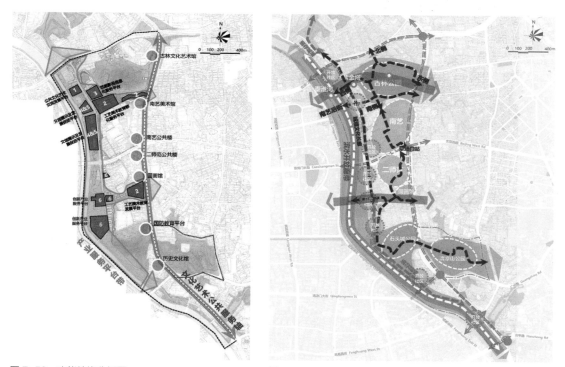

图 7-52　功能结构分析图　　　　　图 7-53　公共开放空间系统结构图

创休闲、创新孵化六类平台；"多点布局"为沿城市公共服务轴布局的多个城市公共功能场所空间及沿产业服务平台带布局的多个产业服务平台空间。

　　结合产业空间布局，形成开放链接的公共空间系统，构建通山连水的开放系统，形成慢行友好的开放社区。重点构建古林公园、紫金塔、秦淮河的步行联系，加强秦淮河沿岸的滨水开放性（图 7-53）。

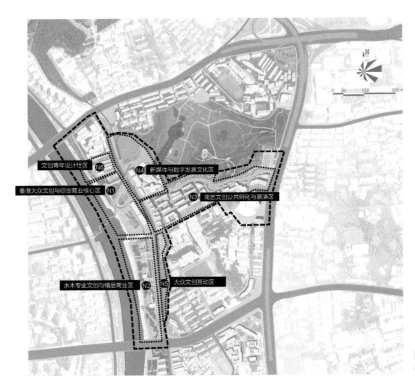

图 7-54　北部文创 T 街重点提升区域指引图

（3）精准针灸促实施

为了更加精准地提出实施指引，在城市设计层面，环南艺文化创意产业园明确了"将艺术活力转向滨江、将艺术活力带到地面、将艺术活力引入城市、将艺术活力融入历史"的总体思路，在现状分析和空间布局的基础上，提出 5 大重点提升区域、15 个子区域，全面分析各片区的主要问题和矛盾，为环南艺文化创意产业园提供针灸式的提升方案。

以北部文创 T 街重点提升区域为例，该区域以南艺为核心，明确打造集合工艺美术、文化艺术教育与传播、文创设计、戏剧影视、文化艺术信息、文化休闲娱乐等产业的精粹项目，构建环南艺文化创意产业园中最具当代文创发展代表性的区域（图 7-54）。在区域总体定位的基础上，根据主导产业功能，将该区域划分为秦淮大众文创与综合商业核心区、水木专业文创与精品商业区、南艺文创公共孵化与展演区、新媒体与数字发展文化区、大众文创互动区、文创青年设计社区等六个子区域。

紫金塔所在的新媒体与数字发展文化子区域通过全面梳理片区空间设计层面、功能产业层面、风貌氛围层面的问题和矛盾，针对阻山隔水、高差大，公共空间无活力，文创产业化发展乏力等核心问题，提出打造古林到秦淮的公共节点、环南艺文化创意产业园的公共舞台等策略。通过公共舞台的设计，化解高差，创造可以便捷联系古林公园与秦淮河滨水空间的便捷慢行休闲路线，激发空间活力，为新媒体与数字发展提供良好的环境氛围（图 7-55）。

在片区指引的基础上，采用行动规划的思路，通过区域大事件项目的策划，引爆整个功能区。以南

图 7-55　新媒体与数字发展文化区设计示意图

艺"520 毕业展"为基地，扩大其影响力，结合十二节气，整合传统节庆活动，融入文创与艺术元素，将环南艺文创功能区打造成为"南京文艺嘉年华胜地"。同时，积极引入百位艺术名师工作室、青年艺术创作工厂、文艺书店综合体、创业咖啡 BAR、文创产业人才苗圃等旗舰项目，激发文创人才的灵感与创意，促进文创企业与人才的孵化，成为触动区域文创品牌建设的源点与媒介。

（4）刚柔并济促管控

在总体规划层面，严格遵守《南京市城墙保护条例》（2015 年）中的相关要求，将保护明城墙及其相关资源作为发展的底线。

以城市设计为基础，采用"整体—单元—子单元"的梯级管控方式，分别就整体功能、更新方式、公共空间、道路交通、近期建设重点等，分地块进行引导，从而管控环南艺文创产业功能区整体的城市建设。

将重点管控范围划分为三大引导单元，同时结合地块权属及功能相关度，对三大引导街坊进行子单元划分，共划分为 26 个子单元。同时，为保证功能区建设与未来发展弹性并重，子单元管控分别从弹性和刚性两个角度，对功能、空间、风貌、更新方式、不同主体参与方式进行引导。部分子单元在管控当中情况类似，因此合并管控，以简化和明晰管控细则（图 7-56）。

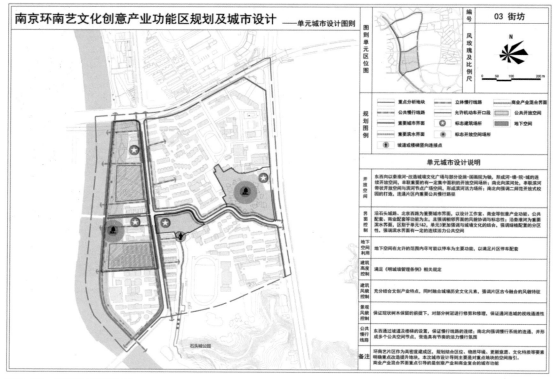

图 7-56　单元城市设计图则

7.4.3　一期重点工程——水木秦淮艺术公园

水木秦淮艺术公园位于古城墙边、秦淮河畔，是环南艺文化创意产业园最早完成的更新区域之一。艺术公园总用地面积约 7.1hm²，本次更新改造工程以"城市双修"为标准，打开沿河视线，打通河、街、路之间的慢行系统，优化生态环境；精心营造独特的亮化氛围，打造秦淮河边的夜间经济集聚区。立足文化创意产业街区和滨河休闲旅游目的地这两大定位，针对苛刻的基地条件和复杂的现状问题，提出了三大主要改造策略。

（1）疏通——梳理场地交通，提升地块活力

水木秦淮艺术公园内建筑为覆土半地下建筑，由于采用下沉式设计，沿街的可视性不强，加之原覆土建筑屋面管理不善，树木过于浓密，对沿河活动空间产生遮蔽。同时，场地动线不连续，与滨水步道之间有 3～4m 的高差，联系性差（图 7-57）。

本次更新梳理空间形态，建立经纬两个维度的空间通道，将东西南北全部打通，形成网络体系。梳理人行道和步行街的高差关系，扩展步行街宽度，整理河、街、路之间的慢行系统。大幅度去除覆土及空间阻碍，对现有近 1600 株植被进行梳理和移除，营造外露的空间形态。打开沿河视线，利用屋顶打

图 7-57　水木秦淮艺术公园更新改造前鸟瞰图

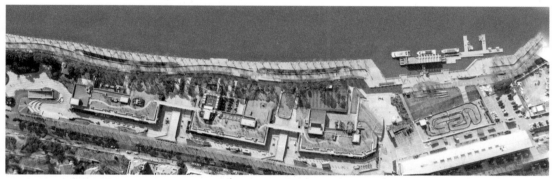

图 7-58　水木秦淮艺术公园更新改造后鸟瞰图

造观景、休闲露台，借助高点和临近秦淮河等地势优势营造优美的赏景胜地，同时也丰富了水木秦淮艺术公园的室外空间氛围（图 7-58）。

（2）整合——创造立体系统，丰富空间体验

巧妙利用场地的高差，将不同标高的内外空间进行疏解和贯通，打通路、城、河之间的视觉通廊，在三个标高上，将整个场地组织成立体公园。

H-Park：即位于地面之上、16.8m 标高的公园，利用建筑屋顶，通过景观桥梁连通形成曲折架空的流线，贯穿整个场地，并结合停留空间和构筑物打造观赏休憩类活动路线（图 7-59）。

G-Park：即位于地面、标高 11.0 ～ 12.3m 的公园，是水木秦淮艺术公园中平面空间最大、空间联系最多的公园，重点打造艺术娱乐类活动。通过加建石头城路至秦淮河边的人行天桥，分离 G-Park 中休闲游逛的消费人群及 H-Park 中沿河锻炼游玩的休闲人群（图 7-60）。

U-Park：即位于地面以下、标高 7.6 ～ 9.2m 的公园，通过打通下沉空间，打造休闲娱乐活动空间，通过前期的场地交通梳理，进一步优化空间尺度，激活主体商业流线，为户外商业、文化市集提供了良好的场所，形成商业休闲类活动空间（图 7-61）。

更新后的水木秦淮艺术公园形成"前街、顶巷、后沿河路"三层次的立体休闲步行街区，建筑周边

图 7-59　H-Park 实景照片

图 7-60　G-Park 实景照片

图 7-61　U-Park 改造前后对比图

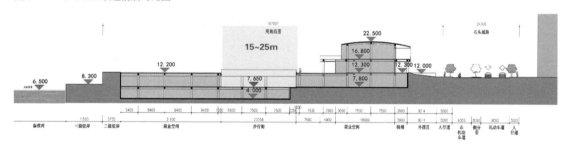

图 7-62　场地剖面示意图

形成"前外摆、后私院、顶阳台"的趣味空间。同时，叠加的人行天桥形成坡地效应，既是舞台也是座位，还是良好的观景场地（图 7-62）。

（3）提升——强调南艺的参与性，实现"艺术生活"定位

在功能业态方面，水木秦淮艺术公园坚持"艺术生活"定位，创造适合年轻人的国际化、现代化场景。水木秦淮自持会议、书吧、画廊等业态功能，并引入荧光跑道、足球场、轮滑球场等运动场馆，形成文、旅、体、艺、商、学一体的场景化空间。为贯彻落实江苏省南京市委市政府"四新"行动计划，水木秦淮引入专业化的运营团队（际加国际文化产业公司）打造"网红直播间"，以线上直播、线下促销，线

图 7-63　艺术雕塑、艺术家具实景照片

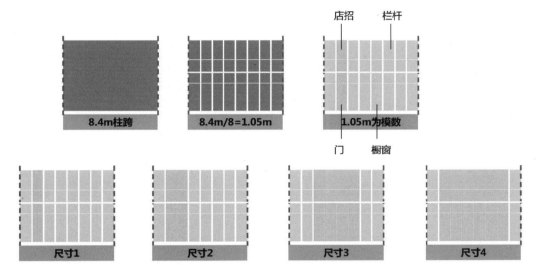

图 7-64　立面几何控制示意图

上线下共融的模式，激发旅游消费潜力。

在艺术场景塑造方面，项目前期对南艺师生进行了意见收集，在改造过程中，积极与南艺等专业团队合作，在水木秦淮艺术公园内增加文化艺术设施，注重细节打造，增强街区艺术氛围，打造城市名片、创新先锋、文化地标、南京艺术聚集地。在更新过程中，重点考虑年轻人"艺术生活"的需求，从立面到店招设计都充分体现现代性（图 7-63）。在立面几何控制上，以 8.4m 的柱跨为基本单元，划分为 7～8 个等份，店招、门、橱窗、屋面栏杆分别控制在竖向单元内，保证了立面的多样性和统一性。在材质选择上，以玻璃材质为主，既可以反射周边环境和活动，又可以满足橱窗展示功能（图 7-64）。

在运营方面，水木秦淮艺术公园引入非遗集成、读书空间、音乐会演等文艺类活动，常态化举办艺术沙龙、名家访谈、艺创大赛等高端艺术盛会和各类精彩活动。在 2020 年，成功举办了"五一"演绎节、江苏省龙舟精英赛、水上时装秀、友邻节等 30 余场官方活动，丰富了水木秦淮艺术公园的文化体验。

7.4.4 经验总结

（1）积极推动校地融合

当前全球硅巷建设主要依托于两大类型：一类是科技创新资源转化，依托校地合作、三区联动的全面深化达到硅巷建设标准；另一类是借力城市运营商推进商业办公载体嫁接科技创新，完善载体空间布局，达到硅巷建设效果。鼓楼硅巷的建设充分结合两大类型的优势，针对高校、院所以及各类社会资源，采用因地制宜、一地一策的方式，逐一确定个性化建设方案，分段有序推进。结合兄弟区县的成功经验与先进做法，在确保完成载体空间改造目标的基础上，进一步挖掘融合高校院所创新资源优势和空间载体潜力，实现通过城市硅巷建设这一路径，真正推动全区科技创新载体提档升级，挖掘释放全区科技创新活力。

（2）加大政策支持

鼓楼区制定《关于支持鼓楼硅巷发展的若干政策措施》，激励和规范硅巷载体建设。在硅巷载体的装修改造、租金补贴、人才培育、高企培育、运营绩效等方面给予支持。以区属国资平台为主体加大鼓楼区城市硅巷的建设投入，在硅巷建设规划、硅巷载体租金等方面持续投入专项资金，如5G智慧化运营、硅巷出新提升、鼓楼硅巷建设规划费用等。

鼓楼区发挥政府财政资金的引导作用，重点支持科技创新，促进"两落地一融合"，拓展招商引资渠道，吸引国内外优质项目向区内集聚，按照"政府引导、市场运作、社会参与、科学决策、管控风险"的原则，设立"鼓楼区产业发展引导基金"。2018年8月"鼓楼区产业发展引导基金"成立，基金总规模为5亿元，根据投资和全区产业发展情况逐步到位或增资。基金以公司制设立，成立鼓楼区产业发展基金有限公司，由鼓楼区人民政府作为出资人，鼓楼区财政局代为履行出资人职责，经营范围为非证券股权投资、创业投资、投资咨询、投资管理、实业投资以及项目投资。另外，鼓励城市硅巷运营单位设立硅巷基金，至2021年，已备案三家硅巷运营主体。

（3）建设创新生态

鼓楼硅巷的建设紧扣南京市委市政府有关城市硅巷建设的具体要求，利用主城高校院所周边存量用地，与高校共同打造集科技创新、文化创意等于一体的特色创新街区，促进街区低效载体转型升级，结合创新创业需求沿硅巷纵深布局生活服务业态，加大政策和资金扶持，打造校、产、人、城融合发展的新空间和集工作、生活、休闲于一体的创新生态圈，构建南京六大地标产业发展的核心研发区、高端产业发展的总部经济区、跨界融合新经济的创业区，树立科技文化融合的城市新地标。

调动社会资源介入硅巷空间载体再造、产业能级提升、特色品牌打造等环节，依托市场化力量，全面改造提升区域城市功能及产业结构。定期举办创新创业大赛、专业论坛、创客讲堂、项目路演、融资对接、法律咨询、读书会等活动，分享创业经验、交流创业问题、解决创业困惑，打造有影响的活动品牌。积极创新宣传方式，凸显硅巷标识，并借助自媒体、公众号等平台，倡导企业家精神、工匠精神和创新精神，持续讲好硅巷故事。打造非正式"第三空间"，在工位、各具特色的办公室和会议室等传统办公场所外，建成非正式的公共聚会空间，如咖啡馆、阅读吧、MINI 影院、餐馆、足球场、篮球场等健身休闲、社交互动场所等，有效促进知识传播和人员互动。构建开放式党建阵地，组织部门结合硅巷建设设立党建工作室，会同园区企业、高校、社区深入开展党建联建，构建资源共享、优势互补、共同提高的开放式党建模式，加强文明共建与服务科技创新，助力硅巷发展。

（4）全过程空间策划与城市更新

转变传统的以空间为主的更新思路，开展从资源调查、产业规划、功能策划到空间规划、建筑设计和环境营造的全过程城市更新设计。在资源调查过程中，除了传统的空间调查、需求访谈等工作外，还针对历史文化、南艺优势学科、企业平台需求进行广泛调查，为环南艺文化创意产业园特色化发展、产业规划、功能策划提供基础数据支撑。将产业规划、功能策划工作成果与空间规划紧密结合，将产业功能落实到空间载体中，为后期更新实施提供空间保障。在空间规划中，明确管控要求，保证建筑设计、环境营造的整体性。

执笔：尹力（南京市规划和自然资源局鼓楼分局）

图 7-65　白云亭副食品市场实景图

7.5 鼓楼区白云亭副食品市场改造

　　近年来，随着城市的更新和发展，大量的近现代建筑已完成其原有的历史使命，面临着新一轮的改造和升级。在原有老旧建筑功能更新的过程中，如何协调好经济效益和社会效益，实现老旧建筑的功能转移和升级改造，是当前亟待研究的重要课题。南京白云亭副食品市场改造项目在探索原有老旧建筑的功能转型、资源节约、社会效益等方面均取得了显著成效（图 7-65），以仅不到 6000 元 /m² 的单方造价和 9 个月的施工周期，创下了同类建筑的纪录，为城市原有老旧建筑的改造升级探索出了一条值得借鉴的路径。

7.5.1 项目背景

　　南京白云亭副食品市场始建于 1989 年，是隶属于原南京市下关区政府的国有独资企业，地处下关区二板桥 486 号，郑和中路与白云亭路交会处的东北侧，建筑面积 2.5 万 m²，占地面积 2.45 万 m²。主要从事蔬菜、干货调味品、副食品、蛋制品、粮油等批发交易，实行 24 小时经营服务，日均人流量 1 万～ 1.5 万人次。在南京人的印象里，位于老下关的白云亭是蔬菜、水果和各种干货的批发市场。它不仅是南京人的"大菜篮子"，还向江西、安徽及省内扬州、镇江等周边地区辐射，是华东地区最大的农副产品集散地之一，为保障居民生活发挥过重要作用。

　　随着城市化进程的不断加快，白云亭日益红火的批发交易市场虽然方便了市内及周边的副食品流通，给市民带来了极大的便利，但也对市场周边的环境、交通、治安等各方面造成了重大影响，其粗放型经营模式和周边脏乱差的环境已不再适合城市发展的需要。2012 年下半年，按照市政府"动迁拆违，治乱整破"的要求，区委区政府对市场实施了关闭。从此，为南京市民服务了 20 多年的白云亭副食品交易市场正式完成了它的历史使命，相应功能迁往江宁区。在原有功能迁出后，曾经繁荣一时的"菜篮子"工程面临着拆与不拆的难题。

7.5.2　工作思路

考虑到白云亭副食品市场这座始建于 1989 年的五层大楼远没有达到其使用年限，且承载着很多南京人的历史记忆，具有很高的人文价值，同时基于节约环保、可持续发展的思路理念，政府最终决定保留既有建筑，对原副食品市场大楼进行功能转型和升级改造。

为全面展现新鼓楼文化资源的禀赋和特色，调整产业结构以及满足群众日益增长的文化需求，规划将现有载体改造成为江苏省内规模最大的区县级公共文化惠民设施，定位为高档次的公共文化服务区以及满足人民群众日常学习、文化休闲需求的高档次场所。这也是新鼓楼区成立后首个完工开放的重点工程。

7.5.3　工作内容

2013 年南京白云亭文化艺术中心项目正式启动。该项目中，既有建筑结构复杂（三分之一面积为货车坡道）、施工工期短（9 个月）、预算有限、建设单位经验短缺……面对诸多现实困难，政府、项目团队以及设计单位共同努力，通过功能巧妙置换、保留历史印记、外观简约改造、多专业一体化设计等有效手段，成功在短时间内完成了白云亭副食品市场大楼改造升级这一艰巨的任务。

（1）功能巧妙置换

该项目在既有建筑基础上进行改造，将其功能置换为集图书馆、文化馆、美术馆、小剧场以及规划展示馆于一体的综合性区级文化中心。在有限的建筑面积条件下达到功能合理，流线互不干扰。

设计通过对原建筑中庭空间的放大和改造，形成贯穿五层的中庭空间。主要的交通电梯以及楼梯围绕中庭布置，从空间和流线上垂直联系各层的功能。一层为公共区域以及配套商业，二、三层主要为城市规划展厅，四层为美术馆等，五层为舞蹈房、培训教室等。建筑东侧的坡道区一至四层为图书馆，四层利用坡道的层高设置了小剧场，五层则为后勤办公区（图 7-66、图 7-67）。

（2）保留历史印记

本次改造工作最为引人瞩目的部分是将原有建筑内贯通五层的汽车货运坡道改造成了别具一格的图书馆。这条汽车货运坡道位于既有建筑东侧，在建筑内部折返斜行，占据了接近三分之一的室内空间，是原有建筑独特的历史印记。设计师在设计过程中不仅将其保留下来，还充分挖掘了这一特殊形式交通空间的使用价值，将其改造成为暗含"书山有路勤为径"寓意的图书馆，使其得以在新的环境下焕发新的光彩，唤起人们独特的人文感受和历史回忆（图 7-68）。

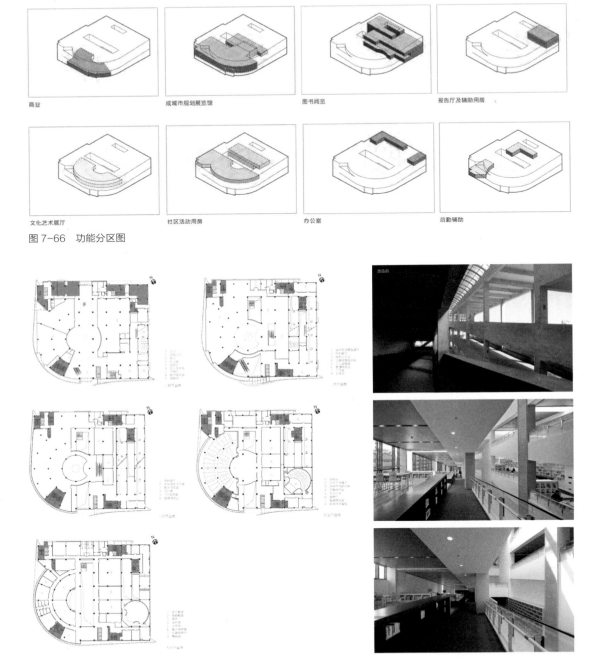

图 7-66 功能分区图

图 7-67 各层平面图

图 7-68 货车坡道改造为坡道图书馆

图 7-69　建筑西南面改造前后

图 7-70　建筑南立面改造前后

　　整个图书馆依坡而上，层层叠叠，从底层开始连续展开，由于标高的变化，自然地在连续贯通的大空间中划分出小尺度的阅读平台。平台之间用半高的书柜分隔，围合起思考的空间，安静而舒适，处处都显示出"人在书中，书在身边"。坡道上除了安置的桌椅外，读者都可以席地而坐，随意不拘。曾经的货车坡道华丽转身，成为一道最有文化的风景线，被媒体誉为"最美图书馆"。

（3）外观简约改造

　　作为一个不允许大拆大建的改造项目，外立面形式和材质的选取上也很有讲究。设计师从"白云亭"名称中获得灵感，将与城市道路相邻的南立面和西立面作为主要展示面，通过对建筑遮阳体系的重塑，打造出如"飘浮的白云"一般具有艺术气质的新立面（图 7-69、图 7-70）。在外幕墙材质的选取和具体设计上，综合考虑展示效果、造价、施工难度、施工工艺、工期等种种因素，选用了打孔铝板这一轻质材料，而不是石材、陶板等重的材料，减少加固工作，降低工程造价；同时，考虑到施工单位实际的施工工艺水平，采用的是折形的打孔铝板（图 7-71），这样一来就可以掩盖弧形墙面弧度不均匀的情况，从而保证外立面最终的展示效果；另外，设计通过尺寸大小一致、安装方式简单、可复制、模块化的外墙以及精巧的几何控制，进一步降低施工难度，确保该重点项目的快速推进。

图 7-71 折形打孔铝板立面材质

图 7-72 建筑东立面

建筑东侧作为坡道图书馆的主要采光面，则采用彩釉玻璃与透明玻璃相间的玻璃幕墙，化解了坡道和台阶在外立面上的锯齿形状，创造出雅致的立面与柔和的室内光线效果，透光不透视，隔绝外部纷乱环境（图 7-72）；建筑北侧西半段为挑出部分，面向基地北侧的居民区，设计中引入垂直绿化的概念，柔化了城市的轮廓，提高了北侧居民区的景观品质。

新生的立面犹如一张折叠的画卷被打开，又如一台正在演奏的手风琴，夜晚华灯初上之时又宛如一盏传统的纸灯笼，赋予了建筑新的活力，已成为当地的文化地标。

（4）多专业一体化设计

该项目由设计单位提供了建筑、室内、景观一体化的多专业、全过程设计服务，倡导精细化设计和建成效果的高还原度。这种超越一般设计院工作模式的集约设计，很大程度上克服了预算有限、建设单位经验短缺以及施工单位质量控制粗糙带来的困难。从外立面的更新再造，到室内的重整再生，再到景观的梳理铺陈，使得建筑内外浑然一体，避免了交接处遗漏冲突的问题。多专业一体化的设计模式在并不宽裕的工程条件下，仍保证了本次改造项目的工程质量。

7.5.4 结语

当前中国大量近现代建筑面临改造升级，南京白云亭副食品市场改造项目在探索原有老旧建筑的功能转型、资源节约、社会效益等方面均取得了显著成效，无疑是探索出了一条值得借鉴的路径。

该项目将南京曾经最大的"菜篮子"项目，打造成为江苏省内规模最大的区县级公共文化惠民设施和南京鼓楼滨江地区的新文化坐标。该项目的单方造价投入仅为不到 6000 元 /m²，施工周期仅为 9 个月，单方造价和施工周期均创下了同类建筑的纪录。该项目投入使用后，陆续推出了图书馆、美术馆、小剧场、城市展览馆等诸多文化服务功能，进一步整合了区级公共文化资源，推进了公共服务均等化，为市民提供全方位、自助式的公共文化服务，取得了较好的社会反响，被评为 2016 中国建筑学会建筑创作奖入围项目（建筑保护与再利用类）。

执笔：涂志华（南京市规划和自然资源局鼓楼分局局长）

图 7-73　老烟厂广场设计效果图

图 7-74　场地位置

图 7-75　场地现状

图 7-76　场地周边文化建筑和机构

7.6 南京老烟厂改造

7.6.1 市中心的衰落地段——老烟厂的现状

南京卷烟厂老厂区位于南京市玄武区南部地区，东至碑亭巷，南至石婆婆庵，北至杨将军巷，西面与玄武医院相邻，占地面积约 15715m²，总建筑面积约 33588m²（图 7-73、图 7-74）。现状基地内部一共包含 13 栋建筑，为原卷烟厂的生产建筑和生活建筑，保留了原有的结构。厂区的主体架构可以追溯至中华人民共和国成立初期，现存的大部分建筑物修建于 1970 年代和 80 年代，另有一栋规模较小的民国别墅建筑，见证了近半个世纪的工业和城市发展（图 7-75）。

老烟厂地理位置优越，500m 范围内分布有原国立美术馆、江苏美术馆、江宁织造博物馆、六朝博物馆等艺术文化建筑和机构，距离东南大学四牌楼校区、东南大学建筑设计研究院和东南大学建筑学院不到 1000m，为形成浓郁的设计、艺术和文化产业氛围提供了极佳的优势（图 7-76）。

进入 21 世纪，随着城市去工业化进程的推进，城市更新已经成为我国城市建设的热点。2001 年，南京卷烟厂在搬迁后，部分建筑物经过改造，试图打造与附近 1912 商业街区互为补充的商业和夜生活

图 7-77　场地东入口（左）和南入口（右）现状

图 7-78　场地内部空间现状

空间。与此同时，近一半的厂区建筑处于低效运作状态。

在交通方面，项目基地作为生产厂区的封闭地块在空间和功能上切断了周边街巷的肌理，使得内部空间闭塞；场地出入口位于东侧与北侧，北侧出入口道路狭窄，场地到达性弱，附近居民不易步行出入（图 7-77）。

在空间方面，基地内建筑密度大，绿化面积少，地面空间被临时停车占满，利用率低下；基地内部开敞空间狭窄，西侧与北侧紧邻居民楼，建筑改造受限较大。另外，项目基地位于老旧居民区内，与周边城市风貌互相很难兼容（图 7-78）。

7.6.2　硅巷建设为老烟厂带来新契机

2019 年，南京市政府推动创建"设计名城"；2020 年，玄武区致力打造"长江路文旅聚集区""城市—硅巷"的政策为老烟厂改造带来契机。硅巷是一个由互联网与移动信息技术企业集中而形成的无边界科技园区，是以存量空间更新为主的创新科技产业集聚街区。政府通过运用法规、政策引导的方式，在城市更新中发挥举足轻重的协调、决策、执行和监督的作用。这些政策措施深刻反映了政府对于挖掘

图 7-79 米兰 Prada 基金会总部

城市低效载体潜力、引入都市产业经济作出的探索。

在研究过程中，我们借鉴了很多国内外旧厂区改造的成功案例。

（1）案例一：Prada 基金会总部，米兰——建筑和艺术相辅相成

废弃的工业厂房凭借其空间的包容性，成为越来越多艺术领域场所的首选，Prada 基金会也不例外。废弃的工业园区经过世界顶级建筑大师库哈斯改造后，新建的三个体量与场地内的旧建筑既相对独立又密切相关。在这多样化的建筑空间内，所有的差异和变量都对立并存于复杂环境中，建筑和艺术相辅相成（图 7-79）。

（2）案例二：上生新所，上海——历史建筑因人新生

上生新所于 2018 年开放，是一个历史风貌建筑更新改造项目，由 3 处历史建筑、11 栋贯穿中华人民共和国成长史的工业改造建筑共同组成。该项目作为一个开放的公共空间，以历史展览的主要线索被确定下来，保存建筑的主要意义不在于物质本身，而在于人文价值（图 7-80）。

2019 年 10 月 15 日至 12 月 15 日，在城市更新的大背景下，为期 2 个月的"城市·硅巷——面向未来设计"南京老烟厂更新国际设计竞赛开始方案征集，吸引了众多国内外优秀的设计单位参加竞标。大赛以"设计之都——城市·硅巷"为题，参赛者以环东南大学设计产业带为基础，在南京老烟厂旧址范围，选取整个园区进行创作（图 7-81）。东南大学四牌楼校区周围的地块，正在致力于形成以设计产业聚集为主的环东大创新产业带，老烟厂作为中国近现代建筑重要的史迹和代表性文物，承载了从历史中汲取精髓并走向未来、与国际接轨、建设创新型城区的重要使命。

园区定位为以建筑设计产业为主的设计创业园区，同时面向城市居民，作为环东南大学设计产业的启动项目，打造设计产业聚集地、城市新兴文化街区及南京市新名片。设计作品主旨需融合于所处城市环境空间，并体现原创性和个性化，达成艺术性和设计性的和谐统一，表达设计前瞻性的同时彰显文化

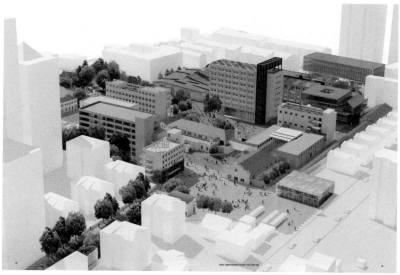

图 7-80　上海上生新所

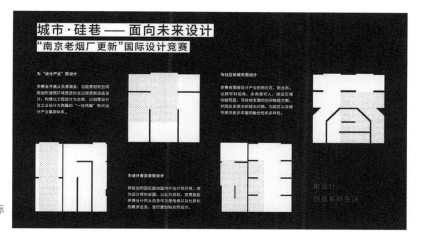

图 7-81　南京老烟厂更新国际
设计竞赛

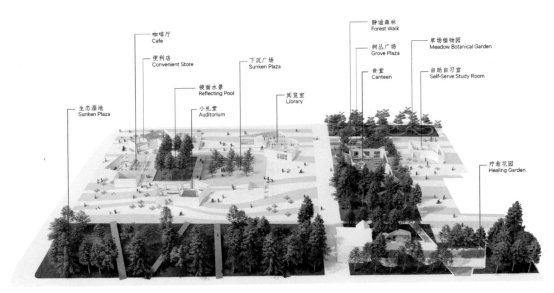

图 7-82   获奖方案《共园 SYN-PARK》

的内涵，提升人居环境品质，提升城市生活的幸福感。

　　2020 年 1 月，南京老烟厂更新国际设计竞赛落下帷幕，在竞赛期间共收到了近百份投稿。在 11 日的论坛上，南京老烟厂更新国际设计竞赛入围和获奖作品发布，最终来自哈佛大学的邢腾和王播夏设计的作品《共园 SYN-PARK》获得一等奖。该设计作品同时考虑了环境需求和多样化的用户需求，旨在讨论创新园区与城市之间的潜在关系，并提出了一种与周边社区和大城市"共生"发展的设计策略（图 7-82）。

7.6.3 创新模式设计让老烟厂重获新生

　　基于此次老烟厂更新国际设计竞赛的丰富成果，综合各设计方案优点和专家意见，本项目的工作思路最终确定为：尊重工业遗产和历史建筑，尽可能保护和再利用，针对个体建筑物的现状条件和潜力制定一对一的合理改造方案，让工业建筑物和空间适应新的功能，焕发新的生命力。在此思路之下，在规划和设计的过程中，对具有工业遗产价值和历史建筑价值的建筑物首先进行"分析评价"，根据评价结果结合总体规划方案制定逐一的"保护修缮"策略，最终结合建筑的使用功能、空间特点和物理需求详细确立如何"改造利用"的设计方案。

　　本项目区别于其他由工业遗产改造项目的显著特点是厂区毗邻周边高密度的生活、商业街区。地处城区核心地带的厂区与周边街区仅一巷之隔，在这样一个密度高且占地狭小的范围内，形成了原本作为生产性通道的有限开放空间。但极佳的地理位置又使之具有良好的可达性，具有融合公众生活、激发街区活力的先天优势。提供高品质、个性化、包容性强的多元产业空间是促进旧厂区创新驱动发展的基础，

图 7-83　改造前（左）后（右）的东北角鸟瞰图

更新改造项目应向低干扰度、"针灸式"的微更新转变。此情况条件之下的城市更新和建筑改造工作，并不仅仅要保护原有的建筑，而更需要以谨慎积极的手段，让新旧在这里对话，彼此间相互丰富充实。

经过悉心谨慎的影响评估和价值评估，在保留、加固、修缮的基础上，为具有鲜明时代特征的旧厂区引入全新的办公、文化和商业空间，将原本消极闭塞的单一生产空间转变为积极开放的多元化街区；地面空间、出入口和屋顶空间经过"打开"和"提升"，让原本"封闭"的旧厂区重新与街巷、城市连通，使其和周边城市街巷重获新生（图 7-83）。

7.6.4　老烟厂设计亮点和成效

旧厂区的建筑形态及其组合是重塑园区空间的主体，更是本次更新项目的重点内容。开放空间的组合要与场地的内外空间、交通流线、周边的环境、特定地段的文脉产生呼应，要注重地块的整体性与统一性。

（1）开放性与公共性

城市开放空间一般具有开放性、可达性、大众性、功能性的特点，是使用者认知城市、体验城市的主要媒介。园区规划设计的最大改造之一即是打开边界，让视线贯穿、让人走进园区，并鼓励人流穿越园区，让园区内部的街道和开放空间"接入"城市街巷的肌理。基于原厂区现有两条东西和南北向的开放空间体系，首先是打开南面建筑的首层，打通南北轴线，连接城市街巷；其次，打开场地东入口，取消门卫室及围墙，形成能够聚集人气的入口广场；第三，东南角建筑首层斜向打开，引入场地东南角城市街角的人气。场地东、南、东南角三向首层贯通，让园区在地面高度形成一个与街巷肌理连通，人流可以自由穿行的开放街区（图 7-84）。

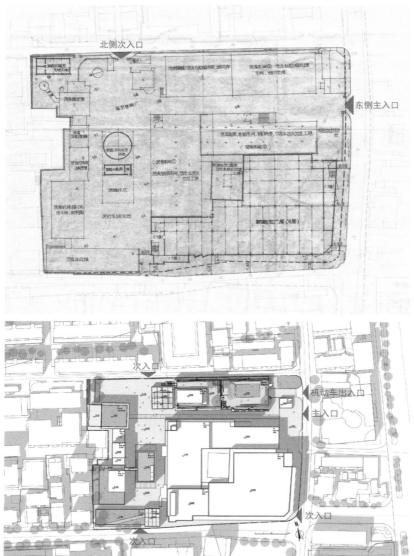

图 7-84　改造前（上）后
（下）的主次出入口平面图

　　基于原厂区高密度、高容积率的既有条件，除尽可能打开地面开放空间、打开东南角建筑首层空间使之成为半开放空间等做法之外，设计充分利用了多个建筑的屋顶空间作为公共绿化与开放休闲空间，让办公和生活空间在各个高度和方位上能够享受绿色和阳光。这些立体的公共空间，也将作为重要的休憩、社交场所和办公空间的延伸，它们具有丰富的景观和视线优势——在很多屋顶平台可以将视线延伸到城市核心区域，新街口、鼓楼、长江路、总统府等城市景观尽收眼底。新的公共空间向园区内部人员及城市居民开放，促进不同人群之间的交流、园区与城市之间的交流，工作、生活的各类体验在此汇聚，让园区成为新的城市记忆载体。

图 7-85　东入口改造前（左）后（右）对比

园区西侧紧邻居民区，北侧与居民楼仅一巷之隔，东侧及东南角亦面对居民楼，园区的改造需充分考虑对周边建筑的影响——避免产生视线阻挡、阳光遮挡、光污染、噪声、废气等负面影响。不仅如此，在规划和设计中，东部和北部的艺术广场及立体城市公园将为周边社区提供舒适的公共活动空间和多元的视觉形象。园区内部的活动场地及配套设施（如立体绿化空间、活动广场、咖啡厅、书店、公共展厅等）也将为社区提供便利和支持。

（2）交通、停车和流线

本项目东临碑亭巷，南临石婆婆庵，西侧与相邻地块以围墙区隔，北侧杨将军巷为一条狭窄巷道。主要车流来自碑亭巷北侧，主要人流来自东、南、北三个方向，现有出入口位于东侧与北侧，但北侧道路狭窄，仅适合作为应急和消防出入口。新的街区需要数量合适、到达便捷的出入口及合理的流线规划。

主要人流和车流出入口仍然沿用原厂区的东入口，入口附近的围墙及门卫室将被拆除，形成开放性的入口广场；南侧的出入口设置在西南角建筑的底层，斜向弧形的墙壁将为人流提供引导；东南角建筑首层也面向街角打开，作为首层商业的主入口，入口处进行了空间放大，利用原厂房建筑的结构打造入口柱廊广场，让入口更具辨识度与吸引力，同时为商业的配套活动提供了场地（图 7-85）。

园区内部的停车需求主要依靠东北角厂房建筑改造而来的立体停车库解决。东北角厂房建筑紧邻碑亭巷，顺应车流，立体车库沿用了建筑原有结构柱网，在其内部设置含 80 个车位的智能管理立体停车位，建筑外立面为垂直绿化，屋顶为绿化平台，建成后将成为生态智慧立体车库与立体绿化相结合的创新范例。

为营造高品质、步行友好的园区，将其内部机动车、非机动车流线进行合理调整：机动车单独设置出入口，直接进入车库；非机动车由南入口进入非机动车停车库，打造出令人愉悦的步行空间。这就意味着，园区内部无机动车通行，仅在紧急情况下允许消防车进入。

图 7-86　建筑与广场空间改造前（左）后（右）对比

（3）高品质空间塑造

建筑改造将以"真实"为原则。在被保护的建筑上，如实展现工业遗产建筑的形体和质感；在被改造和新增加的部分，如实展现新的建筑元素和材质。整个园区的风貌将通过"新与旧"的对话来提升空间的品质，丰富空间的质感。在建筑表皮的处理上，工业遗产建筑原则上露出建筑的原本质感，并经清理和修补，呈现建筑质朴的工业感；外立面将用横向分隔的玻璃幕墙系统与江南建筑的砖和城墙砖的肌理形成呼应；历史建筑将去除曾多次增加的抹灰和涂料，露出原有的红砖，并修缮建筑其他细节（图 7-86）。

本项目还采用创新的设计手法、施工工艺、新型材料和智能化系统，着力打造领先的高品质设计产业园区。立体绿化景观以及外廊式幕墙体系将极大地提升建筑的采光、视线和通风效能；架空廊道、屋顶平台等创新建筑空间，为园区增加了亮点和热点，赋予了园区强烈的公共属性和文化属性。办公空间通过智能化系统协调物业管理、预约共享会议室和配套功能；生态智慧立体车库将运用先进的无人操控停车系统增加使用效率，结合屋顶和外立面的立体绿化，成为项目中不可或缺的创新范例。

南京老烟厂不仅是南京近现代工业史上的重要记忆，更是一个融入当今生活的重要历史元素。基于建筑风貌设计的原则，建筑改造需要尊重城市街区的文脉、用建筑语言阐述并发扬当地文化、传承历史记忆。不仅在建筑设计方案阶段保持其"真实"，更需完整保留从旧厂区发展到创新园区的各阶段的历史记忆。基于这些考虑，艺术广场空间也充分地融入了烟厂的元素，如以烟画展示为主的艺术墙，以香烟形态设计的景观装置等，于细微处根植老烟厂的记忆，传承独一无二的文化脉络。

7.6.5 总结

南京老烟厂改造项目从方案初始至施工，不断发现问题并解决问题，为城市更新工作提供了宝贵经验，具有现实意义与指导意义。此类改造项目基本上可分为设计前、中、后三个阶段，每个阶段侧重点不同，大致总结如下：

设计前期做好可行性研究，提供完善的设计基础资料，对被改造的建筑与场地进行充分的调研与数据采集（场地红线、建筑原始平面图、市政条件、建筑结构检测等）。

设计中期深入解读场地，理解历史，挖掘文化价值点，体现项目自身特质。集思广益，征询优秀设计师、专家、政府相关部门领导的建议与意见，打破设计的局限性，创造更多的亮点。

设计后期建立有序的管理系统、积极高效的沟通机制，有效推进项目；以设计为中心组织各专业的配合，在满足各专业要求的同时尽量保证设计方案的实现，让设计效果得到最大化的呈现。

执笔：刘青（南京玄武文化旅游发展集团有限公司董事长）

第 8 章　居住类地段城市更新

图 8-1　石榴新村改造前实景图

8.1 秦淮区石榴新村老旧小区整治

　　民以居为安，危破老旧住宅更新是与民生关系最密切、更新难度最大、更新需求最迫切的类型，也是南京市建成宜居城市、提高困难群众的获得感、满意度必须攻克的难题（图 8-1）。作为市政府年度工作头等大事，危房和棚户区改造面临融资难、启动晚、推进慢的困境，成为南京市实现"强富美高"目标的现实短板。2019 年，南京市政府提出要早日实现让困难群众"住有所居"的工作目标，自此拉开了研究居住类城市更新创新政策的序幕。

8.1.1 国内形势背景

随着征收成本节节攀升，地方债控制趋严，传统的"拆迁—卖地"模式难以持续，2018 年，住房和城乡建设部、国家发展改革委等多部委联合发文严控新增地方债，"新开工棚改项目不得以政府购买服务名义实施或变相举债"，必须找到一条既解决民生问题、又不增加政府债的更新途径。

以往南京市市内的危破老旧住宅主要通过传统的征收拆迁模式进行更新。这种模式高度依赖财政投入，缺乏调动居民和市场力量参与的有效机制，不仅给地方财政投入增加负担，也因为行政力量推动、缺乏公众参与机制等原因，导致部分居民满意度不高，甚至引发社会矛盾。此外，主城区内一些地块面积小、人口密度高、文保要求高的"硬骨头"地块，因拆迁经济账、文保要求、安置方案等历史原因，导致改造进程被搁置已久，相关居民的更新需求相当迫切。

8.1.2 城市更新模式探索

深圳、广州、上海等一线城市在旧城改造上起步较早，已经取得了一定的成效和经验，并形成了相关的政策制度体系。其中，深圳、广州针对主城区内城中村较多的特点制定了城市更新办法和旧村更新办法等政策，上海则在近两年密集出台了有机更新、历史风貌保护等相关政策。

在学习借鉴兄弟城市先进经验的基础上，南京市结合本地化需求和遇到的实际问题，着手研究居住类地段城市更新政策。2020 年 5 月，市规划资源局联合市房产局、市建委出台了《开展居住类地段城市更新的指导意见》，着力解决居住类地段改造中遇到的土地、资金等瓶颈问题，促进城市更新从传统征收拆迁模式向"留改拆"方式转变，带动城市发展由增量扩展转向增存并重。

主要政策创新有：片区化工作范围，以划定的更新片区开展，可以适度调整、合并或拆分地块，可将无法独立更新用地、相邻非居住低效用地纳入片区；多元化实施主体，强调政府引导、多元参与，调动个人、企事业单位等各方积极性；多样化安置方式，以等价交换、超值付费为原则，可以等价置换、原地改善、异地改善、放弃房屋采用货币改善、公房置换等多渠道、多方式安置补偿；民主化工作流程，建立自下而上的城市更新机制，通过实施主体与居民签订更新协议，自愿向管理部门申请参与城市更新项目，设立两轮征询相关权利人意见环节，实施过程中充分尊重民意，体现共建共治；全面化政策支持，从规划政策、土地政策、资金支持政策、不动产登记政策四个方面提出政策保障措施，通过政府引导、市场运作、简化流程、降低成本，实现改善居住条件、激发市场活力、盘活存量资源、提升城市品质的综合效益最大化。

8.1.3 实施创新政策，驱动多方合力

（1）石榴新村项目背景：高密度、高风险、推进困难

石榴新村项目是全市首批居住类地段城市更新试点项目之一，也是南京市主城区内典型的历史遗留

图 8-2　石榴新村改造前存在安全隐患

地块，具有地块面积小、人口密度高、文保要求高、项目亏损大等典型特征。在原"毛地出让"十多年后，因居民意见难统一、经济账算不平等原因，始终未能实现搬迁更新。

　　项目位于全国重点文保单位朝天宫东侧，内有两处秦淮区不可移动文物，占地 1.59hm²；该地区历史上多为茅草棚，1954 年政府划地开始自建砖房，未办理房屋产权证。20 世纪七八十年代陆续进行翻建和违章搭建，少量办理房屋产权证。现状建筑物以 3 层为主，楼与楼之间大多仅能一人通行，大部分房屋经鉴定为 C 级、D 级危房，私搭乱建问题严重，年久失修，存在极大的安全及消防隐患，原居民改造意愿十分强烈，亟需尽快纳入整治（图 8-2）。户型多集中在 30～90m²，最小的 7m²，总建筑面积 2.36 万 m²，涉及权证居民 388 户，工企单位 2 家，常住户籍 510 户，自然家庭（含出租户）约 870 户，人口 1428 人。

图 8-3　石榴新村改造前地形图

　　地块内还涉及 1 条代征道路和 2 处不可移动文物，代征道路面积约 3235m²；小王府巷 5 号，面积约 1176m²，产权单位为南京电线电缆厂，涉及 28 户承租户；小王府巷 16–18 号，面积约 1534m²，产权单位为秦淮区房产局，由白下房产经营公司管理，涉及 35 户承租户（图 8-3）。

　　作为周边开发带动更新模式遗留下来的"硬骨头"，存在产权关系整理和确权、居民意见和诉求征集沟通等工作难点，涉及危房消险、民生改善、城市片区功能提升等方面目标。

（2）主要举措：创新政策工具，逐个击破难题

① 实施主体：政府主导变政府引导、市场参与

原石榴新村项目为历史遗留的毛地出让项目，由于原实施主体难以继续推动拆迁工作，导致项目中

断多年。在政策出台前，只能通过地方政府征收拆迁的模式继续推进，但是由于项目本身存在面积小、人口多、成本高等问题，拆迁工作继续搁置。

居住类地段城市更新政策区别于传统征收拆迁模式最大的特征就是实施主体的变化——原来是政府主导、通过下达征收令进行拆迁谈判，现在变成政府引导，多元参与，调动个人、企事业单位等各方积极参与。根据新的政策，实施主体可以包括：物业权利人，或经法定程序授权或委托的物业权利人代表；政府指定的国有平台公司（国有平台公司可由市、区国资公司联合成立）；物业权利人及其代表与国有公司的联合体等情况。

石榴新村的更新改变了过去政府自上而下、"大包大揽"的模式，在相关权利人和实施主体达成一致的前提下，采用自愿参与的方式，自下而上向政府申请开展城市更新。居民、市场和政府三方关系中，政府角色从出资者、参与者变为规则制定者和实施监督者，出资和参与的角色均由市场主体承担，居民变为自愿参与更新者。这样不仅能有效降低因征收导致的基层矛盾，而且能够撬动市场资本、发挥居民主观能动性，实现居民居住条件改善、城市环境质量提升、市场主体开发获益的多赢局面。

在新政策的支持下，石榴新村项目引入市场主体（越城集团）参与地块更新。由原先的地方政府征收拆迁方式，转变为市场主体与原权利人协商、共同实现更新改造的方式。

②投入模式：开拓资金来源，降低项目成本

石榴新村项目最大的实施困难是资金投入无法覆盖前期拆迁成本问题。原计划对石榴新村片区实施房屋征收拆迁，将原地块整体出让，但根据规划指标测算（用地性质为商住混合用地，用地面积约0.93hm²，容积率为1.80），不能覆盖拆迁费用（约14.43亿元），且资金缺口巨大。

居住类地段城市更新政策出台后，通过规划、土地、资金支持、不动产登记等方面的政策支持，实现简化流程、降低成本，从而提高项目可行性。

规划政策方面，通过允许调整边界、简化程序、放宽指标，提高规划可行性。石榴新村项目，原先限定在更新范围产权边界内进行更新，由于地块面积小、不规则、碎片化，更新开发的规模效益有限。新政策出台后，可以基于控规地块划分更新片区，将周边"边角地""夹心地""插花地"、非居住用地一并纳入更新范围，解决地块不规则、碎片化、规模效应不足等问题（图8-4、图8-5）。

土地政策方面，特殊项目可以先划拨再协议出让、建立与原权利人的产权关系，出让金测算可以抵扣部分拆迁、补偿、代建成本，经营性用途面积允许自持和上市销售。石榴新村项目就是通过降低拿地成本、提高经营规模、抵扣土地出让金等方式显著降低了拿地难度和拿地成本，从而提高了项目可行性。

资金支持政策方面，新政策开拓了多种经费来源，减免了多种税费，还可享受城市更新政策性贷款等金融政策。经费来源方面，包括权利人自筹经费，市场主体投入的资金，项目增加部分面积销售及开发收益，住宅专项维修资金，老旧小区改造、棚改等专项资金，地块范围内出让金市级刚性计提部分，城市更新改造资金，公共配套设施以及涉及文保专项资金等。同时，对于各类行政事业性收费、政府性基金等相关税费能减则减，还可享受国家相关城市更新专项长期、低息贷款。

据测算，充分运用更新政策，通过盘活市场投入资金、用足各类专项改造资金、享受土地出让金返

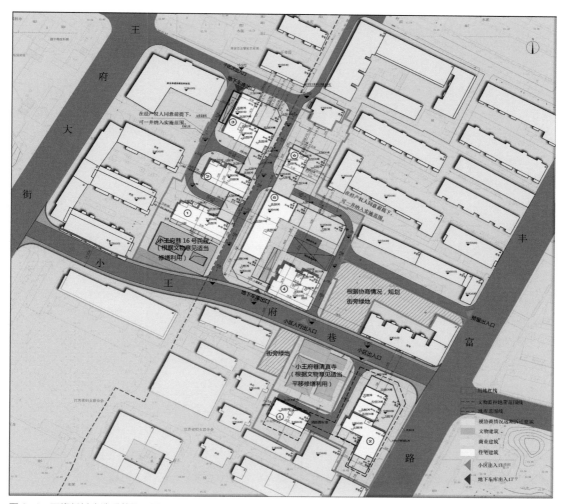

图 8-4 石榴新村改造后总平面图

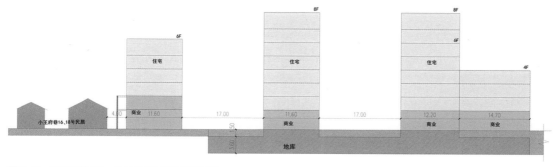

图 8-5 小王府巷 16、18 号民居与住宅剖面图

还政策、税费减免政策和国开行长期低息贷款，比原先征收拆迁模式，石榴新村项目节约资金近60%，大大提高了项目的可实施性。

③公众参与：两轮意见征询，方案循环论证

传统征收拆迁模式饱受争议的一点往往是相关权利人的公众参与不足问题，尽管近年来拆迁标准不断提高，但是由于是原权利人面对行政机关单方面的拆迁要求和相对同质化的安置标准，居民自主选择的空间有限，满意度不高。

居住类地段城市更新政策发布以来，一方面重构了政府、居民和市场的三方关系，由政府主导拆迁变成居民和市场主体自主参与城市更新；另一方面，提供了多元化的安置补偿方式，并在流程设计上设置了居民两轮意见征询环节，在大多数居民同意了安置补偿方案、资金平衡方案和规划建设方案后，才正式启动更新项目。

由于前期踏勘和居民意见调研工作相对到位，石榴新村项目在第一轮意见征询仅开展三天时间，居民参与城市更新的同意率就超过96%，进入第二轮意见征询环节。第二轮意见征询环节，涉及具体安置补偿方案和规划设计方案的确定，因此，实施主体再次对居民的多样化安置需求进行摸查，并在政策框架内，尽可能增加采光和建筑面积，提供了从35～65m²等四种可选户型，以及住宅、酒店式公寓、商业用房、保障住房、货币补偿等多种补偿方式。经与居民充分沟通、协商，规划设计方案经过70多轮修改，最终第二轮征询意见的同意率达到88%以上，项目正式进入签约环节。45天的签约期内，石榴新村375户居民的签约率达到了97%，石榴新村城市更新项目正式生效。

在石榴新村项目中，剩余极少数居民不同意按城市更新模式执行。因城市更新模式不同于征地拆迁模式，不能申请强制执行，项目陷入困境。为了平衡公共利益和个人意愿，学习借鉴了深圳最新的城市更新经验，在签约率达到95%后，涉及危房消险项目的，可按照抢险优先、人房分离的原则，采取不同意签约居民临时居住保障方案，从而兼顾公民生命安全和公共利益维护，组织项目实施。

8.1.4 居住类城市更新的"南京经验"

（1）以人民为中心，扩大公众参与

坚持以人民为中心，保障基本民生，通过城市有机更新，优先解决困难群众的居住问题，维护贫困人口的基本居住尊严，切实改善基本居住条件和保障居住安全，营造干净、整洁、平安、有序的生活环境。实施过程中，充分尊重更新区域居民的知情权和参与权，秉持公开、透明的原则，广泛征询居民的更新意愿和建议，真正做到"问需于民、问计于民、问政于民"。

（2）保障公共利益，提升城市品质

在南京市城市有机更新实践中，始终坚持公共利益优先，着力提升城市基础设施、完善公共服务配套、推进基本公共服务均等化。坚持资源节约集约利用，提高存量土地资源配置效率，整合零星分散的土地，鼓励成片连片更新。注重区域统筹，确保城市有机更新中公建配套和市政基础设施同步规

图 8-6　石榴新村更新效果图

划、同步建设、同步使用，切实改善城市建设的不平衡、不充分状况，实现协调、可持续的有机更新，提升城市宜居品质（图 8-6）。

（3）转变更新方式，加大政策供给

更新方式从原来的"自上而下"政府主导，转变为"自下而上"政府引导。加大全市城市更新的政策供给，逐步构建专业化、系统化的政策体系。以《开展居住类地段城市更新的指导意见》的发布为起点，陆续推动实施细则、操作规程的研究，逐步构建"政府引导、规划统筹、政策支撑、法治保障"的更新工作新格局。

（4）发挥市场作用，倡导共建共享

积极发挥市场作用，优化资金、土地等资源配置效率，增加城市有机更新的活力。统筹兼顾各方利益，建立健全土地增值收益共享机制，合理调节原权属人、参与主体的利益和政府公共利益，兼顾社会效益，实现综合效益最优。通过政府在规划引导、要素投入、政策扶持等方面的引导作用，调动多元主体的积极性、主动性，形成政府、企事业单位、社会民众共同参与的新局面。

8.1.5　结语

居住类地段城市更新政策发布以来，全市已有 6 个新增项目列入 2021 年全市城市更新年度计划。以石榴新村项目为样板，大量拆迁难度大、危房占比高、人口密度大的棚户区和危旧房小区，在居住类

地段城市更新模式下得以再次启动更新工作。

由于原权利人可以深度参与安置方案意见征询，在可选择多样化安置方式的情况下，居民意见统一进程明显加快。由于政策激励力度较大，也吸引了大量市场主体积极参与到前期调研和协商工作中，加速推进了全市棚户区改造和危旧房改造的进程。此外，在国开行引领下，各大国有银行、商业银行也积极开发城市更新相关贷款金融产品，进一步激发了市场主体主动参与城市更新的热情。

至 2021 年，南京市居住类地段城市更新的相关政策创新已入选住房和城乡建设部《城镇老旧小区改造可复制政策及清单（第一批）》名录，成为江苏唯一入选的可全国复制的经验。下一步，南京市将加快全市城市更新顶层制度设计进度，同时深化相关实施细则研究，为更好地服务全市人民、更新城市风貌、增加公共空间、改善人居环境出谋划策。

执笔：马刚（南京市规划和自然资源局自然资源开发利用处处长）

8.2 建邺区莫愁湖街道社区营造

我国已进入高质量发展的新时代。"十四五"时期，土地资源供给约束逐渐增强，城市逐渐由增量发展向存量发展、高效发展转型。随着国土空间规划"三条线"（生态保护线、永久基本农田、城镇开发边界）划定，规模增量型规划将成为历史，城市规划区内存量新增型空间挖潜将难以为继，以旧城更新、旧城区改造为表征的存量空间改造和提升成为城市高质量发展的重要抓手，旧城区的改造升级势在必行。

习近平总书记指出："坚持以人民为中心的发展思想，坚持人民城市为人民。这是我们做好城市工作的出发点和落脚点。"建邺分局以"城区空间提质、街区社会治理、社区生活营造"为抓手，借鉴目前国内城市"规划师进社区"的先进经验，走基层、改意识、转身份，系统梳理辖区老旧小区现状和存在的痛点、难点，以老百姓关注的"街角、墙角、边角、视角"为切入点，通过"设计师进社区"活动，开展旧城区社区营造，强化社区"微改造、微更新、微设计"，使老百姓得到更多获得感、满足感和幸福感。

8.2.1 开展社区营造的背景与缘由

"城，所以盛民也。"习近平总书记指出，"城市管理应该像绣花一样精细。"旧城区记忆着一座城市的历史轮回，彰显着一座城市的文化底蕴，讲述着一座城市的人文故事，要实现城市空间品质的提升，需要在旧城区细微处下功夫，在社区里营造市井生活氛围，彰显城市社区治理的高水平。

（1）老旧小区改造成为推进城市空间高质量发展的重要抓手

我国已经迈入城镇化的中后期，城市发展的重点已经从增量改造转向更新改造和存量提升。老旧小区改造是城市更新行动的一种类型和有机组成部分，也是重大的民生工程和发展工程。据初步统计，全国共有老旧小区近 17 万个，涉及居民超过 4200 万户，建筑面积约为 40 亿 m²。2019 年 3 月，住房和城乡建设部出台《在城乡人居环境建设和整治中开展美好环境与幸福生活共同缔造活动的指导意见》，提出因地制宜确定城乡人居环境建设和整治的具体切入点，探索创新理念思路、体制机制和方式方法，在总结试点经验的基础上，全面推广、系统推进"共同缔造"活动。江苏省高度重视老旧小区改造工程，从 2018 年起，江苏省连续三年将"老旧小区综合整治"列入省政府十大民生实事工程，成立城镇老旧小区改造工作领导小组，印发《关于全面推进城镇老旧小区改造工作的实施意见》，要求全面推进城镇老旧小区改造，加快建设美丽宜居住区。可见，以老旧小区改造为核心的城市存量空间品质提升成为推进城市高质量发展的重要工作。

（2）"应急性、计划性"的城市管理向"精细化、特色化"的社区治理转型

老旧小区整治工作由来已久，特别是 2014 年李克强总理在十二届全国人大二次会议上作政府工作

报告时指出，"要推进以人为核心的新型城镇化，着重解决好现有'三个一亿人'问题，促进约一亿农业转移人口落户城镇，改造约一亿人居住的城镇棚户区和城中村，引导约一亿人在中西部地区就近城镇化。"在国务院和各部门的大力推进下，以新型城镇化实施为背景的大规模城镇棚户区和城中村改造工作在全国快速开展。但如同追求城镇化数量快速增长所带来的质量不高一样，目前老旧小区环境整治是自上而下的"穿衣戴帽"式标准化设计和建设，强调短时间内出形象，多为"样板工程""面子工程"，属于典型的"应急性、计划性"的城市管理模式。调查数据显示，在既有的以老旧小区整治为表征的城市更新工作中，往往以"告知"的形式替代居民的参与互动，整治更新工作没有真正了解和融入居民诉求，进而导致老旧小区改造和整治缺乏微空间精品设计，缺少人民真正所需的"空间场所"。在全面推进国家治理体系和治理能力现代化的新时期，人民对美好生活的向往，驱动城乡居民对居住环境和生活空间品质的追求，传统的应急性城市管理模式不仅难以进一步提升社区空间品质，也难以适应新时期社区空间发展需求，而精细化、特色化的社区治理则成为社区空间高质量发展的新模式。

（3）全域空间品质提升是践行城市建设"以人民为中心"理念、建设"大美建邺"的实际行动

河西新城是 21 世纪初在南京疏散老城人口和功能的战略目标导向下，实施"一城三区"战略的空间产物。经过二十多年的高速发展，河西新城已形成较为显著的"三段式"结构。其中，河西中、南部以先进的规划理念、国际化高标准的建设水平，已经初步建设成为最能代表南京现代化、国际化形象的"城市客厅"，形成自然风貌、历史文化、现代文明交相辉映的新城区；而河西北部地区的大部分区域建设于 20 世纪八九十年代，在社区服务、生活氛围、邻里空间等日趋成熟的同时，基础配套不够、建设标准不高、地块功能滞后等现实问题也日益严重，已难以满足人民对追求美好生活向往的需求。高质量发展的城市空间和高品质的人居环境和生活是新时代、新阶段发展的目标，对既有存量空间的品质提升，是城市发展的内涵所在，由粗放外延转为集约节约发展，也是"以人民为中心"、建设人民城市的体现。通过社区营造活动的开展，推进河西北部老城区人居环境水平的改善，有助于建邺全域空间品质的全面提升，也是最直接地践行"以人民为中心"的城市建设理念。

8.2.2　莫愁湖街道南湖片区社区"微更新"的基础与问题

基于上述背景，建邺分局会同设计师团队，经过多轮筛选，最终选择在莫愁湖街道南湖片区开展社区"微更新"试点工作。南湖片区是我国 1980 年代城市建设的特色样板，既有环境更新的迫切需求，也有成为旧改示范的良好基础，同时还具有旧城改造的典型性和推广复制的可能性（图 8-7 ～图 8-10）。

（1）区域发展基础

南湖片区位于莫愁湖街道，1982 年开始筹划，1985 年底竣工。占地面积高达 68.85 万 m^2，因其面积之大，居民之多，配套设施之完善，被人们称作"新兴小城市""江苏省第一小区"。多年的建设、发展、

图 8-7　南湖新城

图 8-8　南湖新城市民广场

图 8-9　南湖路街景

图 8-10　南湖新村配套设施

维护和管理，为南湖片区人居环境打造奠定了坚实基础。

① 莫愁湖街道资源禀赋突出

莫愁湖街道是南京市建邺区旧城区的特色片区，资源禀赋突出。东邻秦淮河，莫愁湖、云锦、侵华日军南京大屠杀遇难同胞纪念馆是南京的城市名片（图 8-11）。南湖作为片区公园也承载了几代南京人的历史记忆。街道内部贯穿了多条水系，是老城区重要的景观生态资源。

② 南湖片区历史特色鲜明

南湖片区发展历史悠久（图 8-12），在明代，水西门路是南京进城的重要通道。1980 年代，作为安置返城知青、集中建设的小区，南湖新村建设开始启动。南京新村的规模很大，被誉为江苏省第一小区，为我国现代化建设的窗口。

③ 市井气息浓厚，具有打造"网红街区"的潜力

随着河西新城区的建设，原来南湖新村大院式的建成小区慢慢瓦解，多条城市道路穿越该片区，南湖成了老城和河西新城区重要的交界地带。该片区具有鲜明的市井特征，是多样城市生活的集中体现，承载了知青返城的集体记忆，是南京市独具特色的市井片区。热闹的夜市，琳琅满目的街道生活，南湖菜场等多家特色市场，胖子砂锅、陈林鸭子等传统老字号，使之成为南京最具市井气息的特色社区之一（图 8-13）。

图 8-11　莫愁湖街道区位及资源分布示意图

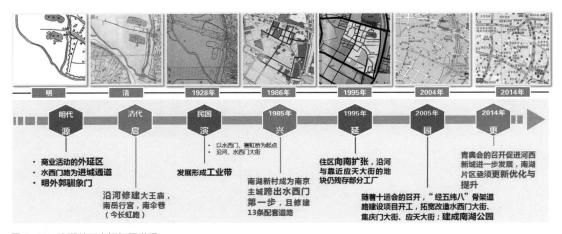

图 8-12　南湖片区空间拓展进程

图 8-13　南湖片区市井生活气息实景图

图 8-14　南湖片区住区空间演变图
（从左到右依次为：1980 年代多快好省时期、1990 年代住区商品化时期、2000 年代新小区建设时期）

（2）片区更新面临的问题

始建于 1980 年代的南湖片区，既是城市住区的样板，同样也面临着时代发展的诸多问题（图 8-14）：

一是住区空间特色模糊。随着城镇化进程的加快，南湖片区由最初的集中建设、相对孤立的区域，逐步融入城市发展进程中，从单一居住功能向混合功能转变，功能更多元化的同时，也丧失着片区固有的特色。如 1980 年代，为解决旺盛的住房需求，以"多快好省"为宗旨，建筑布局以行列式为主，住宅建筑间距 1：1～1：1.1，主要为条、点式住宅结合，兵营式布置；至 1990 年代，住宅逐渐商品化，住区开始出现围墙，公共空间私有化，居民生活对建筑立面影响严重，物质空间开始割裂；至 21 世纪，住区逐渐老化，新的商品小区在片区内不断插花建设，同时在周边不断崛起，特别是随着道路改建拓宽，公共活动空间有所变化，但整体及建筑格局基本无变化，老旧小区逐渐呈现"千村一面"现象。二是公共开敞空间不足。新时期发展矛盾变化，群众对住区改造的诉求不仅限于简单的修补，而是追求更加丰富的闲暇生活空间，以多快好省为目标的老住区，对公共空间预留和储备不足的问题日益凸显。三是公共服务设施不足。对安防设备、充电桩、停车场等配套设施规模考虑不周，如社区内停车位不足、社区用地和服务设施不够等。四是住区空间品质不高。经过基本环境改造的老旧住区，硬质空间环境得到显著改善，但是缺乏有效的治理手段和维护机制，脏、乱、差等现象很快复燃，尤其是背街小巷环境脏乱差等现象时有发生，破墙开店等现象不断出现，滨水空间特色不足。五是有特色，无品牌。街道市井气息浓厚，但对比香港油麻地等市井生活片区，缺少品牌效应。

（3）目前国内城市的先进做法

旧城更新是一项系统工程，涉及空间、经济、社会及工程等诸多因素，而规划是引领，首先需要制定科学合理的规划，统筹旧城各项要素布局和资源配置。随着城市建设从增量转向存量，规划工作也从宏大叙事的规划转到了精耕细作的设计。设计师们发现，与现有居民息息相关的工作只落实在图纸上是远远不够的，必须转化为切实的行动，并在行动中不断优化调整设计方案。近年来，全国各地纷纷号召"规划师进社区"，上海推行"社区规划师"、北京朝阳建立"责任规划师库"，规划师扎根社区、服务社区成为提升社区空间品质的重要手段。这些城市的服务实践有以下特点：

一是设计驱动。比如上海进行社区空间品质提升,大量的设计师关注小空间、小设施,通过设计师的设计智慧,提升设施品质,提高整体环境质量。北京南锣鼓巷的社区更新,大量设计资源介入,使得北京无名的小胡同成了具有地标特色的网红打卡点。二是共同缔造。社区更新投入大、见效慢,协商事项多,需要发挥各方力量共同建设。比如厦门在住房和城乡建设部部长王蒙徽的指导下,推行共同缔造制度,发挥多方力量(政府、市场和百姓)关注社区更新,取得了积极成效,在国内产生了较大的影响。三是制度探索。推行社区规划师制度,比如北京海淀区推行街道规划师制度,海淀区委托清华大学建筑学院的教师担任街道规划师,为每个街道空间规划出谋划策。

8.2.3 南湖片区"微更新"具体做法

借鉴国内外先进城市更新和社区营造的方法、路径,南京市建邺区莫愁湖街道致力于将南湖片区打造成"有文化、有趣味、有品质、有温情"的新时代社区更新样板,实现历史文脉的传承、社区活力的激发、人居环境的提升和人际关系的转变。所谓有文化,是要保护并凸显南湖片区的时代印记,成为大家感知、体验、回味1980年代的特色区域;有趣味,是要通过艺术化的创意处理,将老社区里的消极空间打造成一系列好玩有趣的生活场所;有品质,是要通过服务设施的完善,道路交通的优化和人居环境的改善,提升社区的生活品质;有温情,是要组织多种社区活动,提高居民的主人翁意识,促进人与人之间的合作交流,加强人际关系的黏度,使社区充满更多关爱。秉承"四有"的原则和宗旨,南湖片区社区"微更新"行动在政府领导、专家领衔、公众参与等多方合作下,主要开展了以下几项工作。

(1)"设计师进社区"活动

南京作为中国科教第三城,有大量的高校老师和学生,同时还有较多的规划师、建筑师、艺术家和社区营造工作者,利用上述优秀资源,建立共同缔造联盟,推行社区规划师制度,可以实现有温度、可持续的社区规划编制模式。这些活跃的规划设计师们高度关注目前的老旧小区现状,走进社区、贴近社区、更新社区,探索研究城市老旧小区微更新、微改造。此次南湖片区"微更新"工作中,设计师们抱着情怀,无偿服务于社区微更新,为城市更新作贡献。设计师构成上体现了多专业融合,项目组中既有东南大学、南京大学、南京林业大学、南京工业大学等高校的老师,也有从事社区规划和服务的社会组织,还包括南京市城市交通研究院、省城市规划院、建筑设计事务所等设计院的骨干设计师,以及一些新型的设计服务平台等,形成了一支约30名中青年学者组成的规划师团队。

(2)以人为本的"微更新"

与传统规划设计、建筑设计有所不同,设计师进社区更加强调以人为本,以生活在街道、社区的老百姓需求为基础。老师带学生进社区调研,通过座谈会、圆桌会、居民议事会等多方面了解住区居民需求,邀请所有的力量参与城市的设计,注重公众参与,结合社区居委会、城市网格员,联合公益组织。公众也可以基于自己的发现和需求主动提出更新项目。每个居民都有"设计"自己居住空间的权利和路径。

图 8-15　阳光车棚·社区舞台
——车棚改造意向设计图

设计师们则发挥专业特长，在社会调查等基础上，针对局部、零星"边角地"进行"落地型"设计、"针灸式"改造，以项目为抓手，通过一个个小项目的落地实施，实现社区品质的大变化。

（3）"自下而上"与"自上而下"相结合

设计师"自下而上"发挥主观能动性，结合各自专业特点和兴趣，寻找设计灵感点。设计师团队中，有从事城市规划、艺术设计、建筑设计、园林绿化等各个专业背景的人员，他们从各自的层面提出更新改造方向。未来规划部门计划就莫愁湖街道编制整体的社区更新规划，就整体更新和网红市井街区进行统筹谋划；建构项目库，围绕落地项目进行设计和实施；探索优化制度设计；将莫愁湖街道的十三个社区进行网格划分，实行区域负责制；建立规划部门、街道、设计师联席会议制度；每个月开一次会议，集思广益，共同缔造。

8.2.4　南湖片区"微更新"空间设计展示

（1）创意空间——WE 空间创造

小区车棚数量多，占用宅间空间，通过设计师的再设计，在满足停车需求的前提下，通过空间的复合利用，打造社区内部微型公共空间，使之成为民生改善的窗口和老旧小区改造的触媒，打造网红打卡地（图 8-15）。

图 8-16　回家的路
——天台微改造意向设计图

（2）交通空间——楼梯道改造

沿街住宅的楼梯、连廊、平台现在基本为纯粹的交通空间，缺乏空间品质，缺乏可以激发社区居民交流活动的物质要素。通过对楼梯道的改造，重新营造出邻里间的交流空间，在功能上体现地域性和场所感，使建筑锚固在场所中。一方面，采用鲜明的颜色代表每一层空间，增强空间标志性；另一方面，强化门牌及墙地面的导识等标识设计，使空间整体清晰明确。在天台空间的利用上，通过空间再划分，明晰休息、活动、种植和晾晒等功能（图 8-16）。

（3）邻里空间——味道南湖营造

南湖片区中的茶南街与福园路历史悠久，遍布人气旺盛的南京老字号小吃店，因其口味独特、价格合理而备受周边乃至全市居民喜爱。但街道空间较为杂乱，设施破损，品质陈旧。在设计师眼中，无序的交通、未被充分利用的空间、脏乱的角落、平庸的外观和淡漠的人情蕴藏着重新被设计的丰富潜力。在此次"微更新"中，就涌现了例如增加指引牌、改造部分商铺为城市会客厅、自行车停车位涂鸦设计、老字号门头店招设计、斑马线创意设计、露天就餐位设置的微设计、微改造。

（4）开敞空间——微绿化品质打造

高密度老城区绿化品质提升是一个世界性难题。大量实证研究指出，平面绿量（绿地率）不如以在空间中移动时映入眼睛的绿量来评价更为有效。因此，此次"微更新"借鉴了日本的实践经验，在莫愁湖街道高密度城区，通过绿视率与绿地面积之间的折算关系来提升绿化空间品质，拟定了园林绿化品质提升行动计划，并分解为年度实施计划（图 8-17）。

（5）游憩空间——儿童·家庭友好国际街区塑造

本项目多方联动，打造创新社会治理新样板；集微成景，构建老旧街区"微规划、微更新、微改造、微治理、微幸福"的新基地；广泛参与，助力城市友好发展新趋势；城市赋能，共享精细品牌服务新高地；

图 8-17 莫愁湖街道园林绿化品质提升计划社区分解示意图

数字聚合，以搭建智慧街区互联新平台为目标，通过对莫愁湖西路的改造，将其打造成为具有国际影响力的街区，未来街区可作为南京国际名城的窗口名片，聚合周边资源发展成为江苏省的产业地标，继而成为高质量发展的示范区。

8.2.5 南京市建邺区"社区营造"工作思考和相关建议

经过深入的调研和思考，结合国内先进经验，我们得出，城市不是政府的政绩，不是开发商的项目，不是设计师的作品，而是大家共同缔造的智慧结晶，是广大市民生活的美好家园。城市的改造已不再是大拆大建，微更新更能让老小区提升品质，体现城市管理的精细化。"共同缔造"式的社区营造，是自上而下的管控和自下而上的规划、建设、管理相结合，是在物质更新优化的基础上强调社区发展机会及发展策略，是持续服务的过程，是以社区综合品质提升为目标的社会行动。随着"微更新"工作的深入推进，必须转变规划管理部门和设计师的意识和工作方式，做好"中间人"，探索一套可持续的设计和实施机制，做人民满意的设计，为特大城市老城住区更新及社会治理提供参考。

（1）探索模式，成立"三会"

成立共同缔造工作委员会、居民议事会和社区营造发展基金会，拟定"三会"工作章程，形成南京自己的城市更新模式。共同缔造工作委员会由设计大师，市、区政府领导及工作人员，居民代表组成；

居民议事会由社区居民代表组成；社区营造发展基金会，可以由政府财政投入、筹集居民资金、企业赞助及其他闲散资金组成。以政府财政投入为示范，以政府信用为基础，引导居民和企业投资，确定发展基金的角色定位、组织架构、运作机制、资金退出机制及盈利模式等，调动广大居民参与社区更新的积极性。基金会实行专业团队市场化运作，政府不干涉基金运作，可向基金会推荐老旧小区更新项目。

（2）节点启动，系统研究

转变以往的规划模式，让老百姓参与规划全过程，更加强调以人为本，更加注重微空间细节提升，尤其是居民关注的微空间，以生活在街道、社区的老百姓的需求为导向，聚焦解决百姓"家门口"最突出、最迫切的问题；转变传统推倒重建的建设方式，以住区节点的微公共空间为突破口，采用小尺度、"针灸式"介入方法，在保持原有城市肌理和空间特色的基础上，通过一系列小场景改造，持续提升片区品质。通过"微更新系统""节点体系"规划，打造出集休闲花园、文化公园、活力乐园和精致家园于一体的幸福社区，不忘为人民设计的初心，牢记为人民设计的使命。

（3）搭建平台，共同缔造

转变片区老旧小区环境整治单一的自上而下模式，强调以人为本的"共同缔造"，地区政府、居民、院校、专家、企业及社会各界等多方参与，以社会调查和老百姓的真正需求为基础，开展"宁好莫愁，共同缔造"社区营造论坛、"微空间·WE更新"设计竞赛、社区营造节、南京城市设计师沙龙等丰富多彩的活动，开发社区营造公众号，让老百姓及社会各界充分了解社区营造工作，吸纳对社区更新有兴趣的各种专业人士，形成"共建共享平台"。

（4）转变重心，精细化管理

随着城市发展迈入城镇化中后期，城市更新也已经从单纯的空间改造，转向关注城市整体环境提升、文化氛围塑造、人际关系改善、生活方式转变等更多元综合的城市行动。通过南湖片区"设计师进社区"行动，助力老旧小区微更新试验，工作重心由增量改造向社区精细化营造倾斜。在物质更新优化的基础上强调社区发展，改善公共空间、优化交通条件、完善公共配套，探索南京老旧小区更新发展的实施机制及可持续的实施方式。

总之，老旧小区社区更新的复杂性决定了共同缔造行动是一项长期的、多方参与的、以共同缔造为特色、以"针灸式"介入为手段、以社区综合品质提升为目标的城市更新社会行动，需要社会多方协作，共同努力，持续服务，推进老城区空间高质量发展。

执笔：熊卫国（南京市规划和自然资源局建邺分局局长）

图 8-18　卫巷设计效果图

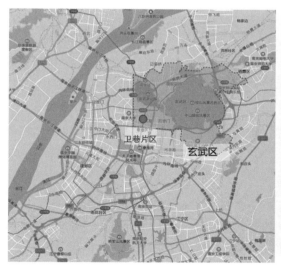

图 8-19　卫巷片区区位图

8.3 玄武区卫巷片区危旧房改造

　　卫巷危旧房片区位于玄武老城中心位置，进香河路与卫巷交叉口西北角，东侧紧邻历史悠久的东南大学（图 8-18、图 8-19）。该片区珍藏着老南京的历史记忆，由于年代久远、产权未确定，西侧有 4 幢住宅为代管。时过境迁，该片区现状危房众多，环境被破坏，成为老城不得不正视的"疮疤"。

8.3.1 老旧小区更新和危房消险的政策探索

（1）城市更新政策的探索

2014年国务院办公厅印发《关于进一步加快棚户区改造工作的通知》重要文件，同年公布的《政府工作报告》也提出"三个一亿人"的城镇计划，其中一个亿的城市内部的人口安置就针对棚户区及旧建筑改造。2016年国土资源部印发《关于深入推进城镇低效用地再开发的指导意见（试行）》，进一步加快了城市低效用地的建设步伐。2019年7月，住房和城乡建设部会同发展改革委、财政部联合印发了《关于做好2019年老旧小区改造工作的通知》，希望通过老旧小区改造，完善城市管理和服务，彻底改变粗放型管理方式，让人民群众在城市生活得更加美好、舒心。国家层面出台的这一系列政策文件，对指导城市更新工作有序开展起到了重要作用。

与此同时，为了顺应新的形势需求，南京市在城市更新政策、实施机制等方面进行了积极的探索与创新。2019年5月，根据南京市人民政府办公厅《关于开展危房改造试点工作的会议纪要》的精神，为了加快危房消险改造、保障市民居住安全，开展危房改造试点工作，玄武区的卫巷片区被正式纳入全市试点工作的范围。2019年6月，《南京市城市危险房屋消险治理专项工作方案（2019—2020年）》进一步明确了工作安排和政策措施。危险房屋按实际情况，可选择拆除、翻建、维修加固等治理方式：对保留价值不大的D级危房以及存在重大安全隐患的C级危房"以拆为主"，并尽可能纳入棚户区改造计划，提前实施征收；对符合规划用地性质、住户改造意愿强烈、具备翻建施工条件的危险房屋，鼓励"自主改造"，依法实施翻建；对具有保护价值或无法拆除的危险房屋，鼓励责任人自行采取维修加固措施。

2020年4月，南京市危治办制定了《关于我市危险房屋分类治理的工作流程》，结合上一年开展的危房改造试点工作的经验，就四类危房治理提出了意见。2020年5月，在主城区范围内优先实施的试点城市更新工作经验基础上，市规划资源局、市房产局、市建委印发的《开展居住类地段城市更新的指导意见》提出：更新项目普遍存在地块小、分布散、配套不足的现实情况，可结合实际，灵活划定用地边界、简化控详调整程序；在保障公共利益和安全的前提下，可适度放松用地性质、建筑高度和建筑容量等管控，有条件突破日照、间距、退让等技术规范要求、放宽控制指标。

（2）国内城市更新借鉴

为深入理解城市更新，学习借鉴国内优秀案例也至关重要。国内多个城市也在积极推进城市更新，强化城市治理，不断提升城市更新水平。在社区微更新方面，通过创建多元主体参与、项目实施为导向的城市设计共享平台，吸引公众参与城市更新设计，促进社会联动与治理。北京东城区通过史家胡同博物馆建设，扎根社区积极开展社区营造，同时将传统四合院生活与胡同绿化相结合，改善人居环境品质，并建立责任规划师制度，为社区居民提供咨询。上海的社区微更新工作通过公共空间改造，吸引社区居民参与，促进社区的共治、共享与共建，启动了"共享社区、创新园区、魅力风貌、休闲网络"四大城市更新试点行动计划。

图 8-20　卫巷片区更新改造前实景图

8.3.2　卫巷片区的现状及改造难点

卫巷片区占地面积约 2464m²，房屋总建筑面积约 2640m²，共存有 10 幢房屋，皆为砖木结构的民国时期建筑。其中，有 5 幢房屋鉴定为危房，其余 5 幢房屋因年久失修，都存在不同程度的安全隐患，与周边的城市街巷格格不入（图 8-20）。如何既传承卫巷的悠久文化，又改善这里的居住条件，并融入整个城市风貌中，是摆在政府面前的难题。

如今的卫巷片区内部物质空间变得衰败不堪。首先在建筑方面，现存住宅年限均超过 50 年，期间也未经修缮，导致建筑墙体出现明显裂纹，房屋质量堪忧，存在着安全隐患。建筑立面的青砖损坏脱落、雨棚锈蚀严重、管线裸露，严重影响整个片区的城市面貌。而且部分房屋的使用面积不足 10m²，厨卫空间缺失。二是交通方面，场地内大部分的道路被堵塞封闭，导致内外交通不便，且内部通道狭窄，不满足相关消防要求。狭窄的通道也导致建筑间距不符合日照要求，楼栋之间距离过近，居民之间的隐私性很差，晾晒不便。三是市政设施方面，场地内缺乏有效的市政管网设施，造成场地内排水困难，居民的日常出行也深受其影响（图 8-21）。

"年迈"的卫巷片区急需迎来一次全面、细致的更新改造，为了更加明晰片区的现状，更快地推进工作进度，决策者还必须考虑以下几个难点。

（1）难点一：房屋产权错综复杂

卫巷片区更新改造面临的最大问题就是房屋产权复杂。目前共有住家 54 户，房屋年限均超 50 年，经鉴定有 4 栋 C 级危房，卫巷 10 号为 D 级危房。其中的 10 幢房屋按权属可分为三类：卫巷 4-3 号、卫巷 8-1 号、8-2 号、8-3 号、8-4 号、卫巷 10 号 6 幢房屋为玄武区直管公房，户数为 37 户（含集体

墙面脱落　　　　　　　　青砖突出，木架破败　　　　　　　东侧窗间墙体开裂

无停车点　　　　　　　　管线裸露　　　　　　　　无晾晒空间

图 8-21　卫巷片区更新改造前的现状问题

承租 4 户）；卫巷 6 号为省管公房，户数为 5 户；卫巷 4 号，4-1 号、4-2 号、4-3 号内含私房户数为 5 户；另有无手续未登记房屋 149.15m²。此外，片区内部的建筑密度高达 57%，复杂的产权、公房私房院落的混居、高密度和高危房使得片区更加杂乱不堪，居住条件极差。

（2）难点二：整体统筹和资金平衡的困难

长期以来，住宅类危房治理项目除纳入征收拆迁和加固以外，基本采用"三原"原则（原址、原面积、原高度）进行险房翻建。然而，卫巷片区的房屋建设年代比较早，原地改建缺乏政策的支撑，如果采用单幢危房原址翻建的模式无法彻底改善整个片区的人居环境，原政策难以解决问题。同时，危房翻建还面临着资金平衡的难题。因此，卫巷片区需要更好地从整体着眼、统筹规划、合理突破政策要求，探索适合卫巷的片区化改造方案。

图 8-22　1.0 方案平面图和效果图

（3）难点三：历史建筑保护

卫巷片区内的历史建筑经历多年的风雨，砖木结构已经被严重破坏，大部分的建筑都难以满足安全性的要求。如今，以"尊重历史，唤醒记忆，融入当下"作为老旧小区更新的首要出发点，在避免大拆大建的基础上，如何保留历史建筑、保护社区肌理并尊重社群历史文化特色、打造充满人情味的宜居社区，也成了决策者面临的难题。

8.3.3　方案思路的转变——在积极探索中前进

2019年6月，区房产局成立卫巷片区专项治理领导小组，启动对片区入户调查摸底，召开居民座谈会，查档勘测，组织整治方案设计。从规划控制要求、实际操作难度、住户改善需求等角度，分别设计了原址加固、局部拆除、整合翻建、全部重建等四种不同方案，于6月底完成，7月初开始积极主动与市规划资源局、市房产局进行了多次协调对接，不断完善方案，经过共二十五轮会审和修改并反复论证，最终形成了初步的改造方案。

（1）1.0 改造方案——卫巷片区的整体拆除重建

2019年8月，玄武区政府方案汇报会议基于前期的项目推进会的成果，初步认可了1.0方案思路（图8-22）。方案尝试将原来的建筑全部拆除，新建4幢住宅。建筑面积较原来新增了485m^2，户数新增了6户，以期通过出售部分房屋来平衡资金投入。这个方案虽然满足了安置需求，降低了安置成本，但存在着很多问题。

玄武区是南京主城核心区，文化积淀深厚绵长，而卫巷片区又位于核心之中心，这里的城市肌理是在长期的历史岁月中积淀形成的，而"全拆重建"方案，破坏了原有的建筑关系和街巷格局。且1.0方案的建筑形态单一，最南边住宅超出了规划道路红线，对未来打造城市沿街风貌造成了潜在影响。

图 8-23　2.0 方案平面图和效果图

综上所述，1.0 方案没有充分考虑原有的城市肌理和建筑特征，未能把片区改造工作纳入城市更新的"总盘子"中统筹考虑。忽略社区利益、缺乏人文关怀、离散社会脉络的更新并不是真正意义上的城市更新。

因此，将微更新的理念注入 1.0 方案中，又经过多轮的居民参与讨论、专家咨询论证、部门意见征询，卫巷片区的更新改造方案最终在"突破高度、原址翻建"和"局部保留、拆除新建"两种方案之间寻求最优解。2019 年 12 月底，在南京市规划和自然资源局方案汇报会议上，决定吸纳两种方案的优点并进行整合。至此，卫巷项目的总体布局基本成型。

（2）2.0 改造方案——卫巷片区的"修复式更新"

基于 2019 年 12 月底确认的基本总体布局，又经过各方的努力协调工作，2020 年 2 月，卫巷片区形成了全新的方案。提出了"修复式更新"的模式（2.0 方案），即遵循片区原有肌理，拆除危房整合重建，在邻里关系、建筑风貌、空间布局、居住品质等多个方面都有了较大的提升（图 8-23）。对于卫巷这个有着丰厚文化积淀的片区来说，更应该秉持一种"以人为本、为城所留"的价值理念，即在提升居民生活品质的同时为城市留住文脉、留住风貌、留住记忆。新方案优点主要体现在以下几个方面。

① 保留原有肌理，延续邻里关系

卫巷片区现状产权类型分为私房、省属公房、区属公房三种，2.0 方案按照同一产权类型尽量安排在一幢的原则，将房屋按照产权类型合并，保证所有居民原地安置，且安置位置与原址接近，很好地保留了城市肌理，延续了原有的邻里关系，增强了居民的归属感。归属感的增强有利于传承历史文脉、加强社区建设以及重塑街区活力，打造"干净、整洁、平安、有序"的小区居住环境（图 8-24）。

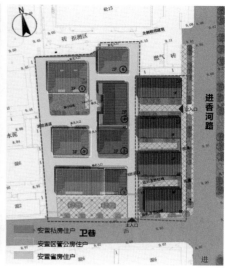

图 8-24　原产权分布图和 2.0 方案产权分布图的对比

图 8-25　卫巷片区改造后的建筑风貌效果图

② 凸显风貌特色，延续传统文化

2.0 方案梳理了现状片区的建筑信息，提取了具有民国特征的建筑元素，确定片区的民国建筑风格，按照这一风格，对原有不协调的建筑进行统一的风貌延续，改造后片区的风貌特色被凸显出来，整体环境得到了很好的修复（图 8-25）。

③ 优化空间布局，改善日照条件

一是增加开敞空间，使最南侧的建筑退让规划道路红线，近期作为开敞空间，同时为未来规划道路的实施及沿线风貌的打造预留了用地（图 8-26）。二是改善日照条件，现状满足日照 2h 的有 28 户，

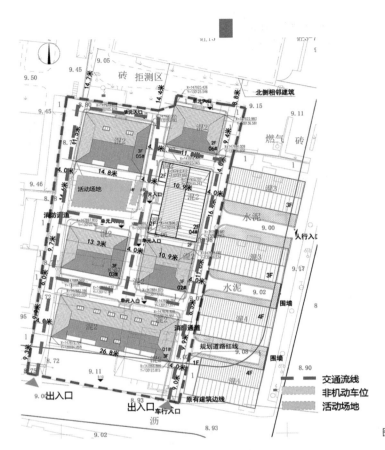

图 8-26　卫巷片区改造后的交通分析

改造后增加到了 38 户，现状日照条件较差、不足 0.5h 的有 20 户，改造后减少到仅有 1 户。三是消除消防隐患，通过调整布局，设置了 4m 的消防通道，极大地消除了片区的安全隐患。

　　④ 完善居住功能，拓展居住空间

　　卫巷片区现状住宅单体复杂，面积差异大，最大的近 300m²，最小的不足 10m²。为保证在满足居民使用需求的同时也符合相关面积增加政策的要求，户型设计时采用"针灸式"手法，在深入调查房屋、人口现状数据的基础上，针对每户分别设计户型，通过精准设计，使每户均配置了厨卫空间，全面改善了居民的基本居住条件。

　　2.0 方案利用坡屋顶下部的空间，增加起居、储藏等建筑功能，在满足户型改善后面积增加的需求的同时，又丰富了民国风格的屋面元素，增加了室内空间的趣味性。

8.3.4　结语

　　本次项目的实践，拓展了对"城市更新"概念的解读：不能只局限于对城市当下建筑的改造，更应放眼于对一座城市历史的保护与对未来可能性的探索。为此，在城市更新工作中要注意以下两点：

　　一是因地制宜，延续传统。城市更新是一个复杂的、系统性的工程，不应照搬任何一种单一模式。城市肌理要延续，文化遗存需保护，应该根据地块的不同特征针对性地探索更新模式。充分重视历史建筑的保护和更新，留住城市记忆与乡愁。地块内现存的历史建筑可遇不可求，设计需要以对历史建筑的保护为出发点，通过"修旧如旧"的手法，对建筑的立面与空间进行修复，最大化还原建筑真实性。通过现存历史建筑风貌奠定整体设计风格，打造具有历史底蕴的宜居社区。

　　二是回归人本，参与设计。城市更新不仅体现在对城市物质空间的改善，还应关注居民生活方式、邻里关系等软性条件的提升。多方参与、凝聚共识的决策过程，既能使人理解新社区的真正需求，同时又能增进社区与政府之间的信任与社会凝聚力。城市更新工作要努力践行习近平总书记"以人民为中心"的发展理念，以切实提升人民群众的幸福感和满意度为旨归。通过共同探讨，让百姓也参与到设计中来，提高居民参与度，更好地推进今后的工作。

执笔：何强为（南京市规划和自然资源局副总规划师）
　　　黄姝（南京市规划和自然资源局玄武分局科长）

第 9 章 老旧小区增设电梯

图 9-1 鼓楼区马家街 40 号（加装电梯后照片）

如果说城市老城区功能优化、环境出新是城市更新的大手笔，那老旧小区既有住宅增设电梯就是城市更新的小浪花（图 9-1）。

2017 年 1 月 3 日，原南京市规划局局长召集法规、详规、分局等局内相关部门，研究老旧小区既有住宅增设电梯工作的推进。

南京市的既有住宅增设电梯工作开始于 2013 年。同年 6 月，南京市出台了《南京市既有住宅增设电梯暂行办法》（以下简称《暂行办法》），从 10 月 1 日起施行。

老旧小区既有住宅增设电梯在市民口中叫"加装电梯"，简单明了，直接表达实质。

为什么要加装电梯？市民是这样说的："老住宅没得电梯，老头老太爬不动楼梯了，不装电梯，楼都下不了，唉。"加装电梯成了解决老年人上下楼的一个重要手段。

市民说得没错，加装电梯确实是解决老年人上下楼的一个重要方面，不过，加装电梯其实有着更多的时代背景。

落实"美好生活"，没有电梯怎么行？南京市这样的特大城市，老旧小区数量多、分布广。随着城市老龄化不断加剧，养老问题提到了党和政府的议程上，党和政府强调以人为本，各级政府大力抓民生，制定并实施了很多相关政策，落实美好生活愿景，其中，社区养老和老城适老化改造等受到社会普遍关注。但是，绝大部分城市老城的老旧住宅没有电梯，楼上住户出行不便，特别是居住在三层以上的老年人无法下楼，被困居家里，生活质量很低，成了美好生活阳光无法照射到的角落。加装电梯是老城适老化改造的一个重要方面。

几十年来，中国城市普遍存在新区发展而老城逐渐老化的情况，城市呈现出病态。居住小区是城市的细胞，居住者是其核心，实施多年的小区出新重点是基础设施改造和环境出新，与住宅楼功能提高脱节，没有在小区出新时一并解决缺少电梯等老旧住宅存在的问题，导致小区出新后老旧住宅依然缺少电梯，为化解城市病做了很多努力，但还是留下了个小尾巴。

经济发展了，有钱加装电梯了。加装电梯需要大量的资金作为支撑，据估算，加装一台电梯需要50 万元左右，南京市数万栋老旧住宅加装电梯需要的资金巨大。随着 40 多年的改革发展，城市及居民经济实力进一步充实，市民有经济力量改善居住条件，市、区政府也具有财力帮助市民，各方都能接受用共担方式加装电梯。

南京市从 2013 年开始探索老旧小区加装电梯，但是受各种因素制约，到 2016 年全市仅加装了 3 台电梯，其中，察哈尔路核工业部二七大队住宅小区的 1 台电梯，在规划部门全力帮助下，历经 2 年多才得以加装，而台城花园的 1 台从严格意义上讲还不是《暂行办法》适用的加装电梯。对照一下，2016 年广州市加装电梯约 180 台，厦门市约 50 台。

2016 年，南京市人民政府调整了《暂行办法》的部分条款，出台了《南京市既有住宅增设电梯实施办法》（以下简称《实施办法》），11 月 10 日开始施行，政府力图用降低门槛、简化手续、适度补助等方式推进南京市加装电梯工作。《实施办法》的出台，顺应了民意，也刺激了市民加装电梯的需求，短期内有很多市民向政府部门咨询加装电梯的有关情况，提出加装电梯的申请。

南京市城区老旧住宅存量逾万栋，特别是鼓楼、秦淮、玄武区，历史上就是人口密集地区，老旧住宅大多集中在此。

解决市民的民生问题历来是政府特别是区政府的重要工作，2016 年，加装电梯问题凸显了出来，市、区政府都不约而同地将目光瞄向加装电梯工作。玄武区人大确定区里 7 个街道每个街道 2017 年加装 100 台电梯，全区加装 700 台电梯，要在加装电梯方面迈出大大的一步。2017 年 1 月 10 日召开的南京市第十五届人大五次会议上，作为全市 35 件民生实事之一，南京市人民政府宣布 2017 年全市加装 1000 台电梯。

不论是玄武区的 700 台，还是南京市的 1000 台，相对于南京历史和类似城市的记录，都是加装电梯工作的巨大突破，要知道，广州市 15 年累计加装的电梯也就 2700 多台，南京市特别是玄武区的 2017 年的目标任务可谓是十分艰巨。

事实上，《实施办法》自 2016 年 11 月 10 日施行以来的两个多月间，已经有数十位业主开始申请加装电梯。根据《实施办法》，加装电梯需要由建设者（同意加装电梯的业主代表）向规划部门申请建设工程规划许可证，然后向建设部门申请建设工程施工许可证后方能开工建设，所以，规划部门成为第一道行政许可手续的审批方。而由于规划审批兼具法规、技术、环境乃至艺术的属性，市民茫然于有关规定、规则，没有一件申请获得批准，一时，市民怨声四起，部分区政府领导也无法理解规划审批为什么那么难。规划部门被推到了加装电梯的风口浪尖。领导、市民的眼光都投向规划部门。加装电梯需要从规划审批寻找突破口。

加装电梯存在什么问题？加装电梯规划审批又存在什么问题？这是首先要搞清的问题。

2016 年底以来的加装电梯为什么如此困难，规划部门也进行了调研，很快发现不少问题。

首先是社会各阶层对加装电梯的认知和想法不一，产生很多对立、冲突。

市民大部分对加装电梯持赞同、支持态度。一般的市民认为政府抓民生，帮助市民解决问题，值得点赞；多层住宅楼上的居民十分兴奋，认为多年的出行困难有望解决，加装电梯后原来难以出手的顶部住宅将会变得抢手，房价还能提高，所以积极要求加装电梯；多层住宅的底层居民则大多持反对态度，认为加装电梯对他们没好处，反而有害处，比如遮挡光线、影响视线、妨碍出入，最大的问题是有可能造成房价下降，私人财产贬值。

政府部门的态度，除了都表示支持加装电梯工作以外，在具体的实施中力度还是有所不一的。主管部门积极推进，希望突破常规，快步前进；有的区政府自定目标高，加装任务下放到基层，工作组织落实到基层，监督检查深入到基层，誓在加装电梯上实现"大跃进"；有的部门采取积极谨慎的态度，坚持基于工作职守、法规规范来支持加装电梯；还有的部门提出某些特定地段的项目需要上报上级部门，上级审批后方可实施。

其次是在具体的工作中，存在着各种问题：

有的前期工作不充分，业主之间利益不平衡，矛盾突出。部分底层业主片面强调利益受损，要求的补偿数额超出常理，有的楼上业主认为加装电梯与底层业主无关，片面强调只要"双三分之二"同意即可加装电梯，忽视底层业主的意见和要求。

好不容易取得了必要的"双三分之二"意见，设计图纸进行了公示，但建设方案公示不符合程序要求。

进行了建设方案公示，出现异议的，建设者与异议者协商不充分，甚至没有进行协商，街道、社区对此监管不严。

加装电梯场地狭小，建设者要求突破法规、规范，缩小有关控制间距，小区给水排水、供电、供气、通信管线走线混乱，影响加装电梯布局。

同一小区加装电梯缺乏统筹，同一楼栋加装的电梯形式不统一，影响小区的整体环境。

规划审批的法规、规范要求无法满足既有住宅的建筑电梯要求，审批程序过细过繁。

在文保地段，加装电梯报文物管理部门审查，有的加装电梯项目需要零散上报国家文物管理部门，办理难度大，影响加装电梯。

2017 年 5 月以后还出现了大量涉及加装电梯的信访投诉、行政复议、行政诉讼等。

既然出现了问题，发现了矛盾，为了落实民生工作目标，那就必须研究问题，寻找对策，推进工作。

市民方面的问题，大都属于社区工作，按照分工，主要由区政府及街道社区负责。政府工作方面的问题，现在比较突出的是规划审批如何能审好批出，用什么标准审？以什么程序办？按什么依据批？

2017 年 1 月 3 日的会议是原南京市规划局第一次系统地研究和部署加装电梯规划审批工作，这次会议，规划局达成了共识。

在总体工作方面应遵循业主自治自愿、优化功能环境、增进邻里和谐的原则。

在规划审批方面制定加装电梯规划许可手续办理规则，明确加装电梯的总体原则、部门分工、审批程序等。

在电梯设计方面制定加装电梯设计引导，包括设计总原则、总平面及景观设计、结构安全及管线设计、电梯底层及公共空间设计等。

在具体办理方面制定加装电梯规划办理指南，向市民讲明讲清加装电梯规划手续的办理部门、审批流程、材料清单、办理时限等。

总之，秉承切实为群众排忧解难，把实事做好，把好事办成的原则，进一步优化加装电梯规划审批和服务工作，建立一整套建设性的工作机制、制度，让更多的市民更快地实现他们的"电梯梦"。

《南京市既有住宅增设电梯规划许可手续办理规则》（以下简称《办理规则》）是原南京市规划局在 2016 年下半年出台的《关于明确既有住宅增设电梯规划许可手续办理基本规则的通知》基础上，根据《实施办法》，听取、吸收市民和区政府、市政府有关领导的意见，结合规划管理法规、规范，勇于担当，创新思路而制定、出台的规划审批规则。

这个规则确定了市区联动机制，细化了办理操作流程，明确了异议处理方式，规则的出台使规划许可手续得以高效地办理，其中的关键点是在审批的标准上进行了合理的突破，在办理的程序上打通了断头路和循环路，让审批办理之路能够走得通，走得好。

按照有关规定，多层住宅沿墙之间最小间距应当不小于 12m，这也是原南京市规划局在建设工程规划审批中严格遵守的，但是，南京市的老旧住宅主要是建于 20 世纪七八十年代的 5 层楼住宅，南北向建筑间距一般在 15m，甚至不足 15m，而加装电梯需要的场地空间尺寸为 4m 左右，显然，按照既有的规定，南京市难有电梯可以加装起来。规划部门陷入了困境：一方面是市民加装电梯的迫切需求和有关机构的强烈要求；一方面是有关的规定无法满足。

怎么办？

从 2017 年 2 月到 4 月，原南京市规划局召开了 7 次专题会议，研究如何解决这个问题。这期间，还与有关区政府商讨沟通，向市政府作了多次汇报。创新思路，认为原来规定的 12m 主要是控制住宅之间的空间尺寸，塑造良好的空间环境，在加装电梯的特定情况下，10m 的间距应该也是可以等效的。到底是人多力量大，大家逐步形成了这么一个意见：将最小间距控制在 10m，当然，也需要取得北面相邻业主的理解，如果确实影响到北面业主的切身利益，10m 还是不能批的。这个意见向有关区政府和市政府领导作了汇报，得到了充分肯定，促进了规则出台。

对规划部门而言，加装电梯的规划审批与既往的规划审批有较大的不同，是一种新型的审批方式。《实施办法》明确加装电梯的规划审批流程为"业主意见征询→初步方案设计→规划部门初审→现场公示→深化设计方案→办理规划许可"。但在具体的办理中，业主意见征询到位的标准是什么？如何判别？设计方案初审中如何体现区级加装电梯管理部门的职能？设计方案公示流程如何？公示有异议的如何充分协商？具备什么条件可申请规划许可证？等等，很多细节需要进一步明确。其中，公示期内收到书面异议的，《实施办法》第十条规定"建设者应当与异议人充分协商，并在公示报告中载明与异议人的协商情况"，在具体的审批中，发现无法操作，因为《实施办法》规定了建设者应当与异议人充分协商，并在公示报告中载明与异议人的协商情况，那么，如果公示报告载明的充分协商结果还是有异议，按照《实施办法》的逻辑，建设者应当（继续）与异议人充分协商，这样就形成了断头路或死循环。为了避免这种情况，制定《办理规则》时，规划部门设计了这样的流线：公示期间有异议且经充分协商，建设者与异议人仍未能达成一致意见的，建设方提出对权益受损业主具体的资金补偿意见，并将补偿意见提交街道；街道制定维稳方案，向建设者出具"信访维稳承诺书"；建设者根据街道意见形成公示报告，"信访维稳承诺书"作为公示报告的附件。这样的流线使得公示有异议的加装电梯项目跳出了死循环，在充分协商（后来规定三次以上）后，即可完备申请规划许可的材料。

随着上面两点的突破，《办理规则》终于在 2017 年 4 月底顺利出台，为南京市加装电梯的提速打开了方便、高效之门。

加装电梯，设计该怎么做？需要考虑哪些因素和要求？为了大面积地推进，制定加装电梯的设计引导摆到了面前。

规划部门是专业的部门，具备整体统筹的概念。正是在 2017 年 1 月 3 日的会议上，提出了加装电梯设计上的技术指导意见。

总平面设计上与道路、绿化、树木、地下设施的关系；

平面设计上与场地、电梯选型及尺寸的关系；

单体设计上与住宅建筑出入口、楼梯间平台、楼层楼板、屋顶檐口的关系；

结构设计上与墙体、圈梁、地下室顶板的关系；

环境设计上与建筑外观、相邻建筑、空间尺度的关系；

……

　　在制定设计引导的过程中，为了明白无误地指导设计，规划部门还组织编制了加装电梯的设计示意图，9 张图纸形象地表述了规划部门对加装电梯的管理要求。

　　规划部门希望通过这个引导指导设计单位设计，帮助审批部门审批，告诉加梯业主相关事项，用一个标准的东西统一几方面的认知和行动，提高加装电梯的办理效率。

有了规则，有了引导，市民如何便捷地办理手续？

　　首先我们需要告诉市民。其次在制定《办理规则》的同时，设计引导和办理指南同步在研究和制定。

　　《实施办法》的规划审批流程为"业主意见征询→初步方案设计→规划部门初审→现场公示→深化设计方案→办理规划许可"。根据实际需要，规划部门将其具体定成"街道筛选项目→设计单位设计方案→区政府部门初审→建设者公示方案并征求意见→规划部门核发建设工程规划许可"，减少了一个步骤，还明确了每个步骤的责任者。《办理规则》中将每个步骤尽可能地写清、写细。

　　"街道筛选项目"条目中写道：

　　街道根据各区增设电梯的总体布局方案和小区实际情况，梳理基本符合条件的项目；

　　对基本符合条件的项目，街道应做好业主矛盾调解工作，并联系区政府初审部门踏勘现场，根据初审部门意见确定符合条件的项目；

　　对确定符合条件的项目，街道应核实本单元同意增设电梯的所有业主身份、房屋权属情况，并协助业主办理增设电梯的设计、申报等相关手续。

　　"建设者公示方案并征求意见"条目中写道：

　　公示内容是业主同意增设电梯的书面意见、区初审部门初步审查通过的增设电梯设计方案（总平面图、各层平面图、各向立面图、剖面图）、有关说明。

　　公示地点在拟增设电梯所在物业区域显著位置及本幢（本单元）主要出入口，其中，"物业区域显著位置"指物业区域主要出入口、物业区域会所、物业区域布告栏等部位，"本幢（本单元）主要出入口"指本单元现有楼梯出入口的外部墙面。

　　公示时间不少于 10 日。

　　有异议者以书面的形式在规定的时间内向本项目所在的街道提出异议。

　　街道负责收集书面异议，公示结束后，将收集到的书面异议交给建设者。

　　公示期间无异议的，建设者即可形成公示报告；有异议的，建设者应当与异议人进行充分协商，经协商，建设者与异议人达成一致意见的，签署"书面协议"或"谅解备忘录"后，建设者即可形成公示报告。经充分协商，建设者与异议人仍未能达成一致意见的，则建设方提出对权益受损业主具体的资金补偿意见，并将补偿意见提交街道，街道制定维稳方案，向建设者出具"信访维稳承诺书"。

　　"规划部门核发建设工程规划许可"条目中写道：

　　建设者（代理人）向规划部门提交《南京市建设项目规划审批事项申请表》1 份、本单元同意增设电梯的业主中任一名业主的身份证、房屋权属证明文件复印件各 1 份、代理人身份证、授权委托书复印件（提供原件供验核）1 份、施工图设计文件 2 套、区政府初步审查意见书 1 份、《实施办法》第五条

图 9-2　瑞金路 1-58 号加装电梯前后

规定的书面协议（含补偿方案）复印件 1 份、公示报告 1 份。

申报材料齐全且无误的，规划部门在 5 个工作日内核发建设工程规划许可证。

需要说明一下的是，建设工程规划许可核发的法定审批时间是 20 个工作日，2016 年市政府规定的审批时限是 10 个工作日，《办理规则》承诺的审批时限是 5 个工作日。

作为向市民解读法规、政策的方式，指南中还设定了加装电梯规划审批过程中可能会遇到的 19 个问题，并一一作出了解答。

2017 年 4 月底，规划部门将办理指南和设计引导汇编成《南京市既有住宅增设电梯规划指南》（以下简称《规划指南》），5 月份正式出台，向市民发放，帮助市民办理加装电梯手续。

随着《办理规则》《规划指南》的出台，各区特别是玄武区申请加装电梯的数量大增，据统计，截至 6 月 9 日，也就是《办理规则》实施后的一个月多一点，南京市主城六区共有 1029 个单元的业主签订了增设电梯书面协议，其中 437 台通过规划部门的初审，92 台获得了规划许可，是南京市前三年总数的 30 多倍。

2017 年 5 月以后，南京市加装电梯工作基本进入正常且快速的轨道，虽然在其后的一年中，出现了大量的低层业主对加装电梯的信访投诉，对规划部门核发加装电梯规划许可的行政复议、行政诉讼，但在规划部门与区政府、司法部门的共同努力下，除少量几个项目因为申请材料、公示程序等问题被规划部门撤回、被司法部门撤销以外，绝大多数电梯加装成功。

据统计，截至 2021 年 1 月底，南京市累计有 2573 个单元的业主签订了增设电梯书面协议，其中 2318 台通过规划部门初审，1449 台获得了规划许可，完工 1068 部（图 9-2）。

　　南京加装电梯实现了一次大大的飞跃，既是南京城市更新的一部分，也是市民民主自治的一次重大实践。

执笔：陈峰（南京市规划和自然资源局原一级调研员）

第 10 章   城市环境整治提升

图 10-1　抗战期间的太平
南路大行宫

10.1 秦淮区太平南路改造提升

10.1.1 太平南路的前世今生

提起太平南路，南京人都知道这是一条繁华已久的商业街，南京人对它的回忆说上三天三夜都说不完。它的历史里，有明清的兴衰成败，也有抗战时期的荣辱与共（图 10-1）。太平南路北接总统府，南连建康路，串起南京两大商业核心的同时，也见证了金陵城千百年的风雨沧桑。

根据明万历年间编写的《上元县志》卷四《建置志》中记载，有存义街地名，而存义街即为大行宫南门前的街道。存义街后来改了一字叫"义祥街"，到了清乾隆年间，又改名为吉祥街。

图 10-2　1920 年代的花牌楼

但是，吉祥街并不是现在太平南路的全部，只是指从科巷到白下路这一段，这段路又被人们称为花牌楼、门帘桥、太平街。花牌楼的叫法是因为明初鄂国公常遇春的府第西面有一座雕花牌楼，是朱元璋为表彰开国大将们封立的，人们就用花牌楼来代称这个地方（图 10-2），花牌楼的位置大概就在如今杨公井南面。而门帘桥则在花牌楼的南边，快到马府街的位置。

而从白下路到如今的建康路，这段路在古代也有另外几个名字，有五马街、四象桥、益人巷。五马街原来因为这里有座五马桥而得名，如今还有这个名字，但已经不是街道名，而是小区的名字。由此可见，在明清时期，整个太平南路是由很多段地名组成的，并没有单独的一条路。虽然明清时期没有出现完整的太平南路，但是太平南路一带已经是商贾云集之地，颇为繁华了。

1931 年，民国政府将白下路到如今的建康路的这一段路拓宽，改名为朱雀路，这时的太平南路依然是由两段组成，北边叫太平路，南边叫朱雀路。民国时期，因为正对总统府，处于市中心，太平南路也就成了当时名副其实的商业中心。在中华人民共和国成立前，南京一直流传这样的说法："北有热河路，南有太平路。"这两条路是南京过去的商业中心街道，人们要逛街首先就想到这两处地方，可见太平南路当年有多繁华（图 10-3、图 10-4）。

而太平路这个名字正式出现是在 1969 年，那时候政府开辟了太平北路，于是就把太平路和朱雀路两段合并，称为太平南路，由此太平南路的名称正式启用。

图 10-3   1937 年的太平路

图 10-4   民国时期的太平南路

图 10-5   太平南路区位

10.1.2 太平南路地区规划

近些年，由于缺乏系统性的整合与开发，加上年代久远，太平南路一度呈现出商业形态杂乱、街面破败、色彩杂乱的景象，已无法承担起串联南京主城主要景区的重任。2016 年 9 月，南京市秦淮区专门出台《太平南路复兴工程实施方案》（秦政办发〔2016〕123 号），启动太平南路街区整治工程，实施中山东路、洪武路、建康路、长白街围合（图 10-5），总面积 173hm² 区域的改造提升，将太平南路打造成浓郁历史文化特色与现代生活气息并存的商业街区、文化地标，成为全域旅游的重要支撑。

太平南路承载着几代人的记忆，如何在现代化城市的发展进程中找到适合的发展路径，让太平南路延续"乡愁"，是太平南路复兴工程的重点思考之处。近些年，秦淮区政府和有关部门对城市文化品牌建设日趋重视，对承载着城市历史记忆及文化基因的历史街区的改造与开发模式也日趋成熟。太平南路现今已经被改造成了区域的旅游名片，成为居民和游客打卡的网红地标，为这条历史街道重新注入了活力（图 10-6）。

项目的设计分别从交通功能重塑、建筑风貌打造、景观环境更新、辅助设施完善等几个方面着手，

图 10-6　2006 年（左）和 2021 年（右）的太平南路

图 10-7　历史街道改造前（左）后（右）

解决太平南路交通拥堵、路段积水、环境老旧、缺乏城市特质、基础配套不完善等问题。项目建成后极大地改善了街道生活环境，展示出了民国特色一条街的风情面貌（图 10-7）。

10.1.3　太平南路规划设计方案

（1）景观环境更新

一是注重整体统一协调。景观设计通过多重思考，协调历史文化与道路的关系、绿化与人行及车行的关系、街角绿化与车辆转弯视距的关系、植物的选择配置、重要节点的景观特殊处理、特色小品和城市家具与商业空间及人行空间的关系，对太平南路景观的整体特色进行优化，做到统一风格下的错落有致。

二是重塑文化氛围。设计充分挖掘历史文化，对首蓿大街的文化脉络追根溯源，利用借景等设计手法，高度融合周边建筑风格、商业业态，以"民国风情里的辉煌，城市深处的记忆"这一设计理念，营造能够展现太平南路鲜明民国特色的景观氛围。

三是无缝衔接周边环境。太平南路的景观提升采用精细化的设计手法，保留了道路环境原有的形式与精髓，做到道路布局、景观与沿线建筑和谐美观，打破只以道路红线为界这一固有思维模式，以太平南路为中轴线，对道路沿线的围墙、绿地、功能空间、配套进行全面的提升设计，实现了整个街道立体

图 10-8　人行道现状图

图 10-9　杆线下地前（左）后（右）

空间的"有机更新"。设计实现了单一功能向多功能的转化，遵循了"有机更新"的理念，成为一种道路环境综合改造和发展的机制模板，极大地提升了街道空间品质。

四是进行精细差异化设计。太平南路的景观营造打破了传统道路粗放式的设计，在遵循总体定位的情况下，汲取民国建筑的符号和语言，赋予到城市家具、景观小品、铺装的具体设计中，使之无论在造型还是色彩上都能与周边环境融为一体。设计从细部着手，大到城市雕塑，小到一个井盖、一块铺装，全部进行系统设计，将沿线的历史遗存在人行道、家具、小品上进行序列展示，阐述太平南路的前世今生。

（2）优化市政设施

一来优化断面，改善交通。太平南路总体为单向通行道路，仅在中山东路至秦淮区政府段和白下路至建康路段双向通行。主要通行方向由北向南，早晚高峰常年拥堵。在改造过程中，通过在常府街和白下路路口进行车道渠化处理，在中山东路交叉口进口道增加一股车道等方式，减缓了拥堵现象。

二来修复车行道病害，提高行车舒适度。太平南路由于长久失修，道路结构存在各种各样的病害，原有的纵坡、横坡都被破坏，整体路面平整度差，行车舒适度很低。在改造过程中，将更新方案与排水管道的改造及其他杆管线下地结合起来考虑，拟合原有纵断面，对破坏的纵断面进行恢复优化。采用病害分段调查，根据病害严重程度及病害类型，提出不同的整治方案，分段处理，节省造价的同时保证工期及质量。

三来统一人行道样式。现状人行道样式杂乱，破损较多，现状铺装样式与两侧民国建筑不协调。在改造设计中，充分考虑人行道铺装在色彩上与建筑的协调性，同时满足海绵城市的指标要求（图 10-8）。

（3）杆管线下地

梳理管位需求，统筹减少数量。为改变太平南路两侧杆线林立、空中"蜘蛛网"密布的现状，在此次环境整治过程中对沿线杆线进行整理、归并、下地，对信号灯、交通标识标牌和治安监控设施等城市道路杆件进行进一步统筹布置，实现多杆合一和一杆多用（图 10-9）。太平南路全线原有杆件 376 根，通过并杆并线和管线下地后，立杆数量为 217 根，减少了 159 根，减少率为 42%。

图 10-10　建筑立面整治

（4）沿街立面设计

一是大胆创新，修旧如旧。设计团队通过对该地区历史文化的充分研究与梳理，对太平南路片区遗存民国建筑文化的揣摩和融合，提取出南京民国建筑元素作为主要设计语言，此外团队还对沿线建筑色彩进行总体规划，并明确将"民国灰"和"民国红"作为整条街区的色彩基调。在风格元素的运用方面，将保留建筑的整体性作为首要原则，在店牌店招设计、空调外机及管线遮挡、晾衣架雨棚等生活设施的放置等方面，考虑将其和原建筑融为一体，而不是作为建筑的附属构件存在。同时，大胆采用铝单板代替 GRC，解决了老建筑承重差的难题。铝单板具有重量轻、刚性好、强度高、耐久性和耐腐蚀性好等优点，可加工成各种复杂几何形状，安装施工方便快捷，涂层均匀，色彩多样。

基于太平南路沿线历史建筑较多的特点，环境整治大胆采用柔性面砖代替普通面砖，柔性面砖相对于其他同类型材料具有无毒无害、透气防潮、防高空坠落与火灾等优势，解决了老建筑墙面承载力不足无法贴面砖、高层建筑贴面砖存在安全隐患等问题，保障了大面积高效率施工。

本着尊重历史、修旧如旧的原则，本项目本次整治对沿线的民国建筑进行原真性修复，最大限度地恢复原貌，着重选择个别条件好、特色足的建筑物进行重点设计，打造特色亮点，形成太平南路街区的整体统一风格（图 10-10）。

二是整治建筑界面。调整色彩突兀、外观陈旧的老旧建筑，将门窗、遮阳板、阳台等构件与墙面有机地结合起来，实现建筑立面环境与整体道路环境氛围的协调、统一，打造简朴、典雅和有序的特色街区。

三是整治市容市貌。坚持整体规划与彰显特色相统一，坚持建筑立面与店招店牌相协调，对沿线的店招店牌进行整体规划，统筹设计，有序设置，统一安装，加强太平南路沿线的街道空间一体化，提升道路的观赏性。

（5）注重历史保护

太平南路沿线有多处历史文化保护建筑，针对这些文保建筑，本次整治在不损坏建筑本体的前提下对它们进行了清洗及局部整修。位于太平南路刘公巷附近的"务本蚕种制造场"就是一处典型案例（图 10-11）。

图 10-11   "务本蚕种制造场"整治前（左）后（右）

民国以后，在刘公祠的旧址上建起了"务本蚕种制造场"。其主要职责是向南京四郊的乡村农户提供蚕种，当年的"务本蚕种制造场"占地面积数千平方米，原有正房 35 间，厢房 12 间。整治根据原有建筑的设计风格对"务本蚕种制造场"进行了局部修缮，既维持了建筑本体的风格统一，又完善了建筑的使用功能。整组建筑群虽然经过了相当程度的改造，但大体还保持着其古朴、大气的中式风格，在一些装饰细节上，则融入了西方元素。

10.1.4 太平南路主路周边片区打造

太平南路复兴工程中，南京不仅着力打造太平南路历史风貌街区，更着眼于突出太平南路街区中具有代表性的节点片区建筑。为此又对太平南路周边的几处重点建筑进行了改造升级。

（1）太平南路 84-88 号"民珠荟"项目

太平南路 84-88 号位于太平南路北段，现存建筑的年代从中华人民共和国成立前至 1990 年代不等，多为一、二层砖混结构的老房子，安全性不满足《民用建筑可靠性鉴定标准》的相关要求，房屋整体承载力和抗震性能均无法满足使用需求，整体性较差。社区内电力线路还未实现地下管线化，空调机柜、广告牌杂乱摆放，内部交通混乱，室外活动空间不足，缺少绿化。

对征收范围内的建筑进行梳理，拆除破败的、无产权的、使用效率低的棚户，对保留建筑进行优化和空间分割，满足使用需求，同时在征收范围线内原棚户位置复建房屋，维持空间形态（图 10-12）。共计对沿街 2129.8m² 产权的建筑进行了改造。在项目实施过程中我们与民国红公馆品牌达成合作，商户将艺术文创、高级珠宝服饰与主题餐饮等业态相结合，植入既有建筑，未来将整体打造为民国文化体验馆"民珠荟"，通过品牌优势等因素促进太平南路的商业发展。

图 10-12　太平南路 84-88 号整治前（左）后（右）

（2）西白菜园历史风貌区项目

西白菜园地块内北部 6 栋联体住宅是经慰安妇幸存者指认的日军"菊水楼慰安所"旧址，是证明第二次世界大战中日军强征慰安妇罪行的重要实物证据；同时，基地内建筑见证了南京乃至中国近现代社会居住结构的变迁，是南京近现代住宅建设和房地产开发的缩影地。

西白菜园历史风貌区（以下简称"风貌区"）是《南京历史文化名城保护规划（2010—2020 年）》确定的历史风貌区之一，但由于历史的原因，并没有发挥出相应的经济文化和历史价值。西白菜园地块内基地环境较差，建筑功能发展滞后，历史价值被埋没。由于年久失修，屋顶的瓦片已经破损严重，容易滑落，不但造成屋内漏水，也留下了安全隐患。另外，地块内居民无序改造，搭建了许多临时建筑，各类管线裸露在外，各种杂货物件随处堆放，不但堵塞交通，而且一旦发生火灾，火势极易迅速蔓延，造成无法弥补的严重后果。

在实施本项目时，首先全面挖掘和保护西白菜园历史风貌区的物质和非物质文化遗产，同时对风貌区周边地块进行环境整治和建设控制，开辟景观视廊和步行通道。此后，进一步整治区内环境，完备基础设施，发展符合地段传统和当代需求特色的功能。

西白菜园历史风貌区项目涉及多处文物建筑，在整治过程中，力争对地块内区级不可移动文物征收一栋，测绘一栋，申报一栋，修缮一栋，取得了前期手续与施工建设同步进行的成效。同时，对项目地块的用地性质进行变更，将其由商办混合用地变更为娱乐康体用地（图 10-13）。

（3）三十四标项目

三十四标源于清代，原为清末新军第三十四标营地，1935 年民国《首都志》仍载有"三十四标"地名（图 10-14）。民国时期，这条巷子更长，1993 年，长白街至太平南路段主街道并入拓宽的常府街，三十四标仅剩西段北边支街，沿用原名。

三十四标和常府街交叉路口有一栋老房子，是民国时期的共和书局。共和书局早在清末的宣统元

图 10-13   西白菜园历史建筑整治前（左）后（右）

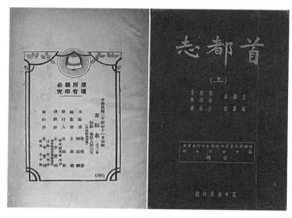

图 10-14   1935 年出版的《首都志》

年就已经开设，专营木版、石印旧书，还兼有出版社和印刷厂功能。民国初年南京著名的旅游书籍《金陵杂志》《金陵杂志续集》就是由这家书局出版的。三十四标民国共和书局旧址旁的史家住宅内侧墙角，曾嵌有石刻界碑，阴刻有竖排楷书文字两列："八行堂槲记界，墙外走道四尺"，是一介名流在此地留下的痕迹。

三十四标项目位于太平南路与常府街路口，项目规划建设占地面积约 3000m²，总建筑面积约 6300m²，其中新建建筑约 3700m²（地上约 2700m²，地下约 1000m²），修缮建筑面积约 2600m²，配套建设了水电气、给水排水管网、市政、绿化环境、小品等基础设施，含电梯工程、给水排水工程、强、弱电工程、通风空调工程等。总平面布局充分考虑了新建建筑与保留建筑的合理间距，满足相关规范要求；交通组织与外围城市道路顺畅衔接，交通流线组织合理；地下室布置有设备用房和商业区，使得空间有效利用。

在实施改造之前，由于年久失修，部分房屋墙体受潮、酥碱、风化，大面积剥落破损，砖块缺失，砂浆流失严重；部分墙体存在贯通裂洞，残缺脱落；个别门窗洞口上部墙体松散，存在脱落危险；混凝土构件存在局部钢筋锈蚀外露、破损等情况。对此，拆除了外墙支撑，采用加撑的方式将外墙稳固好，

图 10-15　三十四标整治前（左）后（右）

内部使用钢框架（或钢筋混凝土）结构，外墙与钢框架可靠连接。同时，拆除原有楼板、屋面板、内隔墙，重新梳理内部空间布局，进一步完善使用功能。

　　按照原风貌进行原址保留修缮，使周边新建建筑与之保持风貌协调，整体融入太平南路民国风貌街区。在规划形态上，保留原有三十四标的建筑肌理，修缮与改造还原民国元素。在保留原有建筑的基础上，既遵循原有建筑的层高，又发挥其建筑功能性，满足现代商业的配套需求，从而实现文化的传承与融合（图 10-15）。

　　执笔：李江（南京市秦淮区建设局局长）
　　　　　高志军（南京市秦淮区建设局副局长）

10.2 城市微设计

党的十九大报告指出，我国社会的主要矛盾已经转变为人民日益增长的美好生活需要和不平衡不充分的发展之间的矛盾，强调要坚持以人民为中心的发展思想，把人民对美好生活的向往作为奋斗目标。中央城市工作会议中指出，做好城市工作要顺应城市工作新形势、改革发展新要求、人民群众新期待，坚持以人民为中心的发展思想，坚持人民城市为人民。《雅典宪章》《马丘比丘宪章》中阐述城市规划的要素是：生产、生活、交通、游憩，立足点是"以人为本"。城市规划的任务就是描绘一张"以人民为中心，展现人民群众对美好生活向往"的蓝图，努力提升老百姓的满足感、幸福感、获得感。

"以人民为中心，为城市而设计"主题系列竞赛是原南京市规划局自 2018 年起持续组织开展的一项系列竞赛，旨在贯彻党的十九大提出的"以人民为中心"的发展思想，聚焦城市精细化管理，助推"人民满意的社会主义现代化典范城市"总体目标的达成，努力为人民创造宜居、多元的高品质城市空间，彰显南京古都的特色风貌。

10.2.1 "以人民为中心，为城市而设计"系列活动的意义

（1）落实精细化管理要求，提升城市空间品质

对城市而言，城市公共空间是一个城市中最为公众感知的部分，是城市品质的体现，更是反映人居环境品质的重要"窗口"。城市公共空间对于城市发展和市民生活具有十分重要的意义，开展 "以人民为中心，为城市而设计"系列活动就是找寻与人民生活密切相关的小微公共空间，以"绣花的功夫"精细化设计城市，力求打造出一个个"以人为本、系统协调、活力舒适"的城市空间，用微空间塑造城市大形象，从而不断提高城市环境质量、人民生活质量和城市综合竞争力。

（2）以城市小微空间为切口，探索城市更新新路径

当前，我国已经迈入城镇化的中后期，城市发展的重点已经从增量改造转向存量提升，规划工作也从宏大叙事的规划转到了精耕细作的设计，对既有存量空间的品质提升，是城市发展的内涵所在。近年来，城市存量更新不断提出新的需求，面对城市空间普遍存在的碎片化、流动性和暂时性的状况，以城市更迭后存量中的间隙用地为切入点，组织开展设计竞赛活动，可提升存量空间的品质，变消极的存量空间为积极的公共空间，激发空间活力和提升片区人居环境。竞赛活动的组织开展，探索了针对城市间隙土地生态修复和城市修补的一种集思广益、全民参与的创新路径，是对城市更新工作新思路的探索，为城市存量更新提供了更多、更有针对性、更有效的方式。

10.2.2 "以人民为中心，为城市而设计"系列活动的开展路径

"以人民为中心，为城市而设计"系列活动聚焦不同类型的城市重要节点，以城市小微公共空间为

切入点进行设计，探索具有公信力的建筑师和设计方案的特别遴选机制，汇聚新生力量，致力于公众参与、共谋、共建和共享。

（1）聚焦选题，宣传发布

城市公共空间是一个城市中最受公众感知的部分，是城市品质的体现，是城市文明和文化特色的载体，更是反映人居环境品质的重要窗口。系列活动的开展就是找寻这些与人民生活密切相关的小微公共空间，聚焦城市中的公共采血服务窗口"献血屋"、重要通勤节点"地铁站点出入口"、园艺博览园区中的休憩点"花园驿站"、城市间隙用地中的"廊桥"等与城市居民生活息息相关的空间，开展活动方案征集。并以开展启动发布会的形式，提高宣传力度与影响范围，吸引更多的公众参与竞赛活动。

（2）现场踏勘，解惑答疑

在作品征集期间加强与参赛者的沟通联系，联动各大建筑设计高校学生资源、设计师资源等，开展实地踏勘，加强参赛者对基地周边环境和特色情况的了解，并通过开展答疑会的形式，进一步细化明确对大赛征集方案的要求，并对参与者提出的问题进行解答，在充分沟通交流的基础上，联手各参赛者共同打造城市名片级的人文建筑地标。

（3）注重宣讲，扩大影响

为扩大活动的影响力，鼓励更多设计力量加入竞赛活动中，一方面，在高校推动开展宣讲会，以面对面的形式全方位解读大赛；另一方面，结合竞赛选题开展专题讲座，邀请建筑设计的专家学者向大众分享心得，共同探讨建筑与空间、形式与内容之间的关系，吸引更多人参与活动。

（4）多方参与，共同把关

一是强化大师参与。邀请国际、国内专家学者对参赛作品进行评审把关，通过国内国外专家的交流，融合更加多元的设计理念，同时充分保障了获奖作品的质量。

二是加强公众参与。竞赛面向公众开展，不限制国家、地区与职业，并针对入围设计作品开展网络投票工作，让市民参与互动，评选市民最喜爱的作品，充分调动社会各界的参与积极性。

（5）积累经验，持续开展

"以人民为中心，为城市而设计"系列活动自 2018 年启动开展以来，已成功举办完成四期活动，包括重点地段献血设施、地铁站点出入口、第十一届江苏省园艺博览会花园驿站和迈皋桥长园廊桥设计方案的征集竞赛活动，活动社会影响力日趋提升，活动组织机制日趋完善。系列活动将聚焦于城市公共空间、城市存量更新相关的主题持续开展，立足人民对美好生活的向往，聚焦南京城市空间的塑造，以点带面，全面推进，努力为人民创造宜居、多元的高品质城市空间，争取将其打造为南京体现"以人民为中心"核心理念的一张特色名片。

图 10-16　献血屋设
计大赛参赛作品

10.2.3 "以人民为中心，为城市而设计"系列活动开展概况

（1）南京市重点地段献血设施方案征集设计大赛

为提升献血屋建设水平，传递爱心，加强市民对无偿献血的了解，并为市民提供更安全、更卫生、更舒适的无偿献血条件，2018 年 6 月系列活动的第一期启动，以"温暖'宁'，让空间更有爱"为主题，开展南京市重点地段献血设施方案设计征集大赛。

竞赛以城市公共采血服务窗口"献血屋"为载体进行概念上和物理上的空间设计，结合城市环境、人文生活、文化历史等因素，打造具有地域文化特色、主题形象鲜明、功能价值突出的"爱心献血屋"。力争通过献血屋的改造让无偿献血更加便捷、血站功能规划更加合理、城市文明建设更加规范、社会氛围更加温暖友爱。

大赛选取了历史城区、商业地段、公园绿地等不同类型的城市重要节点，包括夫子庙、湖南路、六合五星电器广场、南京站、河西中央公园、弘阳广场等六处献血设施。大赛发布征集后，收到近百份参赛作品，网络投票浏览量 40 余万人次，在全社会引起了广泛关注和积极响应。通过专业评比与网络投票评选，综合考虑设计创新、方案可行性、造价等方面因素，最终 20 名入围设计师脱颖而出，其中一等奖 2 名，二等奖 4 名，创意奖 6 名，优胜奖 8 名（图 10-16）。

献血设施方案征集大赛通过创意的力量呼吁全社会关注最温暖的城市窗口——献血屋这一载体，提升城市空间品质与市民幸福指数，打造具有地域文化特色、主题形象鲜明、功能价值突出的城市特色空间，

图 10-17　献血屋现状图

图 10-18　南京市地铁 5 号线夫子庙站 5 号出入口（王的刚作品）

让城市处处充满"爱"。2021 年 5 月，南京市规划和自然资源局荣获"全国无偿献血促进奖特别奖"，以表彰在服务献血设施规划、建设方面的突出成绩（图 10-17）。

（2）南京市地铁站点出入口设计方案征集大赛

为打造一批具有地域文化特色，主题形象鲜明的地铁站点出入口建筑，进一步提高城市空间品质，塑造城市文化特色，彰显城市地域风貌，2018 年 9 月启动系列活动的第二期，以"最美地铁，为宁设计"为主题的南京市地铁站点出入口设计方案征集大赛。

大赛选取了风景名胜区、历史文化保护区、标准站三种类型的地铁站点出入口，聚焦到地铁 6 号线岗子村站 4 号出入口，地铁 5 号线夫子庙站 5 号出入口，地铁 5 号线盐仓桥站 3 号出入口，以地铁站点出入口构筑物为设计对象，面向公众征集方案。大赛共征集作品 231 件，省内的作品 166 件，省外的作品达 65 件，网络投票浏览量超过 68 万人次，综合专业评比与网络投票评选，每种类型的地铁站点出入口分别评选出一等奖 1 名，二等奖 2 名，三等奖 3 名，共 18 份获奖作品（图 10-18 ~图 10-20）。同时，三个选点还分别邀请了专家参与设计，为作品的质量与落地性提供保障。

图 10-19　南京市地铁 5 号线盐仓桥站出入口（葛明作品）

图 10-20　南京市地铁 6 号线岗子村站出入口（韩冬青作品）

　　地铁站点出入口设计方案征集大赛通过聚焦城市通勤中的重要节点——地铁站点这一载体，力求在同质化的站点出入口中寻求创新，彰显地域文化特色，为城市打造新亮点，为市民带来新体验（图 10-21）。

（3）第十一届江苏省园艺博览会花园驿站设计方案征集大赛

　　2018 年，南京市取得了第十一届江苏省园艺博览会的主办权。本届园博园选址汤山国家级旅游度假区北部片区，占地面积约 3.8km²，其中核心展园面积约 2.2km²。为落实省委省政府高质量发展要求，园博园项目紧紧围绕"锦绣江苏·生态慧谷"这一主题，突破原有园博园单一模式，从修复生态、完善

图 10-21　地铁出入口现状图

城市功能、带动周边地区发展的目标出发，按照"花园、公园、乐园、家园"的设计理念，将园博园建成世界级的山地花园群——"南京花园"，打造为全球有影响力的国家级风景度假区。

根据园博园的总体规划，在主要道路及游线附近分散布置一批花园驿站，主要用于满足游客休憩需求和提供游览服务等。这些花园驿站虽然体量较小，但却是园博园不可或缺的重要组成部分。通过在园内打造一批具有地域文化特色、主题形象鲜明的驿站建筑小品，对于提升园博园空间品质、完善服务功能、凸显"南京花园"的整体魅力具有非常重要的意义。以此为契机，在 2019 年 4 月围绕"园创·2021"这一主题，开展了第十一届江苏省园艺博览会花园驿站设计方案征集大赛。

为进一步提升园博园空间品质，完善园区服务功能，展现"南京花园"的整体魅力，根据博览园总体规划，此次大赛选取园博园内二级园路及游线步道附近的 8 个小型花园驿站作为设计对象，主要为满足电瓶车停靠、游客休憩和游览服务等功能。此次活动的开展共征集作品 105 件，参赛人数达 210 人次，网络投票浏览量超过 30 万人次，共评选出 19 份获奖作品，其中一等奖 1 名、二等奖 3 名、三等奖 5 名、入围奖 10 名（图 10-22）。

花园驿站设计方案征集大赛以园博会的开展为契机，以驿站为载体，让公众参与到园博园项目的建设中来，推进公众的优秀设计共同在"南京花园"中"绽放"。

（4）迈皋桥长园廊桥设计竞赛

迈皋桥是南京最早进行城市建设的区域之一，属于传统意义上的老旧城区。近年来，由于城市建设快速扩张和短期内人口大量集聚，导致迈皋桥地区存在较多的废弃地、"边角地"等间隙用地，土地利用低效、城市空间割裂、景观风貌欠佳。此次竞赛选取迈皋桥区域城市更迭后存量中的间隙用地，以期通过合理的功能设定和建设，促进文化、生态、民生的结合，以有效的存量更新提升区域生态环境，为市民打造舒适、宜人的公共空间。

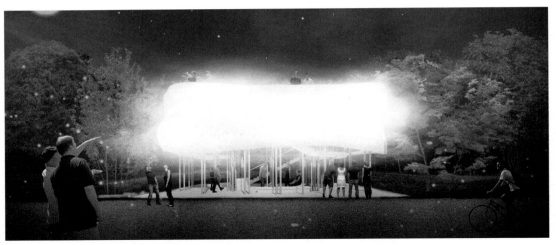

图 10-22 花园驿站竞赛作品

此次竞赛作为南京迈皋桥街道存量更新计划的一部分，为缝合石景山公园言和路景观带与周边街区功能的关系，展现市民公园的整体魅力，选取石景山公园言和路景观带内的三座廊桥为设计对象，以"筑桥，巧筑"为主题，面向国内外征集一批具有文化特色的廊桥建筑小品，进一步完善河道景观带功能，满足市民休憩与社区服务功能，促进城市双修，增强市民的获得感。

大赛共收到有效报名作品 427 件，来自全球 12 个国家和全国 24 个地区，共有 702 名设计人士参与此次竞赛，其中有 293 名来自设计机构（包括设计院）的专业设计师参赛，占比达到了总参赛人数的41.74%，越来越多的专业设计师的参与，使得参赛作品质量得到了极大的提升。同时，大赛在网络投票阶段浏览量达到 77 万人次，收获了广泛的社会关注。

此次竞赛与以往竞赛不同，在邀请了一系列国内知名建筑学者的同时，还邀请了麻省理工学院、东京工业大学等的国际知名建筑学者，以国内外专家联合互动的形式共同进行获奖作品的评选。共评选出一、二、三等奖和网络人气奖 14 名，其中一等奖 1 名、二等奖 2 名、三等奖 5 名、网络人气奖 6 名（图10-23）。

迈皋桥长园廊桥设计竞赛聚焦城市存量空间，结合边缘地，整合景观资源，通过"筑桥"来缝合城市肌理，拉近景观与使用功能之间的联系，力求为市民打造可观、可居、可游之桥，营造优质城市环境、提升市民幸福感（图 10-24）。

10.2.4 "以人民为中心，为城市而设计"系列活动开展成效

（1）提升市民幸福指数

通过选择与市民生活息息相关的公共空间与公共设施，进行方案设计征集并建设实施，提升城市空间品质，从而增强市民的幸福感、获得感，让人民群众在城市生活得更方便、更舒心、更美好。

图 10-23　廊桥竞赛作品

图 10-24　长园廊桥现状图

（2）倡导社会广泛参与

通过方案征集活动的形式，调动社会各界广泛参与，提高各方面的积极性、主动性与创造性，集聚促进城市发展的正能量，增强市民对城市发展的知情权、参与权、监督权。

（3）促进设计水平提高

通过每年开展城市公共空间的系列方案征集活动，激励设计人员打造更多受市民喜爱的精品城市地段和宜人的空间环境，从而进一步提升南京城市规划设计水平。

执笔：邢佳林（南京市规划和自然资源局城市设计与建筑管理处处长）

附件一　南京市现行城市更新制度标准介绍

南京现行城市更新相关制度标准一览表　　　　　　　　　　　　附表1

类型	序号	政策文件
低效用地再开发	1	《市政府关于进一步降低企业成本促进企业持续健康发展的意见》（宁政发〔2016〕77号）
	2	《市政府办公厅关于深入推进城镇低效用地再开发工作的实施意见（试行）》（宁政办发〔2019〕30号）
居住类地段城市更新	3	《中共南京市委办公厅南京市人民政府办公厅关于印发〈南京市棚户区改造和老旧小区整治行动计划〉的通知》（宁委办发〔2016〕19号）
	4	《市政府办公厅关于进一步加强全市老旧小区管理工作的通知》（宁政办发〔2017〕215号）
	5	《市政府办公厅关于印发南京市老旧小区停车设施建设和管理措施的通知》（宁政办发〔2018〕6号）
	6	《南京市老旧小区整治工程施工技术导则》（2018）
	7	《市规划资源局、市房产局、市建委关于印发〈开展居住类地段城市更新的指导意见〉的通知》（宁规划资源〔2020〕339号）
	8	《关于印发〈南京市既有住宅增设电梯规划信用管理暂行办法〉的通知》（宁规划资源规〔2020〕8号）
	9	《关于印发〈南京市既有住宅增设电梯规划管理办法〉的通知》（宁规划资源规〔2020〕9号）
	10	《南京市政府关于修改〈南京市既有住宅增设电梯实施办法〉部分条款的决定》（宁政规字〔2020〕2号）
	11	《南京市既有住宅增设电梯实施办法（修订稿）》（2020）
	12	《南京市住宅类危险房屋治理项目规划审批与不动产登记管理工作的意见》（宁规划资源〔2020〕411号）
	13	《南京市老旧小区整治工作精细化管理方案》（2020）
	14	《关于全面推进南京市老旧小区改造工作的指导意见》（宁旧改〔2021〕1号）
环境综合整治	15	《南京市色彩控制导则》
	16	《南京市街道设计导则》
	17	《南京市街道整治导则（试行）》
	18	《城市道路杆件设置规则》
	19	《南京市雨污分流工程参建管理制度》
	20	《南京市雨污分流工程建设督查管理办法》
	21	《南京市环境综合整治工程质量安全管理工作要点》
	22	《南京市环境综合整治三年行动计划（2016—2018年）》（2016）
	23	《关于印发〈南京市绿化园林建设精细化管控技术导则（试行）〉的通知》（宁园建〔2017〕114号）

《关于深入推进城镇低效用地再开发工作的实施意见（试行）》（2019）

为加快形成"以亩产论英雄"的用地导向，提升南京市省会城市功能和中心城市首位度，切实提高土地资源配置效率和产出效益，根据国家、省相关政策要求，南京结合实际，颁布了《关于深入推进城镇低效用地再开发工作的实施意见（试行）》（2019），从范围模式、工作程序、用地政策、激励措施、保障机制五个方面，对南京市的低效用地再开发工作进行了全面优化，加大政策支持力度，简化办理流程，调动各方积极性，有序推进低效用地盘活。其主要内容如下：

1. 范围模式方面：本意见新增加了再开发模式，提出老城嬗变、产业转型、城市创新、连片开发四种模式。

2. 工作程序方面：明确了低效用地标准制定及专项规划、年度实施计划的编制要求。

3. 用地政策：

（1）对于原国有土地使用权人改造开发的，一是与部、省文件衔接，从只允许原国有土地使用权人自主开发，修改为"原国有土地使用权人可通过自主、联营、入股、转让等多种方式进行改造开发"；二是明确了可以设立全资子公司、联合体、项目公司作为新的用地主体采取协议出让方式进行再开发；三是简化和下放审核权限，项目实施方案由区政府进行审核；四是高校、科研院所在符合相关规划及相关要求的前提下，可继续保持土地原用途和权利类型不变，利用现有存量划拨建设用地建设产学研结合中试基地、共性技术研发平台、产业创新中心，在老城区打造"硅巷"。

（2）关于政府主导进行再开发的，为解决旧城区低效用地再开发中历史建筑、工业遗存需要整体规划、有机更新的问题，可以采取带保护方案公开招拍挂、定向挂牌、组合出让等方式供应土地。

（3）关于历史遗留建设用地问题的处理，一是按照部、省政策调整了遗留问题的时间节点，由2012年12月31日提前到2009年12月31日；二是在用地政策上，确定了遗留问题办理协议出让的具体条件。

4. 激励措施：

（1）调整收益分配：现行政策以协议出让方式进行再开发的项目，出让金总额的30%分配给项目所在区政府，根据常务会的要求，为了鼓励各区政府加快项目推进，对2019年、2020年实施的项目，分别将出让金总额的60%、50%分配给项目所在区政府；对2020年之后实施的项目，分配比例仍为30%。

（2）鼓励集中成片开发：对难以开发利用的"边角地""插花地""夹心地"，通过统一规划方式整体改造开发，优化用地布局。

（3）适度放宽再开发土地政策：本意见明确了"对现有工业用地，通过厂房加层、老厂改造、内部整理等途径提高土地利用率和增加容积率的，不再增收土地价款。"

（4）引导土地多用途复合开发利用方面：在符合城乡规划和产业发展要求的前提下，允许同一宗地兼容两种以上用途，整体出让。

（5）低效用地建设租赁住房方面：一是在园区内由园区平台公司或其控股的项目公司试点利用低效工业、科研等用地建设宿舍性质的租赁住房，不改变原用地性质；二是允许根据规划要求配建不超过30%的酒店式公寓，所建房屋及对应土地按商业性质管理。低效产业用地项目再开发为商服项目配建的酒店式公寓，可以全部自持用于租赁，也可按幢或层作为最小分割单元转让。

5. 保障机制：在简化办理程序中明确了"工改研"项目的具体操作方法，一是不再需要科技部门对其科技研发能力进行认定；二是按照用地面积的大小分级审批。

6. 形成倒逼机制：根据常务会提出的要形成低效用地倒逼机制，加快引导土地资源高效配置的具体要求，在《实施意见》中，明确了将再开发与工信部门牵头的工业企业资源集约利用绩效综合评价工作紧密结合，对评价为 C 类（监管调控类）、D 类（落后整治类）的企业，以及列入城镇低效用地数据库3年以上未进行再开发的企业，不予安排新增供地。

《南京市棚户区改造和老旧小区整治行动计划》（2016）

为贯彻落实国家和省关于棚户区改造和老旧小区整治工作的决策部署，改善市民居住水平，更加扎实地推进棚户区改造和老旧小区整治，南京结合实际，特制定本行动计划，明确南京市棚户区改造行动计划总体项目，并进行资金测算。其主要内容分为四大部分：总体要求和基本原则、主要任务、支持政策和组织保障。

1. 总体要求和基本原则

总体要求以改善群众住房条件、服务城市发展为出发点，以更新的理念、更高的标准、更实的措施、更大的力度推进棚户区改造和老旧小区整治，确保到 2020 年底基本完成全市现有棚户区改造和主城六区 2000 年以前建成、尚未整治的非商品房老旧小区整治，实现"应改尽改""应整尽整"。并坚持统筹协调、突出重点、成片推进，因地制宜、多策并举、综合施策，改革创新、公开透明、共建共享，政策整合、综合扶持、按区平衡，建管并重、注重长效、属地管理五大原则，有效推动居民从"住有所居"向"住有宜居"转变。

2. 主要任务

围绕"到 2020 年底，全市完成 1500 万 m² 棚户区改造和 936 个老旧小区整治目标"，重点完成七大方面任务。

（1）科学编制棚户区改造和老旧小区整治规划和实施计划

科学编制规划，对属地范围内的棚户区和老旧小区进行全面摸底调查，建立项目库；根据实际建设需要，在兼顾新区建设和城乡接合部发展的基础上，科学编制 2016—2020 年棚户区改造和老旧小区整治规划，确定改造整治范围，明确"拆改整留"改造整治方式和方案。

加强计划管理，分行动计划和年度实施计划两类。按照改造整治量比例，同时结合项目成熟度、片区发展、重大工程建设等因素，排定 2016—2018 年度实施计划，并落实到具体项目，明确年度改造规模、改造方式、资金来源、安置方式、实施主体、责任领导、完成标准。

（2）优化项目规划设计方案

市规划局会同属地区政府、园区管委会，依据棚户区改造规划，按照集约利用土地的原则，及时开展改造片区可行性方案研究，优化项目规划设计方案，统筹安排社区配套、绿化等公共设施及水、电、气等市政基础设施，提高土地开发利用效益。

（3）建立棚户区改造绿色通道

市相关部门结合政府转变职能和机构改革工作，认真梳理并公布棚户区改造审批事项清单，发改、规划、国土、建设、公安、房产等部门要共同建立棚户区改造项目行政审批绿色通道，简化程序，提高效率，依法依规限期完成棚户区改造项目审批。区政府、园区管委会应明确属地范围内棚户区改造实施主体，逐个项目编制实施方案，按行政审批绿色通道办理改造手续，当年改造的项目，原则上应在上半年完成前期手续办理。

（4）依法实施房屋征收补偿

各区政府和园区管委会对列入征收拆迁的棚户区改造项目，应充分征求改造范围内居民的意见，认真组织实施单位拟定和落实好征收补偿方案，做到"政策公开、过程公开、结果公开"；征收中要坚持依法行政，阳光操作，依法维护好群众合法权益。

（5）加大安置力度

各区政府和园区管委会根据棚户区改造计划，预测安置总需求和年度需求，合理确定货币化安置和实物安置比例，鼓励实行货币化安置；市建委和国土局分别对国有和集体房屋征收安置需求进行确认；市规划局会同建委、国土局、房产局、安居集团等相关部门和各区政府、园区管委会根据安置需求，合理确定安置房选址，有条件的区可就近选址安置，按照统一标准、统一规范原则做好安置房和公建配套；市、区两级政府明确安置房建设主体，相关区应尽早启动对安置房建设地块的征收搬迁，尽早开工建设，确保棚改工作顺利推进。

（6）完善棚户区改造配套管理

做好困难家庭安置工作。对经济困难、无力购买安置住房的棚户区居民，符合住房保障条件的，要及时纳入住房保障，优先提供公共租赁住房、共有产权房等保障房源供其选择，以解决其基本居住需要。

加强安置房小区社会管理。棚户区改造安置房小区社会管理服务由属地政府或其派出机构负责。各区要积极创新基层社会管理模式，充实社区工作队伍，做好管理服务工作；积极培育发展社区组织和志愿服务组织，发展专业服务队伍。

（7）分类推进老旧小区整治

各区政府要立足实际，结合老旧小区特点，按照老旧小区整治规划，分类实施整治，彰显特色亮点。整治内容主要包括：拆除违章建筑；翻修、拓宽道路，增设停车位，整修车棚；整治大门、路灯、内楼道及陈旧、破损的外立面；完善物防设施，安装监控；落实长效管理等。根据实际需要，实施二次供水、燃气、排水系统、园林绿化、体育休闲等整治改造，加强计划统筹、规范施工管理，确保工程质量。

3. 支持政策

结合实际情况，分别对纳入《南京市棚户区改造和老旧小区整治行动计划》的棚户区项目提出了有针对性的政策，主要涵盖了财政支持、规划土地、征收补偿安置、税费、金融等方面。

（1）棚户区改造

财政支持政策方面，一是主城六区范围内，棚户区改造项目中可出让地块出让后出让金市级刚性计提的17%部分全额作为市级投入补助用于所在区（园区）棚户区改造。江宁区和江北地区棚户区改造项目地块出让收入中，市按财政体制集中的8%部分，全额补助用于所在区（园区）棚户区改造。二是棚户区改造中安置房项目按规划要求建设的市政基础设施和教育、卫生、水利、民政等社会事业配套，市、区两级相关专项资金予以优先安排补助。三是占地面积在5000m^{2}以下、规划用途为公共配套、市政配套用地的棚户区改造项目，在按时完成该项目的征收拆迁、安置及规划确定的建设任务并经验收合格后，对征收拆迁费用给予房屋面积 5000 元 /m² 补助；对房屋拆除后建设市政基础设施或绿地的，经审核后按现行城建管理体制给予市级补助。四是棚户区改造中的改善类项目，纳入年度老旧小区环境综合整治计划和近现代建筑保护行动计划的，经验收合格，按现有政策执行补助。五是依据《城镇保障性安居工程贷款贴息办法》（财综〔2014〕76 号），对纳入棚户区改造计划、未享受过政府投资补助和其他贴息扶持政策的项目，鼓励各区政府或园区管委会采取贷款贴息方式筹集棚户区改造资金。贴息利率以中国人民银行公布的同期贷款基准利率为准，原则上不超过 2 个百分点。贴息期限按项目建设、收购周期内实际贷款期限确定。贴息支出由各区政府、园区管委会在现有政策范围内统筹安排。六是积极争取中央和省继续加大对我市棚户区改造的资金补助。七是对上一轮"动迁拆违、治乱整破"和危旧房、城中村改造工作中，市政府预借原江南八区的每区 2 亿元，不再归还，转为市政府对各区的补助，用于支持棚户区改造。各区政府、市财政局、市土地储备中心完善相关结转手续。八是市级范围内（包括相关功能板块）的土地出让收益，由市政府统筹安排，可结合实际情况和需要，用于支持棚户区改造，包括考核奖励以及对平衡确有困难的项目给予适当补助。

规划土地政策方面，一是对建筑密度大、改造成本高的棚户区，按照符合土地利用规划和节约集约用地要求，提高土地利用效益。对于采取加建电梯、厨房、阳台等生活配套设施的改善类棚户区项目，经相关权利人同意可适当放宽规划条件。二是全面落实国家和省有关棚户区改造用地的支持政策，优先使用现有存量建设用地。优先保证国有工矿棚户区改造用地需要。依托当地现有配套基础设施，对国有工矿棚户区实施异地搬迁改造的，其安置住房建设用地纳入保障性安居工程建设统筹安排，涉及新增建设用地的，专项安排用地计划指标，实现应保尽保。三是加快落实建设用地。对列入棚户区改造计划项目实行目标责任制管理，在年度供应计划中优先安排，确保用地落实到位。棚户区改造安置住房中涉及的经济适用住房和符合条件的公共租赁住房建设项目可通过划拨方式供应，同时，积极探索安置住房新的供地方式。征收补偿安置政策方面，一是棚户区改造安置补偿包括产权调换和货币补偿，由被改造项目居民自愿选择，支持、鼓励居民选择货币化安置方式。符合规定条件的改造项目居民可以选择共有产权保障房、公共租赁住房等安置方式。二是各区政府在国有土地上实施房屋征收时，对选择货币补偿的居民，如放弃申购征收安置房、政府保障性住房（共有产权房、公共租赁房等）并在签约期限内搬家的，可给予不超过房地产评估总额 20% 的奖励，并在征收补偿方案中注明；征收企事业单位一般以货币补偿为主，具体办法由市建委拟定，报市政府批准后实施。集体土地上的房屋征收货币化安置支持政策由市国土局拟定，报市政府批准后实施。三是安置房筹集和建设坚持集中与分散相结合原则。安居集团根据市政府要求继续筹集或建设适量市级安置房源，用于满足不具备就近自建安置房条件的区棚改安置需求；也可根据区政府或园区管委会委托，代建区（园区）属安置房。区政府、园区管委会可通过新建、翻改建、委托代建、在经营性用地或普通商品住房中配建等多种方式建设安置房源；同时要积极通过回购安置住房、从市场上组织普通商品住房、二手房等多种方式筹集房源，用作安置房源。由不同主体实施的项目可进行安置房源的统筹联动，实现安置房源的合理使用。四是允许住房困难户较多且列入棚户区改造计划的国有独立工矿企业，在符合城乡规划的前提下，经市政府批准，利用企业自有土地以集资合作建房方式进行棚户区改造，享受经济适用住房有关优惠政策。

　　税费政策方面，一是落实免收各项收费基金优惠政策。对城市棚户区改造项目，按照财政部规定免收防空地下室易地建设费、白蚁防治费、城市基础设施配套费、散装水泥专项资金、新型墙体材料专项基金、教育费附加、地方教育附加、城镇公用事业附加等各项行政事业性收费和政府性基金。同时，按规定免收省级出台的各项行政事业性收费。二是对改造安置住房建设用地免征城镇土地使用税。对改造安置住房经营管理单位、开发商与改造安置住房相关的印花税以及购买安置住房的个人涉及的印花税予以免征；在商品住房等开发项目中配套建造安置住房的，依据政府部门出具的相关材料、房屋征收（拆迁）补偿协议或棚户区改造合同（协议），按安置住房建筑面积占总建筑面积的比例免征城镇土地使用税、印花税。三是企事业单位、社会团体以及其他组织转让旧房作为安置住房房源且增值额未超过扣除项目金额 20% 的，免征土地增值税。四是对经营管理单位回购已分配的安置住房继续作为安置房源的，免征契税。五是个人首次购买 90m² 以下改造安置住房，按 1% 的税率计征契税；购买超过 90m²，但符合普通住房标准的改造安置住房，按法定税率减半计征契税。六是个人因房屋被征收而取得货币补偿并用于购买安置住房，或因房屋被征收而进行房屋产权调换并取得安置住房，按有关规定减免契税。个人取得的拆迁补偿款按有关规定免征个人所得税。七是被改造片区内居民购买经济适用房和安置房，符合规定的，可以提取本人或直系亲属的住房公积金，优先办理公积金贷款。市金融办、房产局牵头研究保障性住房购房贷款操作办法，为低收入住房困难家庭提供公积金贷款和商业购房贷款。八是电力、通信、市政公用事业等企业要对棚户区改造给予支持，适当减免入网、管网增容等经营性收费或按照配套工程实际建设支出收费，收费标准不得高于同类普通商品住房收费标准的 80%。

　　金融政策方面，一是市发改委、金融办负责提供棚户区改造项目融资服务，指导和配合各项目主体、融资主体制定细化措施。二是由市级政府融资平台公司实施的棚户区改造项目，银行业金融机构可比照公共租赁住房融资的有关规定给予信贷支持。三是推进企业债券品种创新，探索棚户区改造项目收益债券。对于具有稳定偿债资金来源的棚户区改造项目，将按照融资—投资建设—回收资金封闭运行的模式，开展棚户区改造项目收益债券试点。符合规定的地方政府融资平台公司、承担棚户区改造项目的企业可优先发行企业债券或中期票据，专项用于棚户区改造项目。支持国有工矿、国有林区、国有垦区等国有大中型企业发行企业债券用于所属区域棚户区改造项目建设。在偿债保障措施较为完善的前提下，对发债用于工矿区棚户区改造的，可适当放宽企业债券发行条件。四是继续加强与国家开发银行合作，充分发挥扬子集团作为承接棚户区改造专项贷款三统一市级平台作用，做好国开行棚户区专项贷款的使用工作。五是积极做好政府购买棚改服务工作，将棚改服务纳入南京市政府采购目录，制定出台政府购买棚改服务管理办法；加强与国家开发银行、中国农业发展银行等金融机构合作，使用好棚改政策性信贷资金。充分利用江苏银行棚改基金。设立南京市棚改投资基金。六是引导在宁商业银行、保险机构等金融机构积极创新金融产品，参与投资和运营棚户区改造项目。新五区、园区范围内，经批准纳入全市棚户区改造计划，并按时完成改造任务的项目，在遵循国家和省市相关规定的基础上，可自行制定棚户区改造支持政策。

　　（2）老旧小区整治

　　明确资金标准。要求按照建筑面积不超过 300 元 /m² 标准，安排老旧小区整治资金（不含二次供水改造和燃气改造费用）。一是工程建设资金不超过 260 元 /m² 标准。由市级财政给予不超过 30% 的资金补贴，对数量多、任务重的玄武、秦淮和鼓楼三区给予不超过 40% 的资金补贴。立项概算资金高于该标准的，按该标准的 30%（或 40%）补贴；立项概算资金低于该标准的，按立项概算资金的 30%（或 40%）补贴。二是奖励资金：不超过 40 元 /m² 标准。市、区按 5∶5 的比例分担。三是工程管理费按照国家有关规定执行，控制在工程建设资金的 2% ~ 4% 范围内。四是在工程建设资金中预留长效管理费。每个小区 8 万 ~ 12 万元，由各区分三年拨付小区管理单位，第一年拨付 50%，第二年拨付 30%，第三年拨付 20%。

拓宽资金渠道。市级资金由市财政按年度统筹安排；区级资金由各区政府筹集，对于整治任务重、资金压力大的区，可采取政府购买服务或新增债券等方式进行筹措。

完善补贴方式。项目开工，市财政根据老旧小区整治工程立项，按照工程建设资金市级补贴标准拨付市级补贴的 50%；项目竣工，并考核合格后，市财政根据老旧小区整治工程立项，按照工程建设资金市级补贴标准拨付市级补贴的 30%；工程项目在规定时间内完成决算审计，经审计部门确认后拨付剩余资金。

提升奖励标准。市、区各按照 20 元 /m² 奖励资金标准分别制定考核奖励办法。对在全市统一规定时间内完成老旧小区整治和完善物防设施年度计划考核合格的区，市级给予 5 元 /m² 的奖励补贴。

4. 组织保障

该《计划》突出强调棚户区改造和老旧小区整治任务重、要求高、时间紧，涉及面广，要求各区各有关部门要高度重视，通过明确工作机构，完善工作制度，形成上下联动、部门协同、全社会广泛参与的工作机制和良好氛围。

《南京市既有住宅增设电梯实施办法（修订稿）》（2020）

为适应社会发展，完善既有住宅的使用功能，特别是加强既有住宅加装电梯规范性文件管理，维护法制统一，进一步解决加装电梯的资金问题，以及高层和低层之间难以调和的矛盾，南京依据有关加装电梯工作的相关要求和实际工作需要，根据《中华人民共和国物权法》《中华人民共和国特种设备安全法》《江苏省物业管理条例》《南京市电梯安全条例》等有关法律、法规规定，制定了《南京市既有住宅增设电梯实施办法（修订稿）》。该办法在原有文件基础上，重点突出强调增设电梯应当坚持"业主自治"的原则，明确规范业主自治，鼓励居民变为自愿参与的更新者，发挥居民主观能动性；并结合简政放权改革要求，优化许可手续，新增了违法诚信处置，以期进一步解决加装电梯工作中遇到的矛盾，维护居民的合法权益，实现居民居住条件改善、城市环境质量提升、市场主体开发获益的多赢局面。具体内容如下：

1. 适用对象

本市行政区域内既有住宅增设电梯，适用本办法。本办法所称既有住宅是指已建成投入使用、具有合法房屋产权证明、未列入房屋征收改造计划、且未设电梯的四层以上（含本数，下同。不含地下室）非单一产权住宅。

2. 责任分工

区政府负责本辖区内既有住宅增设电梯的统筹协调和管理工作。房产部门负责指导协调既有住宅增设电梯工作，编制补贴资金计划。规划资源部门负责既有住宅增设电梯的规划管理工作。城乡建设部门负责既有住宅增设电梯的施工监管工作。特种设备安全监督管理部门负责既有住宅增设电梯的安全管理、监督检验等工作。财政部门负责按照资金补贴政策和计划拨付资金。人防部门负责既有住宅增设电梯涉及人防工程的相关管理工作。街道办事处（镇人民政府）负责既有住宅增设电梯的政策宣传、业务指导、矛盾协调等工作。原房改售房单位、业主委员会和物业服务企业应当对既有住宅增设电梯工作予以协助和协调。

3. 基本原则

既有住宅增设电梯应当遵循"业主自治"的原则，经本幢或本单元房屋专有部分占建筑物总面积三分之二以上且占总人数三分之二以上的业主同意。就下列事项达成书面协议：①增设电梯工程费用的预算及分摊方案。②拟占用业主专有部分的，应当征得该专有部分业主的同意。③电梯运行、保养、维修等费用的分摊方案。④确定电梯使用单位。自行管理的，出资增设电梯的全体业主为使用单位。委托物业服务企业管理的，物业服务企业为使用单位。⑤对权益受损业主的资金补偿方案。

经具备相应资质的设计单位出具符合建筑设计、结构安全、电梯救援通道、消防安全和特种设备等相关规范、标准的设计方案。业主可以根据所在楼层、面积等因素分摊资金，分摊比例由出资的全体业主协商确定；出资增设电梯的业主可以按规定提取住房公积金、住宅专项维修资金；既有住宅原建设单位可以出资增设电梯。既有住宅增设电梯，应当尽量减少对相邻业主的通风、采光、日照、通行等不利影响；造成不利影响的，应当依法给予补偿。

本幢或本单元出资增设电梯的全体业主为既有住宅增设电梯项目的建设者（以下称为建设者），承担相应法律、法规规定的义务。

4. 前期手续

（1）委托代理

建设者自行办理或者委托代理人办理增设电梯的相关手续。建设者可以在本幢或本单元中推选 1~2 名业主为代理人，也可以选择原产权单位、物业服务企业或服务机构为代理人，建设者委托代理人办理的，应当签订授权委托书。授权委托书应当载明代理人的姓名或者名称、代理事项、权限和期间，并由委托人签名或盖章。代理人在代理权限内，以被代理人的名义实施民事行为。被代理人对代理人的代理行为，承担民事责任。

（2）公示协商

建设者应当在拟增设电梯所在物业区域显著位置及本幢（本单元）主要出入口就业主同意增设电梯的书面意见和设计方案进行公示，公示期不少于 10 日。对公示情况，由建设者形成公示报告。公示期内收到书面异议的，建设者应当与异议人协商，并形成协商记录。经协商，未能达成一致意见的，建设者应当继续与异议人进行不少于两次的沟通协商，并形成记录。协商情况应当在公示报告中予以说明。

（3）规划建设审批

既有住宅增设电梯，建设者应当向规划资源部门申请办理建设工程规划许可手续，提供下列材料并对其真实性负责：①建设工程规划许可申请书；②房屋产权证明材料；③符合国家设计规范的建设工程施工图设计文件；④法律、法规规定的其他材料。规划资源部门应当加强规划许可审查；符合要求的，核发建设工程规划许可证。

取得建设工程规划许可后，建设者应当按规定向城乡建设部门申请办理施工许可手续，并提供下列材料：①建设工程申请表；②建设工程规划许可证；③经审图机构审查合格的施工图设计文件，包括增设电梯住宅建筑、结构施工图及地质勘察报告、设计单位出具增设电梯的相关建筑、结构施工图及计算资料；④建设资金承诺书；⑤法律、法规规定的其他材料。

增设电梯改造防空地下室的，须到人防部门办理手续。

5. 施工、验收及使用规定

电梯安装施工前，施工单位应当书面告知区特种设备安全监督管理部门，方可施工。电梯的安装，应当由制造单位或者其委托并依法取得相应许可的单位实施。制造单位委托其他单位进行电梯安装的，应当对其安装进行安全指导和监控，按照安全技术规范的要求进行校验和调试。电梯制造单位对电梯安全性能负责。

电梯安装过程中，施工单位应当向具有法定资质的特种设备检验检测机构申报监督检验，并提交产品质量证明文件、机房（机器设备间）和井道布置图等技术资料。未经监督检验合格的，不得交付使用。

电梯安装竣工并经监督检验合格后 30 日内，施工单位应当向电梯使用单位移交质量合格文件和有关技术资料，并提供不少于一年的免费日常维护保养。

电梯安装完成投入使用前，建设者应当依法组织竣工验收，并及时将竣工验收结果向建设部门报备，涉及防空地下室改造的，还应当向人防部门申请竣工验收备案。建设等部门应当按照法定职责加强监管。

电梯投入使用前或者投入使用后 30 日内，建设者应当向区特种设备安全监督管理部门办理使用登记，取得使用登记证书。登记标志应当置于电梯的显著位置。逾期不办理使用登记的，依法予以处罚。

电梯使用者应当履行《中华人民共和国特种设备安全法》《特种设备安全监察条例》《南京市电梯安全条例》等法律法规规定的职责，保障电梯的安全使用。电梯使用者是运行管理的责任主体，应当委托有相应资质的电梯维修保养单位对电梯进行日常维护保养工作。

特种设备安全监督管理部门应当加强电梯安全运行监察管理，发现违反法律、法规和安全技术规范的行为，或者在用电梯存在事故隐患的，应当发出特种设备安全监察指令书，责令相关单位在规定期限内采取措施，消除事故隐患。

6. 资金来源

本市鼓励和支持既有住宅增设电梯。对玄武、秦淮、建邺、鼓楼、栖霞、雨花台区 2000 年以前建成的既有住宅（商品房除外）增设电梯的，给予财政资金补贴。市、区政府对国家、省、市级劳动模范，军烈属，享受国务院政府特殊津贴人员和特殊困难家庭既有住宅增设电梯的优先给予补贴。具体办法由市房产局会同市财政局另行制定。

补贴资金由市、区财政分别承担。区房产部门对补贴申请按季度汇总审核后，区财政部门安排补贴资金，由区房产部门将补贴资金汇入业主账户。市级补贴资金由区财政先行垫付。区房产部门于每年年初向市房产部门申请上一年度市级补贴资金。市房产部门审核汇总后编制市级补贴资金计划，由市财政部门将市级补贴资金拨付至区财政。江北新区及江宁、浦口、六合、溧水、高淳区的既有住宅增设电梯补贴资金由区财政承担。

出资增设电梯中缴存住房公积金的业主，可以提取夫妻双方的住房公积金，用于支付增设电梯的个人分摊费用。提取额度不超过既有住宅增设电梯费用扣除政府补贴后的个人分摊金额。出资增设电梯中缴存住宅专项维修资金的业主，可以按相关规定提取住宅专项维修资金，用于支付增设电梯的个人分摊费用。

7. 其他规定

相关部门按照《南京市社会信用条例》等规定，运用诚信激励和失信惩戒机制，及时查处不按标准规范设计、不按图施工、弄虚作假等行为。具体规定由市房产部门会同相关部门联合制定。

因增设电梯发生争议的，当事人可以通过协商解决。要求基层人民调解组织调解的，基层人民调解组织应当依法调解。协商或调解不成的，当事人可以依法向人民法院起诉。

《开展居住类地段城市更新的指导意见》（2020）

加快建立南京市的城市更新政策制度体系，南京通过借鉴国内城市的先进经验，结合实际需求，积极落实新发展理念，出台《开展居住类地段城市更新的指导意见》，以期切实提升群众的居住水平。该《指导意见》旨在建立居住类地段城市更新的制度框架，为这项工作的推进明确基本原则、工作思路和实施路径，并为各区制定实施细则提供政策框架指引。其共分为五个部分：指导思想、基本原则、工作范围、主要举措和工作要求，突出新理念，强调新路径，提供工具箱。

1. 指导思想方面

强调顺应发展形势，创新发展机制，抓住工作关键，推进城市更新工作的突破。

2. 基本原则方面

从理念层面强调了居住类地段城市更新工作不同于传统旧城改造的几个方面：一是要从人的需求出发，落实政府对住房困难群众基本居住条件的保障职责，实施过程中尊重民意，共建共治；二是要从增进整体利益的角度出发，贯彻老城保护、历史文化的传承等要求，要保障公共设施，提升服务配套；三是从方法机制的角度，强调提升治理能力，建立工作新格局，有效降低实施难度，平衡各方利益诉求。

3. 工作范围方面

强调以涉及危破老旧住宅片区为主的城市地段为实施的对象，有利于设施配套和整体环境的提升。更新工作以划定的更新片区开展。基于控制性详细规划的地块划分，更新片区划定可以：结合产权界线调整规划地块范围，合并或拆分地块；项目用地可包括周边"边角地""夹心地""插花地"等无法独立更新的待改造用地；从提高土地利用水平、保证地块完整的角度，将相邻非居住低效用地纳入更新片区统筹设计、平衡资金，非居住用地面积不得超过居住用地面积。

4. 主要举措方面

主要包括了实施主体、更新方式、安置方式、流程设计以及制度保障几个方面。

（1）在实施主体上，强调政府引导，多元参与，调动个人、企事业单位等各方积极性，推动城市更新的实施，实施主体可以包括以下情形：物业权利人，或经法定程序授权或委托的物业权利人代表；政府指定的国有平台公司，国有平台公司可由市、区国资公司联合成立；物业权利人及其代表与国有公司的联合体；其他经批准有利于城市更新项目实施的主体。

历史上"毛地出让"的项目更新主体由各区政府做好牵头处置。土地受让人不具备开发建设意愿或能力，但愿意协商由新的主体开发建设的，可报经市政府批准同意，直接变更土地受让人；也可由原受让人成立控股不小于51%的项目子公司，直接变更受让人至项目子公司。

（2）在更新方式上，强调了采用"留改拆"多样化、差别化更新策略，对更新地段进行精细化的甄别，结合建筑质量、风貌和更新需求目标，区分需要保护保留、需要改造和需要拆除、需要适应性再利用的部分、可以新建的部分，达到片区的有机更新。结合建筑"留、改、拆"方式的不同，地段片区更新分为维修整治、改建加建、拆除重建三种模式。

（3）在安置方式上，通过自愿参与、民主协商的方式，原则上应等价交换、超值付费，探索多渠道、多方式安置补偿方式，实现居住条件改善、地区品质提升。可以采用等价置换、原地改善、异地改善、放弃房屋采用货币改善、公房置换、符合条件的纳入住房保障体系等方式进行安置。各区政府可自行制定房屋面积确定原则、各类补贴、补助标准、奖励标准等相关政策。

（4）在工作流程上，涵盖了从前期研究到验收交付的全过程，分为六个阶段：前期工作、上报计划、多方案设计、上报方案、实施建设、验收交付。其中，经前期研究确定以招拍挂方式供地的项目按现有规定程序实施。

前期工作应明确实施主体、进行现场调查、编制可行性研究方案，第一轮意见征询相关权利人意见，须征得不低于90%权利人同意后方可上报计划，计划由市政府专题会研究确定。多方案设计阶段统筹考虑安置方案、资金方案和建设方案，多轮协调互动，形成综合最优方案，并进行第二轮征询相关权利人意见，须征得不低于80%权利人同意后方可上报方案，方案报市政府专题会审核，涉及控详调整的，一并研究确定。实施建设阶段，实施主体应与相关权利人签订置换补偿等相关协议，按照工程建设基本程序，办理立项、规划、用地、施工等手续，组织建设。验收交付阶段，所在区政府督促项目实施主体完成相关设施的移交、运营管理等事宜，落实置换补偿等协议约定内容。

（5）在政策支持上，从规划政策、土地政策、资金支持政策、不动产登记政策四个方面提出创新性举措，保障居住类城市更新项目落地。

① 规划政策

考虑到更新项目普遍存在地块小、分布散、配套不足的现实情况，可结合实际情况，灵活划定用地边界，简化控详调整程序；在保障公共利益和安全的前提下，可适度放宽用地性质、建筑高度和建筑容量等管控，有条件突破日照、间距、退让等技术规范要求，放宽控制指标。

② 土地政策

经批准列入计划的城市更新项目，为解决原地安置需求，经市政府同意可以享受老旧小区城市更新保障房（经济适用房等）土地政策进行立项，以划拨方式取得土地。合并纳入更新项目的"边角地""夹心地""插花地"以及非居住低效用地，可采用划拨或出让方式取得土地。项目区内符合划拨的建设内容（含保障房）不得低于50%。

实施方案经市政府批准后，依据方案完善相关土地手续：符合划拨条件的，按划拨方式供地；涉及经营性用途的，按协议方式补办出让，出让金测算时应以净地价减去拆迁费用、安置补偿费用、代建公共服务设施费用等成本。商办、住宅等经营性用途面积允许自持运营，也可上市销售。

有历史保护建筑、近现代保护建筑或文物保护要求的项目，可以定向挂牌、带方案挂牌或招标方式（综合评分法）供地。

对历史遗留的"毛地出让"项目，允许在开展规划条件评估工作后签订补充协议，重新约定开竣工日期、违约责任、土地出让金计算和缴纳方式、补齐土地使用期限等事项。为整合周边、统筹规划，允许将原土地出让范围周边的"边角地""插花地""夹心地"通过"以大带小"方式协议出让，同时应测算现规划条件与原规划条件下的土地净地价差，减去原出让范围以外的拆迁、安置、代建公共服务设施等费用，补交土地出让金。

③ 资金支持政策

经费来源：更新项目范围内土地、房屋权属人自筹的改造经费；实施主体投入的更新改造资金；政府指定的国有平台参与更新项目增加部分面积销售及开发收益；按规定可使用的住宅专项维修资金；相关部门争取到的国家及省老旧小区改造、棚改等专项资金；更新地块范围内出让金市级刚性计提 17% 部分；市、区财政安排的城市更新改造资金；更新地块需配建学校、社区服务中心等公共配套设施以及涉及文保建筑和历史建筑申请到的国家、省、市专项资金等。

税费政策：更新项目符合国家、省有关规定的，享受行政事业性收费和政府性基金相关减免政策；纳入市更新计划的项目，符合条件的，可享受相关税费减免政策；同一项目原多个权利主体通过权益转移形成单一主体承担城市更新工作的，经区政府确认，属于政府收回房产、土地行为的，按相关税收政策办理。

金融政策：纳入市更新计划的项目，参照国家有关改造贷款政策性信贷资金政策执行。

④ 不动产登记政策

对原登记的宗地范围内拆除重建的，由宗地内的原权利人共同委托实施主体，在房屋拆除后，持相关城市更新的批准文件申请变更登记。

已征收后经规划确认可保留的房屋，可登记至征收主体指定的市、区属国有平台，土地用途和房屋使用功能以规划确认为准，土地权利性质暂保留划拨。

5. 工作要求方面

明确了以地区政府为主体、各部门协作推进的职责分工体系，形成工作合力。同时，要做好实施评估，落实监督考核，不断提升工作水平。

《关于推进南京市城镇老旧小区改造工作的实施意见》（2021）

根据国务院办公厅《关于全面推进城镇老旧小区改造工作的指导意见》（国办发〔2020〕23号）和江苏省《关于全面推进城镇老旧小区改造工作的实施意见》（苏旧改〔2020〕2号），坚持新发展理念，按照高质量发展的要求，大力推进老旧小区改造工作，南京市《关于推进城镇老旧小区改造工作的实施意见》共分为七个部分，具体内容如下。

1. 总体要求

（1）指导思想。以习近平新时代中国特色社会主义思想为指导，全面贯彻党的十九大和十九届二中、三中、四中、五中全会精神，按照党中央、国务院决策部署，全面践行以人民为中心的发展思想，把城镇老旧小区改造作为扩大内需的重大民生工程和发展工程，补齐城市配套设施和人居环境短板。着力改善人居环境、提高生活便利、提升生活品位，打造人性化城市、营造人文化气息、缔造人情味生活，切实提高人民群众获得感、幸福感、安全感，让人民群众的生活更方便、更舒心、更美好。

（2）改造原则。一是共同缔造原则。构建"纵向到底、横向到边、协商共治"的改造体系，科学确定改造目标，充分调动与小区关联单位和社会力量的积极性，实现共治共管共享的新格局。二是居民自愿原则。广泛开展"美好环境与幸福生活共同缔造"活动，激发居民参与改造的主动性、积极性，改造前问计、问需于民，优先将居民改造意愿强、参与积极性高的小区纳入改造计划。三是市场运作原则。坚持有为政府和有效市场并重，充分调动市场主体、投资主体积极性，多种渠道筹集资金，鼓励群众出资，探索金融支持。四是功能优先原则。顺应群众期盼，合理确定改造内容，注重宜居化改善，注重功能性提升，优先解决直接影响居住安全、居民生活的突出问题，满足居民不同层次生活需求。五是建管并重原则。坚持党建引领、基层推动、群众点单、多元共建，建立多方联动的社区治理体系，充分发挥街道和社区的主体作用，指导和协助改造小区成立业（管）委会、落实长效管理单位。

（3）工作目标。到"十四五"末，确保完成2000年底前建成的城镇老旧小区改造任务，基本形成老旧小区改造制度框架、政策体系和工作机制，市场化、专业化、智慧化物业管理服务覆盖面不断扩大；力争基本完成2005年前建成的，基础设施配套不全、功能缺失、社区服务设施不健全、居民改造意愿强烈、需改造的部分住宅小区（包含单栋）的改造任务。（参照省实施意见，增加指导框架、政策体系和工作机制等方面的内容）

2. 改造任务

（1）改造范围：一是2000年底前建成的住宅小区；2005年前建成的，基础设施配套不全、功能缺失、社区服务设施不健全、居民改造意愿强烈、需改造的部分住宅小区（包含单栋）；二是建成时间长、建设标准低、基础设施损坏严重的保障房、安置房小区。

（2）改造内容：修订《南京市城镇老旧小区改造技术规范》，按照ABC分类法，储备一批、计划一批、实施一批，积极稳妥地推进城镇老旧小区改造。改造内容分为基础类、完善类、提升类三类（三种类型的改造内容与国家政策基本一致。其中，参照省实施意见，在提升类改造项目中增加提升结合城市更新和存量住房改造提升方面的内容。）：一是基础类。为满足居民安全需要和基本生活需求的内容。二是完善类。为满足居民生活便利需要和改善型生活需求的内容。三是提升类。为丰富社区服务供给、提升居民生活品质、立足小区及周边实际条件积极推进的内容。结合城市更新和存量住房改造提升，合理拓展改造实施单元，推进相邻小区及周边地区联动改造，有序开展绿色社区创建和完整居住社区建设。

3.改造模式

主要分为四种改造模式，其中，省实施意见中第十二条探索创新改造模式，还引用了我市大片区统筹改造模式、跨小区组合改造模式中的内容。

（1）大片区统筹改造模式（与棚改、旧城改造项目结合模式）。把一个或多个老旧小区与相邻的棚户区、旧厂区、危旧房改造和既有建筑功能转换等项目捆绑统筹，生成老旧片区改造项目，实现土地与项目开发的大片区统筹平衡。

（2）跨小区项目组合改造模式。将拟改造的老旧小区与其不相邻的城市建设或改造项目进行组合，形成组合类项目，实现资金投入跨项目平衡。

（3）小区内自我改造模式。在有条件的老旧小区，探索老旧小区改造项目"清单"中用于公共服务的经营设施，通过市场化方式进行新建、改建、扩建并运营，以未来产生的收益平衡城镇老旧小区改造支出，实现自我平衡。

（4）政府引导的多元化投入改造模式。对于零散、分散的片区，单栋房屋无法实现资金平衡的小区，主要由市、区两级财政投入改造补助资金，引导居民出资参与改造。探索通过市场化收购待改造区域房源的方式，形成改造后的房屋价值增值，补充改造资金。

4.改造流程

城镇老旧小区改造工作流程是省级政策中未有的部分，为更好地组织实施改造工作，将改造流程分为六个步骤。其中，参照省实施意见，在拟定的改造方案中，增加计划有效对接部分的内容；在组织实施中，增加鼓励实行工程总承包、临近小区打包招标和联合验收；在绩效评价中，增加高质量发展监测评价指标体系方面的内容。

（1）建立项目库。建立包含老旧小区地理位置、房屋、人口、配套等现状要素的改造项目库。

（2）拟定改造实施方案。城镇老旧小区改造必须规划先行，以项目为龙头，其他各类增设、改造计划应当与城镇老旧小区改造规划和计划有效对接，同步推进实施，改造一步到位。

（3）制定年度计划。结合小区居民意愿，市房产局会同各区从项目库中选取部分城镇老旧小区改造储备项目，纳入年度市城建项目储备计划管理，待完成立项审批后，根据轻重缓急和财力情况，按程序列入年度市城建计划。

（4）组织实施。各区政府牵头组织实施，按照基本建设程序，规范履行招标投标、施工许可、质量安全监督等工作环节。鼓励实行工程总承包、临近小区打包招标和联合验收。落实城镇老旧小区改造项目跟踪审计制度。

（5）移交管理。项目完工后由各区政府组织街道办事处、居委会、业委会（或业主代表）、项目实施单位、技术专家、设计单位、施工单位、监理单位共同验收。

（6）绩效评价。结合高质量发展监测评价指标体系，进一步完善城镇老旧小区改造评价指标和考核办法。

5. 创新支持政策和配套措施

·这部分内容是我市政策的核心条款，包含十个方面的内容。其中，将居民出资责任放在第一条，突出居民出资的重要性。财政支持以补助引导为主，市级和主城六区按比例分担，江北新区、新五区自行制定改造支持政策（财政支持政策部分主要采取了市财政局意见）。规划土地政策方面，增加省实施意见中改建、增建、空间链接和功能转换的政策，并结合我市实际，参照《江苏省物业管理条例》关于物业服务用房配置标准，有条件的小区改造后应按照规定配建物业服务用房，并优先保障物业管理用房面积（规划土地政策和明晰新增设施权属部分主要根据省实施意见和市规划资源局意见修改）。提高审批效率方面，建立联合审查机制，形成的联合审查意见可作为办理审批手续的依据（此部分内容主要依据《南京市深化建筑工程施工许可审批改革的实施意见》（宁建改办〔2019〕12号）和《关于进一步优化环境综合整治类项目审批服务的实施意见（试行）》的通知（宁建改办〔2019〕14号）文件进行修改）。

（1）合理落实居民出资责任。对于申报城镇老旧小区改造的项目，积极推动居民通过直接出资、使用（补缴、续筹）住宅专项维修资金、提取住房公积金、让渡小区公共收益等方式落实。

（2）财政支持政策。第一，结合改造模式，分类确定财政支持政策。第二，对于纳入年度城建计划且采用政府引导的多元化投入改造模式进行的城镇老旧小区改造项目，主城六区范围内的，由市、区两级结合财政承受能力，按比例统筹安排补助资金；江北新区、新五区及平台板块范围内，在遵循国家和省市相关规定的基础上，由属地政府（管委会）自行制定改造支持政策。第三，主城六区范围内，采用政府引导的多元化投入改造模式的项目，具体补助政策为：市、区财政资金主要用于基础类改造内容，实行清单管理；按照建筑面积不超过300元/m² 标准，市、区财政按照4：6的比例分别安排补助资金，纳入预算管理；按照市级城建资金管理有关要求，各区结合城镇老旧小区改造项目进度，定期向市房产局申报市级补助资金。项目建设管理费按照国家、省有关规定执行。第四，各类专项建设项目，应向城镇老旧小区改造倾斜。第五，积极争取城镇老旧小区改造中央补助支持资金、保障性安居工程中央预算内城镇老旧小区改造配套基础设施建设资金和省级城镇老旧小区改造引导资金。

（3）鼓励社会资本参与。一是鼓励国有企业、产权单位、公房产权单位参与城镇老旧小区改造。二是吸引物业服务、停车设施等专业机构及其他社会资本，投资参与。三是支持规范各类企业以政府和社会资本合作模式参与改造。

（4）金融支持政策。一是支持城镇老旧小区改造规模化实施运营主体采取市场化方式，鼓励符合条件的国有企业作为城镇老旧小区改造项目融资主体进行债券融资。二是鼓励金融机构在依法合规、风险可控的前提下，加大对城镇老旧小区改造项目的金融服务力度。三是鼓励银行机构结合城镇老旧小区改造的四种模式特点，推进业务创新、流程创新，开发适宜的金融产品。四是针对城镇老旧小区改造带来的居民户内改造和装修消费、绿色发展、节能减排等新的消费领域，银行机构要提供个性化金融服务。

（5）引导专营单位参与。引导专业经营单位出资参与小区改造中相关管线设施设备的改造提升。支持各类专业机构等社会力量参与城镇老旧小区改造工作，各区政府在资金奖补和信用考评方面予以支持。

（6）规划土地政策。其一，城镇老旧小区改造原则上应在不降低原规划标准和要求的基础上尽量按照新建小区完善和优化公共配套设施、市政基础设施及人居环境等，在依法完善相关手续的基础上，允许在保留现状主体建筑的基础上作必要的改建、增建、空间链接和功能转换等。其二，补充物业管理用房。参照《江苏省物业管理条例》关于物业服务用房配置标准，有条件的小区改造后应按照规定配建物业服务用房，并优先保障物业管理用房面积。其三，落实土地支持政策。加大城镇低效用地再开发力度，探索完善市场化配置机制，盘活利用低效和闲置用地，把大片区统筹改造和跨小区组合改造与城镇低效用地再开发项目相结合，完善城市和社区功能，提升城市宜居性。

（7）明晰新增设施权属。一是增设服务设施需要办理不动产登记的，不动产登记机构应依法积极予以办理。通过成套改造或局部改建、扩建、加层，完善功能配套增加实际使用面积的；通过新建小区经营性用房、社区养老用房等方式增加老旧小区改造自我造血功能的，依法办理不动产登记。二是配套建设的社区医疗、便利用房、车库等不动产在小区红线外的，所有权移交属地政府，由建设单位与属地政府协商，确定一定的无偿经营使用期限；在小区红线内的，由建设单位与业主协商，综合测算投资收益，确定一定的无偿经营使用期限，设施属全体业主共有，登记在全体业主名下。在依法收回并实施补偿后的小区土地上新增建设的设施，根据用地批准文件或者合同办理不动产登记。

（8）税费政策。首先，专业经营单位参与政府统一组织的城镇老旧小区改造，对其取得所有权的设施设备等配套资产改造所发生的费用，可以作为该设施设备的计税基础，按规定计提折旧并在企业所得税前扣除；所发生的维护管理费用，可按规定计入企业当期费用税前扣除。其次，为社区提供养老、托育、家政等服务的机构，提供养老、托育、家政服务取得的收入免征增值税，并减按90%计入所得税应纳税所得额；用于提供社区养老、托育、家政服务的房产、土地，可按现行规定免征契税、房产税、城镇土地使用税和城市基础设施配套费、不动产登记费等。

（9）提高项目审批效率。一是政府主导的城镇老旧小区改造项目，免于办理选址、土地预审、用地规划许可证及规划条件，审批部门直接办理立项审批。二是各区政府组织房产、建设、规划资源、国资平台等部门编制老旧片区改造实施方案，策划、设计可以产生现金流的老旧片区改造项目。三是简化非政府投资的城镇老旧小区改造项目审批。征求居民意见编制的改造方案，由各区相关部门联合组织公用设施管理单位，对改造项目实施方案进行联合审查。审查通过的改造方案和联合审查意见，作为城镇老旧小区改造项目办理立项用地规划、工程建设、施工许可、竣工验收等环节审批依据。

（10）完善小区长效管理机制。一是建立共建共治共享机制。以"美好环境与幸福生活共同缔造"活动为契机，充分发挥社区党组织领导作用，健全社区多方参与的联席会议制度。二是推进专业化物业管理服务。引入市场化、专业化物业管理服务企业，为改造后的城镇老旧小区提供物业服务。对暂不能成立业主自治组织的，支持成立物业管理委员会，代行业主大会和业主委员会职责。鼓励组建公益性物业服务实体，坚持公益属性、市场化运作，为城镇老旧小区或者失管小区提供基本物业管理。三是提升小区社会治理能力。加强社区党组织对业主委员会工作的指导，探索建立以街道为主的执法联席会议制度，整合执法力量，加强日常巡查和综合执法，强化小区安全管理。四是完善住宅专项维修资金补建机制。建立健全城镇老旧小区住宅专项维修资金归集、使用、续筹制度，推行专项维修资金"即交即用即补"机制。

6. 职责分工

参照省城镇老旧小区改造工作领导小组的规格成立我市的老旧小区改造工作领导小组，成员名单作为附件一并发文。

市政府成立市城镇老旧小区改造工作领导小组，分管副市长任组长，分管副秘书长、市房产局局长任副组长，市级相关单位分管负责人为成员，领导小组下设城镇老旧小区改造办公室，办公室设在市房产局，承办领导小组日常工作，市房产局局长任办公室主任。各区也成立相应的组织机构。

各区政府是属地范围内城镇老旧小区改造的责任主体。市房产局是全市城镇老旧小区改造牵头部门。各相关部门根据各自职责，指导和支持城镇老旧小区改造工作的推进。小区居民作为住宅产权责任人应积极参与改造，协助政府做好宣传、协调和配合工作。

7. 强化实施保障

主要包含五个方面的内容：①加强组织领导。市政府建立市城镇老旧小区改造工作协调机制。各区政府为实施主体，主要负责同志亲自抓，建立协调机制和工作专班。②健全推进机制。建立和完善党建引领城市基层治理机制，构建"市、区、街道、社区、居民"五级联动工作机制。③强化督查考核。在督查考核中，把城镇老旧小区改造工作的具体成效作为工作考核的重要依据，严格兑现奖惩。④加大宣传力度。发挥各类新闻媒体的宣传阵地作用，加大老旧小区综合改造提升工作的宣传引导。⑤注重示范引领。建设一批美丽宜居住区、美丽宜居街区，积极争创"江苏省美丽宜居示范居住区"荣誉。

《南京市街道设计导则》

1. 项目背景

城市道路规划建设是关乎城市发展质量的重要内容。《中共中央 国务院关于进一步加强城市规划建设管理工作的若干意见》提出"推动发展开放便捷、尺度适宜、配套完善、邻里和谐生活街区",树立"窄马路、密路网"的城市道路布局理念,指出要"加强自行车道和步行系统建设,倡导绿色出行"。南京市一直致力于通过加强城市设计推动城市发展转型,街道设计作为城市设计的重要内容,是当前加强城市设计工作的首要切入点。

2. 编制目的

推动和促进城市交通组织从以车为本转向人车兼顾,城市建设从功能主导转向文化与功能并举,街道设计从工程主导转向综合性的城市公共空间设计。

3. 设计理念

导则针对当前城市街道面临的主要问题提出以下三条设计理念:

(1)以人为本,关注街道所有人群的活动而不仅是机动车通行;

(2)系统协调,关注街道网络及街区用地协调而不仅是街道本身;

(3)空间整合,关注街道的整体空间环境而不仅是街道路面。

4. 设计目标

安全有序,活力舒适;

绿色生态,地方特色;

集约高效,信息智慧。

5. 主要内容

导则在街道类型和构成研究的基础上,分街道与街区、街道空间和街道物质要素三章,分别从系统、空间和要素三个层面,对街道设计提出了引导性意见,并提出了实施策略和建议(附图1-1)。

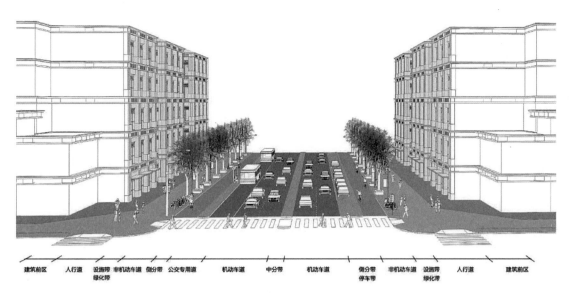

建筑前区　人行道　设施带　非机动车道　侧分带　公交专用道　　机动车道　　中分带　　机动车道　　侧分带　非机动车道　设施带　人行道　　建筑前区
　　　　　　　　　绿化带　　　　　　　　　　　　　　　　　　　　　　　　　　　停车带　　　　　　绿化带

附图 1-1　《南京市街道设计导则》中的街道空间构成示意

《南京市街道整治导则》

1. 项目背景

中央及江苏省城市工作会议突出强调了"创新、协调、绿色、开放、共享"的新发展理念，要求不断提升城市环境质量、人民生活质量、城市竞争力，建设和谐宜居、富有活力、各具特色的现代化城市，并对城市空间品质提升提出了更高要求。为此，南京市启动了《南京市城市品质提升三年行动计划（2016—2018 年）》以及《南京市环境综合整治三年行动计划（2016—2018 年）》。为落实相关要求，开展了本次《南京市街道整治导则》编制工作，以实现改善街道环境、提升城市品质、激发城市活力的目标。

2. 目标与原则

标本兼顾，科学治理；紧扣标准，国际水平；近远结合，注重长效；最小干预，主次结合；文化引领，特色突显；以人为本，公众参与。

通过开展城市街道环境综合整治，在"洁化、绿化、亮化、序化、美化"城市基础上，实施"清杆（塔）、清墙、清牌、清箱"整治工程，展现南京历史文化魅力以及创新活力。

3. 建设内容

（1）梳理街道整治的关键要素

在研究分析近年来国内部分城市已发布的街道环境相关标准制度的基础上，针对南京的实际情况提出街道整治思路，明确此次街道环境整治与提升要素主要包括五大类：道路及建筑界面、市政设施、绿化景观、城市家具及小品、户外广告及店招。

（2）提出整治思路和具体措施

结合南京地方特色要求，将五大类整治与提升要素细分，提出相应整治思路和具体措施。

（3）技术对接与培训

通过与各相关管理部门进行充分的沟通与交流，逐条核实导则条款的可行性与必要性，进一步优化导则内容。对各区开展技术培训，保证工作的落实成效。

4. 实施成效

目前，《南京市街道整治导则》已由市政府发布并实施，有效指导了各区街道环境整治工作的开展。

（1）技术层面，多专业融合，为规划管理与街道整治工作提供示范性的先例。街道的整治涉及对象较广，跨建筑、交通、市政、景观等多个专业，本次工作梳理了街道整治的关键要素，并相应提出了整治思路和具体措施，保证了整治工作中各专业间的连续与衔接，为后续规划管理与街道整治工作提供了示范性的先例。

（2）实施层面，强调因地制宜，为南京市街道整治工作提供一个通用型标准。街道的整治涉及居

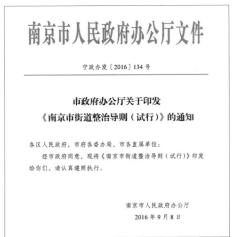

附图 1-2 《南京市街道整治导则》文件封面

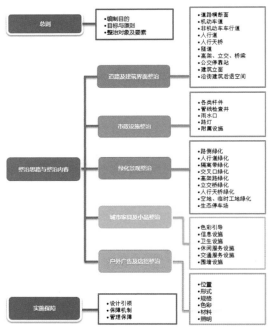

附图 1-3 《南京市街道整治导则》内容框架

民的实际需求与利益，本次工作从实施的角度出发，强调因地制宜，逐条考量导则中各项条款的可行性，通过系统化的研究，对街道整治所涉及的各要素进行综合分析，提出工作的整体目标，为南京市街道整治工作提供一个通用型标准。

（3）整体层面，倡导上下衔接、多部门协作，为未来城市双修工作提供一个实践型案例。街道的整治涉及多个部门的管理范围，本次工作从整体层面出发，积极了解各部门在管理中的需求与重点，并有针对性地提出管控要求，进一步提升导则在城市环境提升行动中的实用性，给各部门的管理者和组织者开展工作提供有效的支撑，为未来城市双修工作提供一个实践型案例（附图 1-2、附图 1-3）。

《南京市色彩控制导则》

1. 制定目的

为明确南京城市色彩进行特色定位，彰显南京的城市色彩特色，建立南京的城市色彩秩序，提高城市环境品质，形成与南京的历史文脉、地域特征相结合的城市色彩，形成"整体和谐、多样有序"的城市色彩形象。为南京城市色彩的控制与管理提供方法。

2. 控制范围

控制范围——南京市一主城三副城；

重点引导范围——特定意图区；

其他范围——可按照各自的地域特色参照此导则进行城市色彩的控制与管理。

3. 应用原则

（1）主次原则——根据主调色、辅调色、点缀色的主次划分来进行色彩控制。主调色指占建筑色彩比重 75% 或以上的色彩，辅调色指占 20% 左右的色彩，点缀色指占 5% 左右的色彩。

（2）体量原则——根据建筑高度以及建筑色彩在不同体量上的视觉效果，将建筑体量进行划分，并将其作为色彩控制的参照，大体量的高层建筑重点控制，小体量建筑的色彩则可以较为灵活地使用。

（3）空间混合原则——根据色彩的色相、明度、彩度三要素原理和色彩的视觉与心理感知等特性，将色彩的空间混合作为制定依据之一。不同的色彩通过合适的方法并置混合在一起，相互作用，产生和谐的色彩感知效果。

（4）功能匹配原则——根据建筑功能和类型，针对建筑所处的不同分区，以及建筑不同的功能和类型，制作对应的色谱进行色彩引导。

（5）色彩协调原则——根据色彩对比调和的原理，来进行色彩引导。

4. 控制方法

总体控制、分区引导：在总体层面上建立南京城市色彩禁用色谱，明确建筑立面及屋顶的禁用色谱，而对于禁用色以外的用色不作具体要求，可运用统一协调、对比协调、混合协调等色彩协调方式进行色彩搭配与使用。根据南京市特征，划定色彩控制片区，根据不同分区色彩特征分类引导。

分级控制，弹性机制：根据建筑区位的敏感程度，采用三级控制强度，分级引导；并综合建筑体量等因素引入升级、降级机制；在区域重叠部分引入优先级（附图 1-4）。

5. 分区特征

（1）璞玉环翠——自然山水展现区

结合南京山、水资源的自然禀赋，沿山、沿水建筑的色彩以高明度的冷灰、暖灰为主，自然山水与

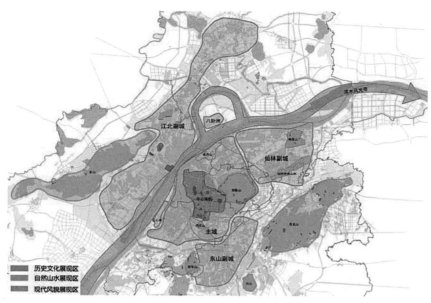

附图1-4 《南京市色彩控制导则》中的南京色彩分区控制示意图

建筑相互掩映，呈璞玉环翠之美。本《导则》确定自然山水展现区的特色定位是璞玉环翠。

（2）朱黛余韵——历史文化展现区

结合南京丰富的历史人文风貌，在历史风貌区暖红色系很有代表性，青黑色的"黛"也分布甚广，"朱"墙"黛"瓦是南京历史文化建筑的典型特色，本《导则》确定历史文化展现区的特色定位是朱黛余韵。

（3）逶迤银龙——现代风貌展现区

结合南京现代化大都市蓬勃发展的新气象，城区建筑色彩整体呈高明度、低彩度，大型公共建筑使用新工艺、新材料，如腾飞着的银色巨龙，借用《入朝曲》中形容都市富丽繁华的"逶迤"，本《导则》确定现代风貌展现区的特色定位是逶迤银龙。

附图 2-1 第八届中国规划实施学术研讨会在南京举行

附图 2-2 中国城市规划学会常务副理事长兼秘书长石楠通过连线方式致辞

附图 2-3 与会嘉宾

附件二 第八届中国规划实施学术研讨会议综述

2020 年 10 月 24—25 日,第八届中国规划实施学术研讨会在南京举行,长期活跃在业界和学界一线的政府官员、学界大咖、专业人士就新时期我国国土空间规划改革的主要任务、趋势、技术、管理等主题进行头脑风暴,专题聚焦了南京城市更新的探索经验。大会由实施委主任委员李锦生主持,中国城市规划学会常务副理事长兼秘书长石楠、江苏省自然资源厅空间规划局副局长王兴海、南京市人民政府副秘书长王承江出席开幕式并致辞(附图 2-1~附图 2-3)。

附图 2-4　南京市规划和自然资源局局长叶斌作主题报告

1. 专题研讨

作为都市进化与发展的重要路径，城市更新结合规划、资本、运营、开发等多种思维，找寻城市进化与发展之路，激发了城市的内生活力。24 日上午的学术研讨围绕城市有机更新中的热点、焦点，邀请到南京市城市更新工作中的多方参与者，分别从背景、政策、管理、设计以及实施等多个维度，结合该市城市更新案例分享了南京在探索推进城市有机更新过程中取得的经验。

广义的城市更新不只是物质空间的更新，还涉及经济振兴、文化传承、社会治理等多元维度。我国快速化、大规模、扩张型的城市化进程中出现了环境透支、资源过度消耗、社会矛盾激化等问题，既有增长方式难以为继。中国城市规划学会常务理事、南京市规划和自然资源局局长叶斌以"南京国土空间规划实施过程中的城市更新工作"为题，阐述了推行城市更新的背景和必要性。叶斌指出："当前长三角、珠三角等地区已进入存量更新与增量开发并重的阶段，城市更新将成为国土空间规划实施的主要任务。"通过分析改革开放以来南京城市空间的发展历程及特征，他对党的十八大以前南京"拆除重建"式更新实践做法及存在的问题进行了深入解读和反思，并针对南京历史地段、老旧小区、居住类地段等多样化更新对象积极探索"留改拆"城市有机更新模式和城市更新的工作创新给出了建议（附图 2-4）。

南京市城市增量空间约束不断趋紧，特别是人口密度大、功能承载多、环境容量小的老城区几乎没有增量空间。南京市规划和自然资源局开发利用处（城市更新处）处长马刚结合《开展居住类地段城市更新的指导意见》，作题为"有关南京市居住类地段城市更新的实践与探索"的主题报告，重点解读分享了南京城市更新的保障政策。

面对更为关注城市特色内涵发展、产业转型、土地要素集约利用的发展形势，各地规划资源管理部门在不断反思原先的城市快速更新方式，积极探索实践更好兼顾城市文脉、创新产业、居民利益和社会公正的包容性渐进更新方式。南京市规划和自然资源局总规划师吕晓宁以南京秦淮老城南 3.0 版更新方式（小西湖地段微更新）探索实践为例，分享了南京老城南小西湖历史地段更新规划管理探索所取得

附图 2-5 南京市规划和自然资源局总规划师吕晓宁作主题报告

附图 2-6 东南大学建筑学院教授、博士生导师韩冬青作主题报告

附图 2-7 南京历史城区保护建设集团董事长范宁作主题报告

的成果，探讨重构后的规划自然资源部门，在日益增多的存量更新时期该如何进行传统历史地段城市更新的管理（附图 2-5）。

东南大学建筑学院教授、博士生导师韩冬青，南京历史城区保护建设集团董事长范宁分别从小西湖微更新再生方案的设计和建设实践角度，分享了南京城市有机更新的具体做法和成果（附图 2-6、附图 2-7）。

附图 2-8　南京市规划和自然资源局副局长何流
作主题报告

2. 观点碰撞

国土空间规划是我国保护利用国土空间资源的基本政策手段，从传统的城市规划和土地规划向国土空间规划转型需要大量的技术创新。在 24 日下午举行的"国土空间规划实施创新主题论坛"中，业界专家学者从多元角度出发进行了观点分享。该论坛由中国城市规划学会理事、规划实施学术委员会特邀委员、清华大学建筑学院教授谭纵波，中国城市规划学会规划实施学术委员会秘书长、中国人民大学公共管理学院教授张磊主持。

当前，为实现"国家治理体系和治理能力现代化"这一全面深化改革的总目标，规划自然资源部门积极落实自然资源部的"两统一"职责，以高质量全域空间规划支撑高质量发展，国土空间规划已成为推动空间治理现代化、应对自然资源改革的重要抓手。南京市规划和自然资源局副局长何流以"以国土空间规划实施推动空间治理现代化"为题简要介绍了南京的初步思路（附图 2-8）。在编制国土空间规划时，南京试图建立一套闭合的、层级的编制和实施机制，以规划编制推动发展模式转型，以监督实施推动治理能力提升。

中国城市规划学会规划实施学术委员会副主任委员、北京大学城市与环境学院教授林坚以"存量规划的实施"为题，总结了试点城市开展城镇低效用地再开发过程中存在的内涵认知不明确、规划体系形式多样、政策创新不足等特点，并给出了存量规划时代应将城镇低效用地再开发的工作重点聚焦于完善目标内涵、落实规划先行、推动实施创新等方面的建议（附图 2-9）。

中国城市规划学会副理事长，规划实施学术委员会副主任委员，厦门大学建筑与土木工程学院、经济学院教授赵燕菁作题为"以城市规划为基础构筑国土空间规划体系"的专题报告。他认为新诞生的国土空间规划面对更为广泛的管理领域，不但包括耕地保护和生态保护，也包括城市建设与土地开发，构建高效的国土空间规划体系是一个亟待解决的问题（附图 2-10）。

中国城市规划学会规划实施学术委员会委员、华高莱斯董事长兼总经理李忠作题为"从终点规划到

附图 2-9　中国城市规划学会规划实施学术委员会副主任委员、北京大学城市与环境学院教授林坚作主题报告

附图 2-10　中国城市规划学会副理事长，规划实施学术委员会副主任委员，厦门大学建筑与土木工程学院、经济学院教授赵燕菁作主题报告

附图 2-11　中国城市规划学会规划实施学术委员会委员、华高莱斯董事长兼总经理李忠作主题报告

起点规划——产业发展对空间规划的实施创新"的专题报告时指出，产业思维是与城市空间规划思维截然不同的逻辑体系，在未来技术高度不确定的产业发展时代，产业思维的起点思维模式会引发空间规划实施的创新性思考（附图 2-11）。

中国城市规划学会规划实施学术委员会委员、同济大学建筑与城市规划学院教授朱介鸣分享了"冉

附图 2-12　中国城市规划学会规划实施学术委员会委员、同济大学建筑与城市规划学院教授朱介鸣作主题报告

义城乡融合发展规划实施的成就和挑战"。他指出，推进新型城镇化和城乡融合发展是解决农业、农村、农民问题的重要途径，也是现代化的必由之路。当前，我国城乡差距依然较大，城乡要素互联互通依然不顺畅，城乡融合之路面临新的难题与挑战（附图 2-12）。

3. 分论坛、实地考察

在 25 日举行的国土空间规划管理创新、城市更新与空间治理、国土空间规划实施技术三场分论坛上，与会嘉宾通过论文的宣讲阐述了对于国土空间规划工作推进和实施方面的前沿思考，还实地参观考察了小西湖、南京国家领军人才创业园、太平南路环境综合整治项目以及老旧小区增设电梯项目等多个南京城市有机更新案例，实地感受南京城市更新已取得的成果（附图 2-13）。共有 4.7 万人次通过在线直播收看了本次研讨会的主题报告和论坛讨论。

研讨会期间，中国城市规划学会规划实施学术委员会举行了年会会旗交接，下一届规划实施学术委员会年会定在西安举行（附图 2-14）。

附图 2-13　实地考察照片

附图 2-14　年会会旗交接仪式

参考文献

[1]　Chris Couch, Olivier Sykes, Wolfgang Börstinghaus. Thirty Years of Urban Regeneration in Britain, Germany and France: The Importance of Context and Path Dependency[J].Progress in Planning, 2010, 75（1）.

[2]　Davide Ponzini. Becoming a Creative City: The Entrepreneurial Mayor, Network Politics and the Promise of an Urban Renaissance[J].Urban Studies, 2010, 47（5）.

[3]　Davidson M., Lees L. New-Build "Gentrification" and London's Riverside Renaissance, Environment and Planning [J]. Economy and Space, 2005, 37（7）: 1165-1190.

[4]　Derek S.Hyra. Conceptualizing the New Urban Renewal[J].Urban Affairs Review, 2012, 48（4）.

[5]　Loretta Lees. Gentrification and Social Mixing: Towards an Inclusive Urban Renaissance [J]. Urban Studies, 2008, 45（12）.

[6]　Mathews V.Incoherence and Tension in Culture-Led Redevelopment[J]. International Journal of Urban and Regional Research, 2014, 38（3）: 1019-1036.

[7]　Naomi Carmon.Three Generations of Urban Renewal Policies: Analysis and Policy Implications[J].Geoforum, 1999, 30（2）.

[8]　Rachel Weber. Selling City Futures: The Financialization of Urban Redevelopment Policy[J].Economic Geography, 2015, 86（3）.

[9]　Rousseau M. Re-Imaging the City Centre for the Middle Classes: Regeneration, Gentrification and Symbolic Policies in "Loser Cities" [J].International Journal of Urban and Regional Research, 2009（33）: 770-788.

[10]　Stephanie Ryberg-Webster, Kelly L. Kinahan. Historic Preservation and Urban Revitalization in the Twenty-First Century[J].Journal of Planning Literature, 2014, 29（2）.

[11]　Steven Miles. Introduction: The Rise and Rise of Culture-Led Urban Regeneration[J].Urban Studies, 2005, 42（5-6）.

[12]　Urban Regeneration: From the Arts "Feel Good" Factor to the Cultural Economy: A Case Study of Hoxton, London[J].Urban Studies, 2009, 46（5-6）.

[13]　曹志刚，汪敏，段翔.从增量规划到存量更新：居住性优秀历史建筑的重生——以武汉福忠里为例[J].中国名城, 2018, 196（1）: 81-89.

[14]　柴红云.城市更新中土地利用管理问题的初步研究[J].上海房地, 2018, 376（6）: 60-62.

[15] 陈晓键, 陈俊颐. 旧城"微环境"更新方法论——以南京老城更新为例 [C]// 中国城市规划学会, 杭州市人民政府. 共享与品质——2018 中国城市规划年会论文集(02 城市更新), 2018: 8.

[16] 陈易. 转型期中国城市更新的空间治理研究: 机制与模式 [D]. 南京: 南京大学, 2016.

[17] 陈易骞. 南京百子亭历史风貌区近代建筑研究与保护利用 [D]. 南京: 东南大学, 2017.

[18] 程大林, 张京祥. 城市更新: 超越物质规划的行动与思考 [J]. 城市规划, 2004, 28(2): 70-73.

[19] 丁成日. 城市增长边界的理论模型 [J]. 规划师, 2012, 28(3): 5-11.

[20] 董玛力, 陈田, 王丽艳. 西方城市更新发展历程和政策演变 [J]. 人文地理, 2009, 24(5): 42-46.

[21] 方和荣. 提升厦门宜居城市竞争力让城市既"养眼"又"养人" [N]. 厦门日报, 2020-08-04(A10).

[22] 高金龙. 转型与重构: 南京老城工业用地再开发研究 [M]. 北京: 科学出版社, 2018.

[23] 葛岩, 关烨, 聂梦遥. 上海城市更新的政策演进特征与创新探讨 [J]. 上海城市规划, 2017, 136(5): 23-28.

[24] 辜胜阻, 刘江日. 城镇化要从"要素驱动"走向"创新驱动"[J]. 人口研究, 2012, 36(6): 3-12.

[25] 古小东, 夏斌. 城市更新的政策演进、目标选择及优化路径 [J]. 学术研究, 2017(6): 49-55, 177-178.

[26] 南京市规划局, 南京市城市规划编制研究中心. 转型与协同——南京都市圈城乡空间协同规划的探索实践 [M]. 北京: 中国建筑工业出版社, 2016.

[27] 广州市城市更新局. 广州市老旧小区微改造实施方案 [Z], 2016: 5-8.

[28] 何芳, 谢意. 容积率奖励与转移的规划制度与交易机制探析——基于均等发展区域与空间地价等值交换 [J]. 城市规划学刊, 2018, 243(3): 50-56.

[29] 贾林林. 城市更新背景下旧工业厂区空间重构研究——以北京第二热电厂为例 [D]. 北京: 北京建筑大学, 2018: 28.

[30] 金立薇. 城镇低效建设用地再开发规划的主要内容分析——以合肥市城镇低效建设用地再开发专项规划为例 [J]. 安徽建筑, 2018, 24(223): 69, 152.

[31] 金祖孟. 胡焕庸——中国人口地理学的创始人 [N]. 中华读书报, 2010-04-22.

[32] 雷维群, 徐姗, 周勇, 等. "城市双修"的理论阐释与实践探索 [J]. 城市发展研究, 2018, 25(207): 156-160.

[33] 李侃桢, 何流. 谈南京旧城更新土地优化 [J]. 规划师, 2003(10): 29-31.

[34] 李欣路, 孙世界. 基于典型事件的南京老城南更新与保护演变历程研究 [C]// 中国城市规划学会, 东莞市人民政府. 持续发展 理性规划——2017 中国城市规划年会论文集(02 城市更新), 2017: 10.

[35] 李欣路. 南京老城更新 30 年 [D]. 南京: 东南大学, 2016.

[36] 梁洁. 存量规划时期长沙市控规层面城市设计编制实践 [J]. 规划师, 2019, 35(S1): 5-10.

[37] 林强，游彬.存量用地规划实施的政策路径——以深圳下围社区土地整备项目为例 [J]. 城市发展研究，2018，25（203）：68-73.

[38] 刘保奎.特大城市存量用地空间转型的难点与对策 [J]. 中国房地产，2017，561（4）：10-13.

[39] 刘佳燕，张英杰，冉奥博.北京老旧小区更新改造研究：基于特征—困境—政策分析框架 [J]. 社会治理，2020，46（2）：64-73.

[40] 罗小未.上海新天地广场——旧城改造的一种模式 [J]. 时代建筑，2001（4）：24-29.

[41] 罗震东，张京祥.南京城市空间发展的战略检讨与建议 [J]. 规划师，2007（6）.

[42] 吕德铭，蔡天健，李华梅.深圳与佛山差异化的城市更新政策对比分析 [J]. 中国集体经济，2017，524（12）：13-14.

[43] 马仁锋，王腾飞，张文忠.创意再生视域宁波老工业区绅士化动力机制 [J]. 地理学报.2019，74（4）：780-796.

[44] 南京老城改造实施"2231"工程 [J]. 城市道桥与防洪，2003（5）：27.

[45] 彭程.全球化背景下城市更新中的文化可持续——以南京老城南地区为例 [C]// 共享与品质——2018 中国城市规划年会论文集（02 城市更新），2018.

[46] 瞿斌庆，伍美琴.城市更新理念与中国城市现实 [J]. 城市规划学刊，2009（2）.

[47] 施立平.多维度需求下的上海城市微更新实现路径 [J]. 规划师，2019，35（S1）：71-75.

[48] 宋榕潮.城市更新过程中土地集约利用的经验与启示 [J]. 城市观察，2017，50（4）：71-79.

[49] 苏海威，胡章，李荣.拆除重建类城市更新的改造模式和困境对比 [J]. 规划师，2018，34（270）：123-128.

[50] 田莉.从城市更新到城市复兴：外来人口居住权益视角下的城市转型发展 [J]. 城市规划学刊，2019（4）：56-62.

[51] 童本勤，沈俊超.保护中求发展，发展中求保护——谈南京老城的保护与更新 [J]. 城市建筑，2005（1）：6-8.

[52] 童本勤.走向整体的老城保护与更新规划——介绍南京老城保护与更新规划 [J]. 南京社会科学，2004（S1）：147-149.

[53] 王承旭.以容积管理推动城市空间存量优化——深圳城市更新容积管理系列政策评述 [J]. 规划师，2019，35（292）：30-36.

[54] 王冬雪.旧城保护与城市更新——以南京城南历史城区的保护为例 [J]. 城市建筑，2016（8）：345-346.

[55] 王建国.现代城市设计理论和方法 [M]. 南京：东南大学出版社，2001.

[56] 王鹏，单樑.存量规划下的旧工业区再生——以深圳旧工业区城市更新为例 [J]. 城市建筑，2018（1）：64.

[57] 王伟年，张平宇.创意产业与城市再生 [J]. 城市规划学刊，2006（2）：22-27.

[58] 王一名,伍江,周鸣浩.城市更新与地方经济: 全球化危机背景下的争论、反思与启示[J].

国际城市规划, 2020, 35 (179): 1-8.

[59] 吴康, 李耀川. 收缩情境下城市土地利用及其生态系统服务的研究进展 [J]. 自然资源学报, 2019, 34 (5): 1121-1134.

[60] 吴良镛. 北京旧城与菊儿胡同 [M]. 北京: 中国建筑工业出版社, 1994: 277.

[61] 伍炜. 低碳城市目标下的城市更新——以深圳市城市更新实践为例 [J]. 城市规划学刊, 2010 (7): 19-21.

[62] 夏欢. 深圳市城市更新进程中土地政策变迁与反思 [J]. 中国国土资源经济, 2018, 31 (370): 25-28, 73.

[63] 徐博, 庞德良. 从收缩到再增长: 莱比锡与利物浦城市发展的比较研究 [J]. 经济学家, 2015 (7): 79-86.

[64] 阳建强, 陈月. 1949—2019 年中国城市更新的发展与回顾 [J]. 城市规划, 2020, 44 (398): 9-19, 31.

[65] 杨振山, 孙艺芸. 城市收缩现象、过程与问题 [J]. 人文地理, 2015, 30 (4): 6-10.

[66] 姚士谋, 陆大道, 陈振光, 等. 顺应我国国情条件的城镇化问题的严峻思考 [J]. 经济地理, 2012, 32 (5): 1-6.

[67] 姚震寰. 西方城市更新政策演进及启示 [J]. 合作经济与科技, 2018, 593 (18): 16-17.

[68] 叶航, 邱忠昊. 城市更新中设计与地区营造的方法 [J]. 建材与装饰, 2018, 515 (6): 108-109.

[69] 袁斐, 赵灵灵, 刘娇威, 等. 城镇低效用地再开发相关问题研究——以辽宁省丹东市为例 [J]. 吉林农业, 2018, 425 (8): 53-54.

[70] 再回首, 不负旧时光城市更新、微改造 "改" 出 "潜力股" [J]. 房地产导刊, 2018 (10): 60-61.

[71] 张更立. 走向三方合作的伙伴关系: 西方城市更新政策的演变及其对中国的启示 [J]. 城市发展研究, 2004 (4): 26-32.

[72] 张京祥, 赵丹, 陈浩. 增长主义的终结与中国城市规划的转型 [J]. 城市规划, 2013, 37 (1): 45-50.

[73] 张璐. 山水城市 "城市双修" 的规划框架与实践——以天津市蓟州区老城更新规划为例 [J]. 城市, 2018, 220 (7): 36-42.

[74] 张勇, 郑燕凤, 朱伟亚. 低效用地认定及处置政策 [J]. 中国土地, 2018, 389 (6): 34-35.

[75] 赵亚博, 臧鹏, 朱雪梅. 国内外城市更新研究的最新进展 [J]. 城市发展研究, 2019, 26 (10): 42-48.

[76] 赵燕菁. 城市化 2.0 与规划转型——一个两阶段模型的解释 [J]. 城市规划, 2017, 41 (3): 84-93, 116.

[77] 郑时龄. 城市更新——让城市更好发展——有序更新 提升城市品质 [J]. 城市建设, 2018 (14): 37-38.

[78] 住建部会同发展改革委、财政部联合印发《关于做好 2019 年老旧小区改造工作的通知》

[EB/OL]，2016-11-11.

[79]　周岚，童本勤.老城保护与更新规划编制办法探讨——以南京老城为例 [J].规划师，
2005（1）：40-42.

[80]　周显坤.城市更新区规划制度之研究 [D].北京：清华大学，2017.

[81]　官卫华.城市空间再开发规划的政治经济分析——以南京燕子矶老工业区为例 [J].国
际城市规划，2013，28（2）：93-100.

[82]　官卫华，何流等.转型发展与规划转型——南京主城实证分析 [J].现代城市研究，
2013，28（3）：42-48.

[83]　邹兵.存量发展模式的实践、成效与挑战——深圳城市更新实施的评估及延伸思考 [J].
城市规划，2017，41（357）：89-94.

后记

城市更新是促进城市新陈代谢、永葆城市生机活力的动力之源，也是一项顺应时代潮流、不断改革创新的民生事业。伴随着国家生态文明建设持续深入推进、创新经济形态兴起兴盛以及社会治理新格局逐步建立，存量更新时代已然到来，国内各地也探索开展多样化的城市更新行动实践，迸发出异彩纷呈的火花。2020年10月24—25日，第八届中国规划实施学术研讨会暨2020年中国城市规划学会实施学术委员会年会在南京举行。会议上，长期活跃在业界和学界一线的政府官员、学者和专业人士们专题聚焦南京城市更新的探索经验，深入探讨新时期我国城市更新的内涵、任务和发展趋势。为系统总结会议成果，提炼和凝练南京城市更新阶段性的工作特色、亮点与经验做法，南京市规划和自然资源局、南京市城市规划编制研究中心组成联合编写组开展本书的编撰工作。

党的十八大以来，在中央制定出台的一系列政策文件的坚强指引下，南京市委市政府高度重视城市更新工作，市规划资源系统和相关部门（区）协力推动，社会各界广泛参与各类城市更新项目规划建设。本书主要基于南京阶段性城市更新工作整理而成，书中内容可谓是凝聚了南京社会各界的集体智慧。全书由叶斌同志负责整体统筹和总体指导，由徐明尧、聂晶、官卫华同志进行组织协调和总结统稿，陈阳、江璇、彭晓琼等同志负责文字编辑和图片整理，贾凉和孔林海负责地图审查。

本书编写过程中，南京市规划资源系统上下同心、紧密协作，相关处室、分局和下属事业单位给予了有力支持，奠定了坚实的数据基础，在此表示感谢。南京市历史城区保护建设集团、南京市软件谷管委会、南京玄武城市建设集团有限公司、南京玄武文化旅游发展集团有限公司、南京市白下高新区秦淮硅巷部、秦淮区住建局、深圳市蕾奥规划设计咨询股份有限公司等单位也给予了充分协助，提供了翔实、丰富的案例档案和图片资料，在此表示诚挚的谢意。

衷心感谢中国城市规划学会城乡规划实施学术委员会主任委员、中国城市规划学会常务理事、山西省住房和城乡建设厅一级巡视员李锦生对本书给予的悉心指导，提出了许多高屋建瓴的见解和指导。中国建筑工业出版社对本书出版也提供了巨大的支持和帮助，在此表示深深的谢意。未来，南京城市更新工作还将勇往直前、突破创新，向着高质量发展、高品质生活和高水平治理的方向持续前进。希望本书抛砖引玉，所提供之思路与做法，能为我国城市更新理论和方法的开拓创新添砖加瓦，能为我国国土空间规划制度改革作出地方的贡献。

南京市规划和自然资源局

南京市城市规划编制研究中心

2021年8月